農業経営統計調査報告

平成２９年度

畜産物生産費

大臣官房統計部

令和２年１０月

農林水産省

目　　　次

利 用 者 の た め に

1 調査の概要

(1) 調査の目的

　農業経営統計調査の畜産物生産費統計は、牛乳、子牛、乳用雄育成牛、交雑種育成牛、去勢若齢肥育牛、乳用雄肥育牛、交雑種肥育牛及び肥育豚の生産費を把握して、畜産物価格の安定をはじめとする畜産行政及び畜産経営の改善に必要な資料の整備を行うことを目的としている。

(2) 調査の沿革

　わが国の畜産物生産費調査は、昭和26年に農林省統計調査部において牛乳生産費調査を実施したのが始まりで、その後、国民の食料消費構造の変化から畜産物の需要が増加する中で、昭和29年に酪農及び肉用牛生産の振興に関する法律（昭和29年法律第182号）が施行されたことに伴い、牛乳生産費調査を拡充した。昭和33年に食肉価格が急騰し、食肉の需給安定対策が緊急の課題となったことに伴い、昭和34年から子牛、肥育牛、子豚及び肥育豚の生産費調査を開始し、翌35年に養鶏振興法（昭和35年法律第49号）が制定されたことを契機に鶏卵生産費調査を開始した。

　昭和36年には畜産物の価格安定等に関する法律（昭和36年法律第183号）が、昭和40年には加工原料乳生産者補給金等暫定措置法（昭和40年法律第112号）がそれぞれ施行されたことにより、価格安定対策の資料としての必要性から各種畜産物生産費調査の規模を大幅に拡充し、昭和42年にはブロイラー生産費調査、昭和48年には乳用雄肥育牛生産費調査をそれぞれ開始した。

　昭和63年には、牛肉の輸入自由化に関連した国内対策として肉用子牛生産安定等特別措置法（昭和63年法律第98号）が施行され、肉用子牛価格安定制度が抜本的に強化拡充されたことに伴い、乳用雄育成牛生産費調査を開始した。

　その後の農業・農山村・農業経営の実態変化は著しく、こうした実態を的確に捉えたものとするため、平成２年から３年にかけて生産費調査の見直し検討を行い、その結果を踏まえ、平成３年には農業及び農業経営の著しい変化に対応できるよう一部改正を行った。

　その後は、ブロイラー生産費調査は平成４年まで、鶏卵生産費調査は平成６年まで実施し、それ以降は調査を廃止し、また、養豚経営において、子取り経営農家及び肥育経営農家の割合が低下し、子取りから肥育までを一貫して行う養豚経営農家の割合が高まっている状況に鑑み、平成５年から肥育豚生産費調査対象農家を、これまでの肥育経営農家から一貫経営農家に変更した。これに伴い、子豚生産費調査を廃止した。

　平成６年には、農業経営の実態把握に重点を置き、多面的な統計作成が可能な調査体系とすることを目的に、従来、別体系で実施していた農家経済調査と農畜産物繭生産費調査を統合し「農業経営統計調査」（指定統計第119号）として、農業経営統計調査規則（平成６年農林水産省令第42号）に基づき実施されることとなった。

　畜産物生産費については、平成７年から農業経営統計調査の下「畜産物生産費統計」として取りまとめることとなり、同時に間接労働の取扱い等の改正を行い、また、平成10年から家族労働費について、それまでの男女別評価から男女同一評価（当該地域で男女を問わず実際に支払われた平均賃金による評価）に改定が行われた。

1

平成11年度からは、多様な肉用牛経営について畜種別に把握するため「交雑種肥育牛生産費統計」及び「交雑種育成牛生産費統計」の取りまとめをそれぞれ開始した。また、畜産物価格算定時期の変更に伴い調査期間を変更し、全ての畜種について当年４月から翌年３月とした。

　平成16年には、食料・農業・農村基本計画等の新たな施策の展開に応えるため農業経営統計調査を、営農類型別・地域別に経営実態を把握する営農類型別経営統計に編成する調査体系の再編・整備等の所要の見直しを行った。

　これに伴って畜産物生産費についても、平成16年度から農家の農業経営全体の農業収支、自家農業投下労働時間の把握の取りやめ、自動車費を農機具費から分離・表章する等の一部改正を行った。

　平成19年度から平成19年度税制改正における減価償却計算の見直しを行い、平成21年度には、平成20年度税制改正における減価償却計算の見直しを行った。

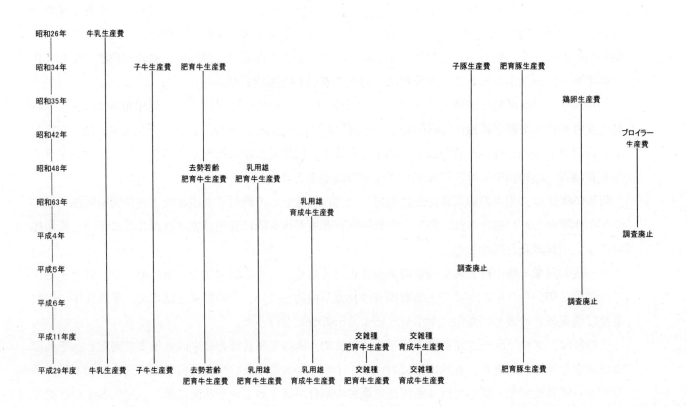

(3) 調査の根拠

　調査は、統計法（平成 19 年法律第 53 号）第 9 条第 1 項に基づく総務大臣の承認を受けて実施した基幹統計調査である。

(4) 調査の機構

　調査は、農林水産省大臣官房統計部及び地方組織（地方農政局、北海道農政事務所、内閣府沖縄総合事務局及び内閣府沖縄総合事務局の農林水産センター）を通じて実施した。

(5) 調査の体系

調査の体系は、次のとおりである。

農業経営統計調査の体系

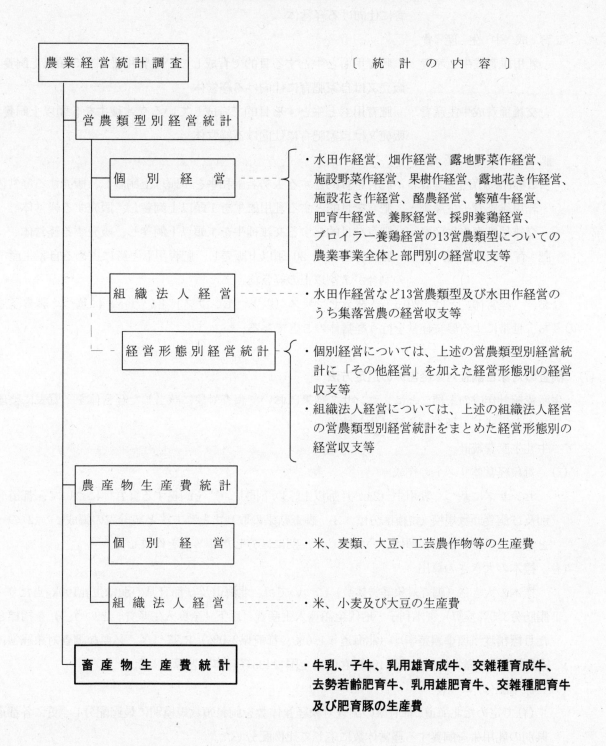

農業経営統計調査

〔 統 計 の 内 容 〕

営農類型別経営統計

個　別　経　営　-------・水田作経営、畑作経営、露地野菜作経営、
施設野菜作経営、果樹作経営、露地花き作経営、
施設花き作経営、酪農経営、繁殖牛経営、
肥育牛経営、養豚経営、採卵養鶏経営、
ブロイラー養鶏経営の13営農類型についての
農業事業全体と部門別の経営収支等

組　織　法　人　経　営　-------・水田作経営など13営農類型及び水田作経営の
うち集落営農の経営収支等

経営形態別経営統計　　・個別経営については、上述の営農類型別経営統
計に「その他経営」を加えた経営形態別の経営
収支等
・組織法人経営については、上述の組織法人経営
の営農類型別経営統計をまとめた経営形態別の
経営収支等

農産物生産費統計

個　別　経　営　-------・米、麦類、大豆、工芸農作物等の生産費

組　織　法　人　経　営　-------・米、小麦及び大豆の生産費

畜 産 物 生 産 費 統 計　-------**・牛乳、子牛、乳用雄育成牛、交雑種育成牛、
去勢若齢肥育牛、乳用雄肥育牛、交雑種肥育牛
及び肥育豚の生産費**

(6) **調査対象**

調査対象は、次のとおりである。

牛　乳　生　産　費：　搾乳牛を1頭以上飼養し、生乳を販売する経営体

子　牛　生　産　費：　肉用種の繁殖雌牛を2頭以上飼養して子牛を生産し、販売又は自家肥育に仕向ける経営体

育成牛生産費

乳用雄育成牛生産費：　肥育用もと牛とする目的で育成している乳用雄牛を5頭以上飼養し、販売又は自家肥育に仕向ける経営体

交雑種育成牛生産費：　肥育用もと牛とする目的で育成している交雑種牛を5頭以上飼養し、販売又は自家肥育に仕向ける経営体

肥育牛生産費

去勢若齢肥育牛生産費：　肥育を目的とする去勢若齢和牛を1頭以上飼養し、販売する経営体

乳用雄肥育牛生産費：　肥育を目的とする乳用雄牛を1頭以上飼養し、販売する経営体

交雑種肥育牛生産費：　肥育を目的とする交雑種牛を1頭以上飼養し、販売する経営体

肥　育　豚　生　産　費：　肥育豚を年間20頭以上販売し、肥育用もと豚に占める自家生産子豚の割合が7割以上の経営体

なお、「経営体」とは、2015年農林業センサス（以下「センサス」という。）に基づく農業経営体のうち、世帯による農業経営を行う経営体のことである。

(7)　**調査の対象と調査対象経営体の選定方法**

生産費統計作成の畜種ごとに、センサス結果において調査対象に該当した経営体を一覧表に整理してリストを編成し、調査対象経営体を抽出した。

ア　牛乳生産費統計

(ｱ)　対象経営体リストの作成

センサスに基づく乳用牛（24か月齢以上。以下同じ。）を飼養する経営体について、都道府県別及び飼養頭数規模（規模区分は「3　調査結果の取りまとめ方法と統計表の編成」の(3)のイのとおり。以下、他の畜種において同じ。）別に区分したリストを作成した。

(ｲ)　標本の大きさの算出

標本の大きさ（調査対象経営体数）については、北海道及び都府県の別に生乳100kg当たり（乳脂肪分3.5%換算）資本利子・地代全額算入生産費（以下「全算入生産費」という。）を指標とした目標精度（標準誤差率）（北海道：1.0%、都府県2.0%）に基づき、必要な調査対象経営体数を北海道239経営体、都府県196経営体（全国で435経営体）と算出した。

(ｳ)　標本配分

(ｲ)で定めた北海道、都府県の調査対象経営体数を飼養頭数規模別に最適配分し、更に各都道府県別の乳用牛を飼養する経営体数に応じて比例配分した。

(ｴ)　標本抽出

(ｱ)で作成した対象経営体リストにおいて、乳用牛の飼養頭数の小さい経営体から順に並べた上で、(ｳ)で配分した当該規模階層の調査対象経営体数で等分し、等分したそれぞれの区分から1経営体ずつ無作為に抽出した。

イ　子牛生産費統計

（ア）　対象経営体リストの作成

　　センサスに基づく和牛などの肉用種（子取り用雌牛）（以下「繁殖雌牛」という。）を飼養する経営体について、都道府県別及び飼養頭数規模別に区分したリストを作成した。

（イ）　標本の大きさの算出

　　標本の大きさ（調査対象経営体数）については、全国の子牛1頭当たり全算入生産費を指標とした目標精度（標準誤差率）2.0％に基づき、必要な調査対象経営体数を全国で192経営体と算出した。

（ウ）　標本配分

　　（イ）で定めた調査対象経営体数を飼養頭数規模別に最適配分し、更に各都道府県別の繁殖雌牛を飼養する経営体数に応じて比例配分した。

（エ）　標本抽出

　　（ア）で作成した対象経営体リストにおいて、繁殖雌牛の飼養頭数の小さい経営体から順に並べた上で、（ウ）で配分した当該規模階層の調査対象経営体数で等分し、等分したそれぞれの区分から1経営体ずつ無作為に抽出した。

ウ　育成牛生産費統計

（ア）　対象経営体リストの作成

　　センサスに基づく乳用雄育成牛又は交雑種育成牛（以下「育成牛」という。）を飼養する経営体について、都道府県別及び飼養頭数規模別に区分したリストを作成した。

（イ）　標本の大きさの算出

　　標本の大きさ（調査対象経営体数）については、全国の育成牛1頭当たり全算入生産費を指標とした目標精度（標準誤差率）3.0％に基づき、必要な調査対象経営体数を全国で乳用雄育成牛52経営体、交雑種育成牛58経営体と算出した。

（ウ）　標本配分

　　（イ）で定めた調査対象経営体数を飼養頭数規模別に最適配分し、更に各都道府県別の調査該当育成牛を飼養する経営体数に応じて比例配分した。

（エ）　標本抽出

　　（ア）で作成した対象経営体リストにおいて、調査該当育成牛の飼養頭数の小さい経営体から順に並べた上で、（ウ）で配分した当該規模階層の調査対象経営体数で等分し、等分したそれぞれの区分から1経営体ずつ無作為に抽出した。

エ　肥育牛生産費統計

（ア）　対象経営体リストの作成

　　センサスに基づく去勢若齢肥育牛、乳用雄肥育牛又は交雑種肥育牛（以下「肥育牛」という。）を飼養する経営体について、都道府県別及び飼養頭数規模別に区分したリストを作成した。

（イ）　標本の大きさの算出

　　標本の大きさ（調査対象経営体数）については、全国の肥育牛1頭当たり全算入生産費を指標とした目標精度（標準誤差率）2.0％に基づき、必要な調査対象経営体数を全国で去勢若齢肥育牛

310経営体、乳用雄肥育牛91経営体、交雑種肥育牛101経営体と算出した。
　(ウ)　標本配分
　　　(イ)で定めた調査対象経営体数を飼養頭数規模別に最適配分し、更に各都道府県別の調査該当育成牛を飼養する経営体数に応じて比例配分した。
　(エ)　標本抽出
　　　(ア)で作成した対象経営体リストにおいて、調査該当育成牛の飼養頭数の小さい経営体から順に並べた上で、(ウ)で配分した当該規模階層の調査対象経営体数で等分し、等分したそれぞれの区分から1経営体ずつ無作為に抽出した。

　オ　肥育豚生産費
　(ア)　対象経営体リストの作成
　　　センサスに基づく肥育豚を飼養する経営体について、都道府県別及び飼養頭数規模別に区分したリストを作成した。
　(イ)　標本の大きさの算出
　　　標本の大きさ（調査対象経営体数）については、全国の肥育豚1頭当たり全算入生産費を指標とした目標精度（標準誤差率）2.0％に基づき、必要な調査対象経営体数を全国で173経営体と算出した。
　(ウ)　標本配分
　　　(イ)で定めた調査対象経営体数を飼養頭数規模別に最適配分し、更に各都道府県別に肥育豚を飼養する経営体数に応じて比例配分した。
　(エ)　標本抽出
　　　(ア)で作成した対象経営体リストにおいて、肥育豚の飼養頭数の小さい経営体から順に並べた上で、(ウ)で配分した当該規模階層の調査対象経営体数で等分し、等分したそれぞれの区分から1経営体ずつ無作為に抽出した。

(8)　調査の時期
　ア　調査期間
　　　調査期間は、平成29年4月1日から30年3月31日までの1年間である。
　イ　調査票の配布時期
　　　現金出納帳・作業日誌については平成29年3月及び8月に各半年分を配布、経営台帳については平成29年3月。
　ウ　調査票の回収時期
　　　現金出納帳・作業日誌については随時、経営台帳については30年4月。

(9)　調査事項
　ア　世帯員の性別、年齢、続柄、農業従事状況など
　イ　農業用財産に関する次の事項
　(ア)　経営耕地の地目別及び所有地及び借入地の別の面積
　(イ)　自給牧草（飼料作物）の種類別作付面積

（ウ）　畜産用地の用途別及び所有地及び借入地の別の面積

（エ）　建物、自動車、農機具及び生産管理機器などの固定資産の所有状況

（オ）　家畜の飼養状況

ウ　調査対象畜の飼養、自給牧草の生産に必要な土地及びその土地の地代に関する次の事項

（ア）　調査対象畜の飼養に要した土地の所有地及び借入地の別及び用途別の面積

（イ）　自給牧草の生産に要した土地の所有地及び借入地の別の作付面積

（ウ）　地代

エ　調査対象畜の飼養、自給牧草の生産及び生産管理のために投下した作業種類別、家族雇用別及び男女別の労働時間

オ　調査対象畜の飼養、自給牧草の生産のための資材等に関する次の事項

（ア）　もと畜及び飼料等資材の使用量並びにその価額

（イ）　光熱水料及び動力費

（ウ）　獣医師料及び医薬品費

（エ）　賃借料及び料金（地代を除く。）

（オ）　物件税及び公課諸負担

（カ）　生産管理のための事務用備品等の価額並びに研修等の受講料及び交通費など

カ　調査対象畜の飼養及び自給牧草の生産に必要な建物、自動車、農機具、生産管理機器及び搾乳牛等に関する次の事項

（ア）　建物の構造、面積、建築年月、取得価額、修繕費用、廃棄・売却価額など

（イ）　自動車、農機具及び生産管理機器の種類、型式、数量、購入年月、取得価額、修繕費用、廃棄・売却価額など

（ウ）　生産手段としての搾乳牛及び繁殖雌牛の購入年月、年齢、購入価額、評価額、売却価額など

キ　生産物に関する次の事項

調査対象畜の主産物及び副産物の販売・自家消費別の数量並びにその価額

ク　調査対象畜の生産のための借入金の額及びその支払利息

ケ　その他アからクまでに掲げる事項に関連する事項

(10)　調査対象畜となるものの範囲

この調査において、生産費を把握する対象とする家畜の種類は、次のとおりである。

ア　牛乳生産費統計

（ア）　対象となるもの

搾乳牛及び調査期間中にその搾乳牛から生まれた子牛。ただし、子牛については、生後10日齢までを調査の対象とし、副産物として取り扱っている。

（イ）　対象とならないもの

調査開始時以前に生まれた子牛、調査期間中に生まれ10日齢を超えた子牛等

イ　子牛生産費統計

（ア）　対象となるもの

繁殖雌牛及びその繁殖雌牛から生まれた子牛

（イ）　対象とならないもの

　　　肥育牛（育成が終了した牛）あるいは使役専用の牛、種雄牛等

ウ　育成牛生産費統計

（ア）　対象となるもの

　　　肥育用もと牛とする目的で育成している牛

（イ）　対象とならないもの

　　　肉用種の子牛、搾乳牛に仕向けるために育成している牛、育成が終了した牛

エ　肥育牛生産費統計

（ア）　対象となるもの

　　　肉用として販売する目的で肥育している牛

（イ）　対象とならないもの

　　　繁殖雌牛及びその繁殖雌牛から生まれた子牛（育成が終了し肥育中のものは対象）

オ　肥育豚生産費統計

　　対象となるもの

　　　肉用として販売する目的で飼養されている豚及びその生産にかかわる全ての豚（肉豚、子豚生産のための繁殖雌豚、種雄豚、繁殖用後継豚として育成中の豚、繁殖用豚生産のための原種豚及び繁殖能力消滅後肥育されている豚）

(11)　調査方法

ア　現金出納帳、作業日誌

　　現金出納帳、作業日誌については、職員または統計調査員が調査対象経営体に配布（協力が得られる調査対象経営体については、電子化した現金出納帳、作業日誌を配布する。）し、原則として、調査対象経営体が記入し、郵送、職員または統計調査員が訪問、若しくはオンラインにより回収した。

イ　経営台帳

　　経営台帳については、原則として職員または統計調査員が調査対象経営体に対して面接し、聞き取る方法により行った。

　　協力が得られる調査対象経営体に対しては、職員または統計調査員が調査票を配布し、調査対象経営体が記入し、郵送、職員または統計調査員が訪問、若しくはオンラインにより回収した。

　　また、希望する調査対象経営体においては、牛資産の異動状況等の把握に当たり、（独）家畜改良センター所管の牛個体識別台帳データを活用した。

　　なお、調査対象経営体が決算書類を整備しており、協力が得られる場合は、当該書類により把握できる情報に限り、調査票（現金出納帳、作業日誌及び経営台帳）の報告に代えて、当該書類を郵送、職員または統計調査員が訪問、若しくはオンラインにより提供を受けた（調査票様式については、農林水産省のホームページ【 https://www.maff.go.jp/j/tokei/kouhyou/noukei/seisanhi_tikusan/gaiyou/index.html 】で御覧いただけます。）。

2 調査上の主な約束事項

(1) 畜産物生産費の概念

畜産物生産費統計において、「生産費」とは、畜産物の一定単位量の生産のために消費した経済費用の合計をいう。ここでいう費用の合計とは、具体的には、畜産物の生産に要した材料（種付料、飼料、敷料、光熱動力、獣医師料及び医薬品、その他の諸材料）、賃借料及び料金、物件税及び公課諸負担、労働費（雇用・家族（生産管理労働も含む。））、固定資産（建物、自動車、農機具、生産管理機器、家畜）の財貨及び用役の合計をいう。

なお、これらの各項目の具体的事例は、23ページの別表1を参照されたい。

(2) 主な約束事項

ア 生産費の種別（生産費統計においては、「生産費」を次の3種類に区分する。）

(ア) 「生産費（副産物価額差引）」

調査対象畜産物の生産に要して費用合計から副産物価額を控除したもの

(イ) 「支払利子・地代算入生産費」

「生産費（副産物価額差引）」に支払利子及び支払地代を加えたもの

(ウ) 「資本利子・地代全額算入生産費」

「支払利子・地代算入生産費」に自己資本利子及び自作地地代を擬制的に計算して算入したもの

イ 物財費

生産費を構成する各費用のうち、流動財費及び固定財費を合計したものである。

なお、流動財費は、購入したものについてはその支払額、自給したものについてはその評価額により算出した。

(ア) 種付料

牛乳生産費統計、子牛生産費統計及び肥育豚生産費統計における種付料は、搾乳牛、繁殖雌牛及び繁殖雌豚に、計算期間中に種付けに要した精液代、種付料金等を計上した。

なお、自家で種雄牛を飼養し、種付けに飼養している場合の種付料は、その地方の1回の受精に要する種付料で評価した。ただし、肥育豚生産費統計では、自家で飼養している種雄豚により種付けを行った場合は「種雄豚費」を計上しているので、種付料は計上しない。

(イ) もと畜費

育成牛生産費統計、肥育牛生産費統計及び肥育豚生産費統計におけるもと畜費は、もと畜そのものの価額に、もと畜を購入するために要した諸経費も計上した。自家生産のもと畜は、その地方の市価により評価した。

なお、肥育豚生産費統計における自家生産のもと畜については、その育成に要した費用を各費目に計上しているため、もと畜費としては計上しない。

(ウ) 飼料費

a 流通飼料費

(a) 購入飼料費

実際の飼料の購入価額、購入付帯費及び委託加工料を計上した。

なお、生産費調査では、配合飼料価格安定基金の積立金及び補てん金は計上しない。

(b)　自給飼料費

　　飼料作物以外の自給の生産物を飼料として給与した場合は、その地方の市価（生産時の経営体受取価格）によって評価して計上した。

　b　牧草・放牧・採草費（自給）

　　牧草等の飼料作物の生産に要した費用及び野生草・野乾草・放牧場・採草地に要した費用を、費用価計算により計上した。

　　なお、費用のうち労働については、平成7年から費用価には含めず労働費のうちの間接労働費として計上している。

　　　注：　費用価とは、自給物の生産に要した材料、固定財、労働等に係る費用を計算し評価したものである。

(エ)　敷料費

　　稲わら、麦わら、おがくず、野草など畜舎内の敷料として利用した費用を計上した。

　　なお、自給敷料はその地方の市価（生産時の経営体受取価格）によって評価して計上し、市価がない場合は、採取に要した費用を費用価計算によって求めた価額を計上した。

(オ)　光熱水量及び動力費

　　購入又は自家生産した動力材料、燃料、水道料、電気料等を計上した。

(カ)　その他の諸材料費

　　縄、ひも、ビニールシート等の消耗材料など、他の費目に計上できない材料を計上した。

(キ)　獣医師料及び医薬品費

　　獣医師に支払った料金及び使用した医薬品、防虫剤、殺虫剤、消毒剤等の費用のほか、家畜共済掛金のうちの疾病傷害分を計上した。

(ク)　賃借料及び料金

　　建物・農機具等の借料、生産のために要した共同負担費、削てい料、きゅう肥を処理するために支払った引取料等を計上した。

(ケ)　物件税及び公課諸負担

　　畜産物の生産のための装備に賦課される物件税（建物・構築物の固定資産税、自動車税等。ただし、土地の固定資産税は除く。）、畜産物の生産を維持・継続する上で必要不可欠な公課諸負担（集落協議会費、農業協同組合費、自動車損害賠償責任保険等）を計上した。

(コ)　家畜の減価償却費

　　生産物である牛乳、子牛の生産手段としての搾乳牛、繁殖雌牛の取得に要した費用を減価償却計算を行い計上した。牛乳生産費統計では乳牛償却費、子牛生産費統計では繁殖雌牛償却費という。

　　また、搾乳牛、繁殖雌牛を廃用した場合は、廃用時の帳簿価額から廃用時の評価額（売却した場合は売却額）を差し引いた額を処分差損益として償却費に加算した（ただし、処分差益が減価償却費を上回った場合は、統計表上においては減価償却費を負数「△」として表章している。）。

　　なお、肥育豚生産費統計における繁殖雌豚費及び種雄豚費については、後述(サ)のとおり。

　a　償却費

　　償却費

　　　平成19年3月31日以前に取得した資産で償却中の資産

　　　　＝（取得価額－残存価額）×耐用年数に応じた償却率

平成19年3月31日以前に取得した資産で償却済みの資産

= (残存価額-1円（備忘価額）) ÷5年

ただし、平成20年1月1日から適用した。

平成19年4月1日以降に取得した資産

= (取得価額-1円（備忘価額）) ×耐用年数に応じた償却率

b　取得価額

搾乳牛及び繁殖雌牛の取得価額は初回分べん以降（繁殖雌牛の場合、初回種付け以降）に購入したものは購入価額とし、自家育成した場合にはその地方における家畜市場の取引価格又は実際の売買価格等を参考として、搾乳牛については初回分べん時、繁殖雌牛は初回種付時で評価した。

また、購入した場合は、購入価額に購入に要した費用を含めて計上した。

c　残存価額

搾乳牛及び繁殖雌牛の残存価額は、平成19年3月31日以前に取得したものについて、取得価額に減価償却資産の耐用年数等に関する省令（昭和40年大蔵省令第15号）に定められている残存割合（以下「法定残存割合」という。）を乗じて求めた。

d　耐用年数に応じた償却率

搾乳牛及び繁殖雌牛の耐用年数に応じた償却率は、減価償却資産の耐用年数等に関する省令（昭和40年大蔵省令第15号）に定められている耐用年数（以下「法定耐用年数」という。）に対応する償却率をそれぞれ用いている。

(サ)　繁殖雌豚費及び種雄豚費

繁殖雌豚及び種雄豚の購入に要した費用を計上した。

なお、自家育成の繁殖畜については、それの生産に要した費用を生産費の各費目に含めているので本費目には計上しない。

(シ)　建物費

建物・構築物の償却費と修繕費を計上した。

また、建物・構築物を廃棄又は売却した場合は、処分時の帳簿価額から処分時の評価額（売却した場合は売却額）を差し引いた額を処分差損益として償却費に加算した（ただし、処分差益が減価償却費を上回った場合は、統計表上においては減価償却費を負数「△」として表章している。）。

a　償却費

減価償却費

平成19年3月31日以前に取得した資産で償却中の資産

= (取得価額-残存価額) ×耐用年数に応じた償却率

平成19年3月31日以前に取得した資産で償却済みの資産

= (残存価額-1円（備忘価額）) ÷5年

ただし、平成20年1月1日から適用した。

平成19年4月1日以降に取得した資産

= (取得価額-1円（備忘価額）) ×耐用年数に応じた償却率

(a)　取得価額

取得価額は取得に要した価額により評価した。ただし、国及び地方公共団体から補助金を

受けて取得した場合は、取得価額から補助金部分を差し引いた残額で、償却費の計算を行った。

 （b） 残存価額

  取得価額に法定残存割合を乗じて求めた。

 （c） 耐用年数に応じた償却率

  法定耐用年数に対応した償却率を用いた。

 b 修繕費

  建物・構築物の維持修繕について、購入又は支払の場合、購入材料の代金及び支払労賃を計上した。

  また、建物火災保険、建物損害共済掛金も、負担割合を乗じた額を計上した。

（ス） 自動車費

 自動車の減価償却費及び修繕費を計上した。

 なお、自動車の償却費と修繕費の計算方法は、建物と同様である。

（セ） 農機具費

 農機具の減価償却費及び修繕費を計上した。

 なお、農機具の償却費と修繕費の計算方法は、建物と同様である。

（ソ） 生産管理費

 畜産物の生産を維持・継続するために使用したパソコン、ファックス、複写機等の生産管理機器の購入費、償却費及び集会出席に要した交通費、技術習得に要した受講料などを計上した。

 なお、生産管理機器の償却費の計算方法は、建物と同様である。

ウ 労働費

 調査対象畜の生産のために投下された家族労働の評価額と雇用労働に対する支払額の合計である。

（ア） 家族労働評価

 調査対象畜の生産のために投下された家族労働については、「毎月勤労統計調査」（厚生労働省）（以下「毎月勤労統計」という。）の「建設業」、「製造業」及び「運輸業，郵便業」に属する5〜29人規模の事業所における賃金データ（都道府県単位）を基に算出した単価を乗じて計算したものである。

（イ） 労働時間

 労働時間は、直接労働時間と間接労働時間に区分した。

 直接労働時間とは、食事・休憩などの時間を除いた調査対象畜の生産に直接投下された労働時間（生産管理労働時間を含む。）であり、間接労働時間とは、自給牧草及び自給肥料の生産、建物や農機具の自己修繕等に要した労働時間の調査対象畜の負担部分である。

 なお、作業分類の具体的事例は、24ページの別表2を参照されたい。

エ 費用合計

 調査対象畜を生産するために消費した物財費と労働費の合計である。

オ 副産物価額

 副産物とは、主産物（生産費集計対象）の生産過程で主産物と必然的に結合して生産される生産

物である。生産費においては、主産物生産に要した費用のみとするため、副産物を市価で評価（費用に相当すると考える。）し、費用合計から差し引くこととしている。

　各畜産物生産費の副産物価額については、次のものを計上した。

① 　牛乳生産費統計：子牛（生後10日齢時点）及びきゅう肥

② 　子牛生産費統計：きゅう肥

③ 　育成牛生産費統計：事故畜、4か月齢未満で販売された子畜及びきゅう肥

④ 　肥育牛生産費統計：事故畜及びきゅう肥

⑤ 　肥育豚生産費統計：事故畜、販売された子豚、繁殖雌豚、種雄豚及びきゅう肥

　なお、牛乳生産費統計における子牛については、10日齢以前に販売されたものはその販売価額、10日齢時点で育成中のものは10日齢時点での市価評価額、各畜種のきゅう肥については、販売されたものはその販売価額、自家用に仕向けられたものは費用価計算で評価し、その他の副産物については、販売価額とした。

カ　資本利子

（ア）　支払利子

　　調査対象畜の生産のために調査期間内に支払った利子額を計上した。

（イ）　自己資本利子

　　調査対象畜の生産のために投下された総資本額から、借入資本額を差し引いた自己資本額に年利率4％を乗じて計算した。

キ　地代

（ア）　支払地代

　　調査対象畜の飼養及び飼料作物の生産に利用された土地のうち、借入地について実際に支払った賃借料及び支払地代を計上した。

（イ）　自作地地代

　　調査対象畜の飼養及び飼料作物の生産に利用された土地のうち、所有地について、その近傍類地（調査対象畜の生産に利用される所有地と地力等が類似している土地）の賃借料又は支払地代により評価した。

3　調査結果の取りまとめ方法と統計表の編成

(1)　調査結果の取りまとめ方法

ア　集計対象（集計経営体）

集計経営体は、調査対象経営体から次の経営体を除いた経営体とした。

・調査期間途中で調査対象畜の飼養を中止した経営体

・記帳不可能等により調査ができなくなった経営体

・調査期間中の家畜の飼養実績が調査対象に該当しなかった経営体

イ　平均値の算出方法

平均値は、各集計経営体について取りまとめた個別の結果（様式は巻末の「個別結果表」に示すとおり。）を用いて、全国又は規模階層別等の集計対象とする区分ごとに、計算単位当たり及び1経営体当たりの平均値を算出した。

(ア)　全国平均値

全国平均値は、「畜産統計調査」（平成30年2月1日現在）による飼養戸数に基づいて設定したウエイトによる加重平均により算出した。

この場合のウエイトとは、牛乳生産費統計、子牛生産費統計及び去勢若齢肥育牛生産費統計については、飼養頭数規模別及び都道府県別の乳用雄育成牛生産費統計、交雑種育成牛生産費統計、乳用雄肥育牛生産費統計、交雑種肥育牛生産費統計及び肥育豚生産費統計については、飼養頭数規模別及び全国農業地域別の区分ごとの標本抽出率（畜産統計調査結果における当該区分の大きさ（飼養戸数）に対する集計経営体数の比率）の逆数とし、集計経営体ごとに定めた。

$$標本抽出率 = \frac{調査結果において当該区分に該当する畜産物生産費取りまとめ経営体数}{畜産統計調査結果における当該区分の大きさ}$$

(イ)　全国農業地域別平均値

牛乳及び肥育豚の全国農業地域別平均値については、(ア)と同様に加重平均（ウエイトは飼養頭数規模別及び全国農業地域別の標本抽出率の逆数）により算出した。

また、子牛、育成牛及び肥育牛については、単純平均により算出しており、全ての集計対象経営体のウエイトを「1」とした。

ウ　計算単位当たり生産費及び原単位量の算出方法

生産費は、一定数量の主産物の生産のために要した費用及び原単位量（生産に用いた機械や資材等の数量）として計算されるものであり、その「計算単位」はできるだけ取引単位に一致させるため、次のとおり主産物の単位数量を生産費及び原単位量の計算単位とした。

(ア)　牛乳生産費統計

牛乳生産費統計における主産物は、調査期間中に搾乳された生乳の全量（販売用、自家用、子牛の給与用）であって、計算の単位は生乳100kg当たりである。

生乳100kg当たりの生産費の算出方法は、次のとおりである。

$$生乳100kg当たりの生産費 = \frac{1頭当たり生産費}{1頭当たり搾乳量（kg）} \times 100$$

この調査では、分母となる搾乳量として乳脂肪分3.5％換算乳量又は実搾乳量を用いている。
乳脂肪分3.5％換算乳量の算出方法は、次のとおりである。

$$乳脂肪分3.5\%換算乳量 = \frac{乳脂肪量（実搾乳量 \times 乳脂肪分）}{0.035}$$

(イ)　子牛生産費統計

子牛生産費統計における主産物は、調査期間中に販売又は自家肥育に仕向けられた子牛であって、計算の単位は子牛１頭当たりである。

(ウ)　育成牛生産費統計

育成牛生産費統計における主産物は、ほ育・育成が終了し、肥育用もと牛として調査期間中に販売又は自家肥育に仕向けられたものであって、計算の単位は育成牛１頭当たりである。

(エ)　肥育牛生産費統計

肥育牛生産費統計における主産物は、肥育過程を終了し、調査期間中に肉用として販売された肥育牛であって、計算の単位は肥育牛の生体100kg当たりである。

なお、肥育過程の終了とは、肥育用もと牛を導入し、満肉の状態まで肥育することであるが、肥育牛の場合は、肥育用もと牛の性質（導入時の月齢及び生体重、性別など）、肥育期間、肥育程度等により肥育過程の終了が異なりその判定も困難である。このため、本調査では、その肥育牛が販売された時点をもって肥育終了とし、その肥育牛を主産物とした。

(オ)　肥育豚生産費統計

肥育豚生産費統計における主産物は、調査期間中に肉用として販売された肥育豚（子豚を除く。）であって、計算の単位は肥育豚の生体100kg当たりである。

また、単位頭数当たりの投下費用、あるいは生産費、収益も重要であることから、主産物の単位数量当たり生産費及び原単位量とともに、飼養する家畜１頭当たりの生産費及び原単位量を計算している。

具体的に、これらの平均値については、次の式により算出した。

計算単位当たり平均値

$$\overline{X} = \frac{\displaystyle\sum_{i=1}^{n} W_i X_i}{\displaystyle\sum_{i=1}^{n} W_i V_i}$$

$\overline{X}$　：　当該集計対象区分のXの平均値の推定値

X_i　：　調査結果において当該集計対象区分に属するi番目の集計経営体の生産費又は原単位量の調査結果

W_i　：　調査結果において当該集計対象区分に属するi番目の集計経営体のウエイト

V_i　：　調査結果において当該集計対象区分に属するi番目の集計経営体の主産物生産量又は飼養頭数の調査結果（計算単位に対応した値を用いる。）

n　：　調査結果において当該集計対象区分に属する集計経営体数

エ　1経営体当たり平均値の算出方法

　　農業従事者数や、経営土地面積、建物等の所有状況などの1経営体当たり平均値については、次の式により算出した。

　　1経営体当たりの平均値

$$\overline{X} = \frac{\displaystyle\sum_{i=1}^{n} W_i X_i}{\displaystyle\sum_{i=1}^{n} W_i}$$

$\overline{X}$　　：　当該集計対象区分のXの平均値の推定値
X_i　　：　調査結果において当該集計対象区分に属するi番目の集計経営体の生産費又は原単位量の調査結果
W_i　　：　調査結果において当該集計対象区分に属するi番目の集計経営体のウエイト
n　　：　調査結果において当該集計対象区分に属する集計経営体数

オ　収益性指標（所得及び家族労働報酬）の計算

　　畜産物生産費統計では、収益性を示す指標として、次のものを計算した。

　　収益性指標は本来、農業経営全体の経営計算から求めるべき性格のものであるが、ここでは調査対象畜と他の家畜との収益性を比較する指標として該当対象畜部門についてのみ取りまとめているので、利用に当たっては十分留意されたい。

（ア）　所得

　　生産費総額から家族労働費、自己資本利子及び自作地地代を控除した額を粗収益から差し引いたものである。

　　なお、所得には配合飼料価格安定基金及び肉用子牛生産者補給金等の補助金は含まない。

　　　所得＝粗収益－｛生産費総額－（家族労働費＋自己資本利子＋自作地地代）｝

　　　　ただし、生産費総額＝費用合計＋支払利子＋支払地代＋自己資本利子＋自作地地代

（イ）　1日当たり所得

　　所得を家族労働時間で除し、これに8（1日を8時間とみなす。）を乗じて算出したものである。

　　　1日当たり所得＝所得÷家族労働時間×8時間（1日換算）

（ウ）　家族労働報酬

　　生産費総額から家族労働費を控除した額を粗収益から差し引いて求めたものである。

　　　家族労働報酬＝粗収益－（生産費総額－家族労働費）

（エ）　1日当たり家族労働報酬

　　家族労働報酬を家族労働時間で除し、これに8（1日を8時間とみなす。）を乗じて算出したものである。

　　　1日当たり家族労働報酬＝家族労働報酬÷家族労働時間×8時間（1日換算）

(2)　統計表の編成

全ての統計表について、全国・飼養頭数規模別、全国農業地域別に編成した。

なお、牛乳生産費統計については、北海道及び都府県の飼養頭数規模別の統計表を編成した。

(3)　統計の表章

統計表章に用いた全国農業地域及び階層区分は次のとおりである。

ア　全国農業地域区分

全 国 農 業 地 域 名	所　属　都　道　府　県　名
北　　海　　道	北海道
東　　　　北	青森、岩手、宮城、秋田、山形、福島
北　　　　陸	新潟、富山、石川、福井
関 東 ・ 東 山	茨城、栃木、群馬、埼玉、千葉、東京、神奈川、山梨、長野
東　　　　海	岐阜、静岡、愛知、三重
近　　　　畿	滋賀、京都、大阪、兵庫、奈良、和歌山
中　　　　国	鳥取、島根、岡山、広島、山口
四　　　　国	徳島、香川、愛媛、高知
九　　　　州	福岡、佐賀、長崎、熊本、大分、宮崎、鹿児島
沖　　　　縄	沖縄

注：　子牛及び交雑種育成牛生産費統計の「北陸」については、調査を行っていないため全国農業地域としての表章を行っていない。

子牛及び肥育豚生産費統計以外の「沖縄」については、調査を行っていないため全国農業地域としての表章を行っていない。

イ　階層区分

調査名	牛　　　乳	子　　　牛	育　成　牛	肥　育　牛	肥　育　豚
階層区分の指標	搾乳牛飼養頭数	繁殖雌牛飼養月平均頭数	育成牛飼養月平均頭数	肥育牛飼養月平均頭数	肉豚飼養月平均頭数
Ⅰ	1〜20頭未満	2〜5頭未満	5〜20頭未満	1〜10頭未満	1〜 100頭未満
Ⅱ	20〜30	5〜10	20〜50	10〜20	100〜 300
Ⅲ	30〜50	10〜20	50〜100	20〜30	300〜 500
Ⅳ	50〜80	20〜50	100〜200	30〜50	500〜1,000
Ⅴ	80〜100	50頭以上	200頭以上	50〜100	1,000〜2,000
Ⅵ	100頭以上	―	―	100〜200	2,000頭以上
Ⅶ	―	―	―	200頭以上	―

4　利用上の注意

(1)　畜産物生産費調査の見直しに基づく調査項目の一部改正

　　畜産物生産費調査は、農業・農山村・農業経営の著しい実態変化を的確に捉えたものとするため、平成2～3年にかけて見直し検討を行い、その検討結果を踏まえ調査項目の一部改正を行った（ブロイラー生産費を除き、平成4年から適用。）。

　　したがって、平成4年以降の生産費及び収益性等に関する数値は、厳密な意味で平成3年以前とは接続しないので、利用に当たっては十分留意されたい。

　　なお、改正の内容は次のとおりである。

ア　家族労働の評価方法を、「毎月勤労統計」により算出した単価によって評価する方法に変更した。

イ　「生産管理労働時間」を家族労働時間に、「生産管理費」を物財費に新たに計上した。

ウ　土地改良に係る負担金の取り扱いを変更し、草地造成事業及び草地開発事業の負担金のうち、事業効果が個人の資産価値の増加につながるもの（整地、表土扱い）を除きすべて飼料作物の生産費用（費用価）として計上した。

エ　減価償却費の計上方法を変更し、更新、廃棄等に伴う処分差損益を計上した。乳牛償却費については、農機具等と同様の法定に即した償却計算に改めるとともに、売却等に伴う処分差損益を新たに計上し、繁殖雌牛の耐用年数についても、法定耐用年数に改めた。

オ　物件税及び公課諸負担のうち、調査対象畜の生産を維持・継続していく上で必要なものを新たに計上した。

カ　きゅう肥を処分するために処理（乾燥、脱臭等）を加えて販売した場合の加工経費を新たに計上した。

キ　資本利子を支払利子と自己資本利子に、地代を支払地代と自作地地代に区分した。

ク　統計表章において、「第1次生産費」を「生産費（副産物価額差引）」に、「第2次生産費」を「資本利子・地代全額算入生産費」にそれぞれ置き換え、「生産費（副産物価額差引）」と「資本利子・地代算入生産費」の間に、新たに、実際に支払った利子・地代を加えた「支払利子・地代算入生産費」を新設した。

(2)　農業経営統計調査への移行に伴う調査項目の一部変更

　　平成6年7月、農業経営の実態把握に重点を置き、農業経営収支と生産費の相互関係を明らかにするなど多面的な統計作成が可能な調査体系とすることを目的に、従来、別体系で実施していた農家経済調査と農畜産物繭生産費調査を統合し、農業経営統計調査へと移行した。

　　畜産物生産費は、平成7年から農業経営統計調査の下「畜産物生産費統計」として取りまとめることとなり、同時に、畜産物の生産に係る直接的な労働以外の労働（購入付帯労働及び建物・農機具等

の修繕労働等）を間接労働として関係費目から分離し、「労働費」及び「労働時間」に含め計上することとした。

(3) 家族労働評価方法の一部改正

平成10年から従来の男女別評価を男女同一評価（当該地域で男女を問わず実際に支払われた平均賃金による評価）に改正した。

(4) 調査期間の変更について

平成11年度調査から調査期間を変更し、全ての畜種について調査年4月から翌年3月とした。

なお、それまでの調査期間については、畜種ごとに次のとおりである。

ア　牛乳生産費統計

前年9月1日から調査年8月31日までの1年間

イ　子牛生産費統計、育成牛生産費統計及び肥育牛生産費統計

前年8月1日から調査年7月31日までの1年間

ウ　肥育豚生産費統計

前年7月1日から調査年6月30日までの1年間

(5) 農業経営統計調査の体系整備（平成16年）に伴う調査項目の一部変更等

平成16年には、食料・農業・農村基本計画等の新たな施策の展開に応えるため、農業経営統計調査を、営農類型別・地域別に経営実態を把握する営農類型別経営統計に編成する調査体系の再編・整備等の所要の見直しを行った。

これに伴って畜産物生産費についても、平成16年度から農家の農業経営全体の農業収支、自家農業投下労働時間の把握の取りやめ、自動車費を農機具費から分離・表章する等の一部改正を行った。

(6) 税制改正における減価償却計算の見直し

ア　平成19年度税制改正における減価償却費計算の見直しに伴い、農業経営統計調査における1か年の減価償却額は償却資産の取得時期により次のとおり算出した。

(ア)　平成19年4月以降に取得した資産

1か年の減価償却額＝（取得価額－1円（備忘価額））×耐用年数に応じた償却率

(イ)　平成19年3月以前に取得した資産

a　平成20年1月時点で耐用年数が終了していない資産

1か年の減価償却額＝（取得価額－残存価額）×耐用年数に応じた償却率

b　上記aにおいて耐用年数が終了した場合、耐用年数が終了した翌年調査期間から5年間

1か年の減価償却額＝（残存価額－1円（備忘価額））÷5年

c　平成19年12月時点で耐用年数が終了している資産の場合、20年1月以降開始する調査期間から5年間

1か年の減価償却額＝（残存価額－1円（備忘価額））÷5年

イ　平成20年度税制改正における減価償却費計算の見直し（資産区分の大括化、法定耐用年数の見直し）を踏まえて算出した。

(7) 全国農業地域別や規模別及び目標精度を設定していない調査結果について

全国農業地域別や規模別の結果及び目標精度を設定していない結果については、集計対象数が少ないほか、一部の表章項目によってはごく少数の経営体にしか出現しないことから、相当程度の誤差を含んだ値となっており、結果の利用に当たっては十分留意されたい。

(8) 実績精度

計算単位当たり（注）全算入生産費を指標とした実績精度を標準誤差率（標準誤差の推定値÷推定値×100）により示すと、次のとおりである。

区　　　分	単位	牛　　乳			子牛	乳用雄育成牛
		全　国	北海道	都府県		
集 計 経 営 体 数	経営体	428	232	196	188	29
標 準 誤 差 率	%	0.9	1.1	1.1	1.9	3.5

区　　　分	単位	交雑種育成牛	去勢若齢肥育牛	乳用雄肥育牛	交雑種肥育牛	肥育豚
集 計 経 営 体 数	経営体	44	286	65	93	160
標 準 誤 差 率	%	3.3	1.0	2.3	1.4	1.4

注：　牛乳生産費：生乳100kg当たり（乳脂肪分3.5%換算）、子牛生産費：子牛１頭当たり、
乳用雄育成牛生産費：育成牛１頭当たり、交雑種育成牛生産費：育成牛１頭当たり、
去勢若齢肥育牛生産費：肥育牛１頭当たり、乳用雄肥育牛生産費：肥育牛１頭当たり、
交雑種肥育牛生産費：肥育牛１頭当たり、肥育豚生産費：肥育豚１頭当たり

○　実績精度（標準誤差率）の推定式

N　　　　　：　母集団の農業経営体数

N_i　　　　：　ｉ番目の階層の農業経営体数

L　　　　　：　階層数

n_i　　　　：　ｉ番目の階層の標本数

x_{ij}　　　：　ｉ番目の階層のｊ番目の標本のｘ（生産費）の値

y_{ij}　　　：　ｉ番目の階層のｊ番目の標本のｙ（計算単位生産量）の値

$\overline{x}_i$　　　：　ｉ番目の階層のｘの１農業経営体当たり平均の推定値

$\overline{y}_i$　　　：　ｉ番目の階層のｙの１農業経営体当たり平均の推定値

$\overline{x}$　　　　：　ｘの１農業経営体当たり平均の推定値

$\overline{y}$　　　　：　ｙの１農業経営体当たり平均の推定値

S_{ix}　　　：　ｉ番目の階層のｘの標準偏差の推定値

S_{iy}　　　：　ｉ番目の階層のｙの標準偏差の推定値

S_{ixy}　　：　ｉ番目の階層のｘとｙの共分散の推定値

r　　　　　：　計算単位当たりの生産費の推定値

S　　　　　：　ｒの標準誤差の推定値

とするとき、

$$\overline{x}i = \frac{1}{ni} \cdot \sum_{j=1}^{ni} xij \qquad\qquad Six^2 = \frac{1}{ni-1} \cdot \sum_{j=1}^{ni} (xij - \overline{x}i)^2$$

$$\overline{y}i = \frac{1}{ni} \cdot \sum_{j=1}^{ni} yij \qquad\qquad Siy^2 = \frac{1}{ni-1} \cdot \sum_{j=1}^{ni} (xij - \overline{y}i)^2$$

$$Sixy = \frac{1}{ni-1} \cdot \sum_{j=1}^{ni} (xij - \overline{x}i)(yij - \overline{y}i)$$

$$\overline{x} = \sum_{i=1}^{L} \frac{Ni}{N} \cdot \overline{x}i \qquad\qquad \overline{y} = \sum_{i=1}^{L} \frac{Ni}{N} \cdot \overline{y}i \qquad\qquad r = \frac{\overline{x}}{\overline{y}}$$

$$S \fallingdotseq \left(\frac{\overline{x}}{\overline{y}}\right)^2 \cdot \sum_{i=1}^{L} \left(\frac{Ni}{N}\right)^2 \cdot \frac{Ni-ni}{Ni-1} \cdot \frac{1}{ni} \cdot \left(\frac{Six^2}{\overline{x}^2} + \frac{Siy^2}{\overline{y}^2} - 2 \cdot \frac{Sixy}{\overline{x}\,\overline{y}}\right)$$

$$\text{標準誤差率の推定値} = \frac{S}{r}$$

(9) 統計表に使用した記号

統計表中に使用した記号は、次のとおりである。

「0」 ： 単位に満たないもの（例：0.4円→0円）

「0.0」、「0.00」 ： 単位に満たないもの（例：0.04頭→0.0頭）又は増減がないもの

「－」 ： 事実のないもの

「…」 ： 事実不詳又は調査を欠くもの

「x」 ： 個人又は法人その他の団体に関する秘密を保護するため、統計数値を公表しないもの

「△」 ： 負数又は減少したもの

「nc」 ： 計算不能

(10) 秘匿措置について

統計調査結果について、調査対象経営体数が2以下の場合には調査結果の秘密保護の観点から、当該結果を「x」表示とする秘匿措置を施している。

(11) ホームページ掲載案内

　本統計のデータについては、農林水産省のホームページの統計情報に掲載している分野別分類「農家の所得や生産コスト、農業産出額など」の「畜産物生産費統計」で御覧いただけます。

【 https://www.maff.go.jp/j/tokei/kouhyou/noukei/seisanhi_tikusan/index.html 】

　なお、本書発刊後、統計データ等に訂正等があった場合には、同ホームページに正誤表とともに修正後の統計表を掲載します。

(12) 転載について

　この統計表に掲載された数値を他に転載する場合は、農業経営統計調査「平成29年度畜産物生産費」（農林水産省）による旨を記載してください。

5　農業経営統計調査報告書一覧

(1)　農業経営統計調査報告　営農類型別経営統計（個別経営、第1分冊、水田作・畑作経営編）

(2)　農業経営統計調査報告　営農類型別経営統計

　　　　　　　　　　　　　　　　　（個別経営、第2分冊、野菜作・果樹作・花き作経営編）

(3)　農業経営統計調査報告　営農類型別経営統計（個別経営、第3分冊、畜産経営編）

(4)　農業経営統計調査報告　営農類型別経営統計（組織法人経営編）（併載：経営形態別経営統計）

(5)　農業経営統計調査報告　経営形態別経営統計（個別経営）

(6)　農業経営統計調査報告　農産物生産費（個別経営）

(7)　農業経営統計調査報告　農産物生産費（組織法人経営）

(8)　農業経営統計調査報告　畜産物生産費

6　お問合せ先

農林水産省　大臣官房統計部　経営・構造統計課　畜産物生産費統計班

電話：（代表）03-3502-8111（内線　3630）

　　　　（直通）03-3591-0923

FAX：　　　　03-5511-8772

※　本調査に関するご意見・ご要望は、上記問い合わせ先のほか、農林水産省ホームページでも受け付けております。

【 https://www.contactus.maff.go.jp/j/form/tokei/kikaku/160815.html 】

別表1　生産費の費目分類

費目		費目の内容	牛乳	子牛	乳育用成雄牛	交育雑成種牛	去肥勢育若齢牛	乳肥用育雄牛	交肥雑育種牛	肥育豚
種付料		精液、種付けに要した費用。自給の場合は、その地方の市価評価額（肥育豚生産費は除く。）	○	○						○
もと畜費		肥育材料であるもと畜の購入に要した費用。自家生産の場合は、その地方の市価評価額（肥育豚生産費は除く。）			○	○	○	○	○	○
飼料費	流通飼料費	購入飼料費と自給の飼料作物以外の生産物を飼料として給与した自給飼料費（市価）	○	○	○	○	○	○	○	○
	牧草・放牧・採草費（自給）	牧草等の飼料作物の生産に要した費用及び野生草、野乾草、放牧場、採草地に要した費用	○	○	○	○	○	○	○	○
敷料費		敷料として畜房内に搬入された材料費	○	○	○	○	○	○	○	○
光熱水料及び動力費		電気料、水道料、燃料、動力運転材料等	○	○	○	○	○	○	○	○
その他諸材料費		縄、ひも等の消耗材料のほか、他の費目に該当しない材料費	○	○	○	○	○	○	○	○
獣医師料及び医薬品費		獣医師料、医薬品、疾病傷害共済掛金	○	○	○	○	○	○	○	○
賃借料及び料金		賃借料（建物、農機具など）、きゅう肥の引取料、登録・登記料、共同放牧地の使用料、検査料（結核検査など）、その他材料と労賃が混合したもの	○	○	○	○	○	○	○	○
物件税及び公課諸負担		固定資産税（土地を除く。）、自動車税、軽自動車税、自動車取得税、自動車重量税、都市計画税等　集落協議会費、農業協同組合費、農事実行組合費、農業共済組合賦課金、自動車損害賠償責任保険等	○	○	○	○	○	○	○	○
家畜の減価償却費		搾乳牛、繁殖雌牛の減価償却費	○	○						
繁殖雌豚費及び種雄豚費		繁殖雌豚、種雄豚の購入に要した費用								○
建物費	建物	住宅、納屋、倉庫、畜舎、作業所、農機具置場等の減価償却費及び修繕費	○	○	○	○	○	○	○	○
	構築物	浄化槽、尿だめ、サイロ、牧さく等の減価償却費及び修繕費	○	○	○	○	○	○	○	○
自動車費		減価償却費及び修繕費　なお、車検料、任意車両保険費用も含む。	○	○	○	○	○	○	○	○
農機具費	大農具	大農具の減価償却費及び修繕費	○	○	○	○	○	○	○	○
	小農具	大農具以外の農具類の購入費及び修繕費	○	○	○	○	○	○	○	○
生産管理費		集会出席に要する交通費、技術習得に要する受講料及び参加料、事務用机、消耗品、パソコン、複写機、ファックス、電話代等の生産管理労働に伴う諸材料費、減価償却費	○	○	○	○	○	○	○	○
労働費	家族	「毎月勤労統計調査」（厚生労働省）により算出した賃金単価で評価した家族労働費（ゆい、手間替え受け労働の評価額を含む。）	○	○	○	○	○	○	○	○
	雇用	年雇、季節雇、臨時雇の賃金（現物支給を含む。）　なお、住み込み年雇、手伝受及び共同作業受けの評価は家族労働費に準ずる。	○	○	○	○	○	○	○	○
資本利子	支払利子	支払利子額	○	○	○	○	○	○	○	○
	自己資本利子	自己資本額に年利率４％を乗じて得た額	○	○	○	○	○	○	○	○
地代	支払地代	実際に支払った建物敷地、運動場、牧草栽培地、採草地の賃借料及び支払地代	○	○	○	○	○	○	○	○
	自作地地代	所有地の見積地代（近傍類地の賃借料又は支払地代により評価）	○	○	○	○	○	○	○	○

注：○印は該当するもの

別表２　労働の作業分類

作業		作業の内容	調査の種類							
			牛乳	肉用牛						肥育豚
				子牛	乳育用成雄牛	交育雑成種牛	去勢肥育若齢牛	乳肥用育雄牛	交肥雑育種牛	
飼料の調理・給与・給水		飼料材料の裁断、粉砕、引割煮炊き、麦・豆類の水浸及び芽出し、飼料の混配合などの調理・給与・給水などの作業	○	○	○	○	○	○	○	○
敷料の搬入、きゅう肥の搬出		敷わら、敷くさの畜房への投入、ふんかき、きゅう肥（尿を含む。）の最寄りの場所（たい積所・尿だめなど）までの搬出作業	○	○	○	○	○	○	○	○
搾乳及び牛乳処理・運搬		乳房の清拭・搾乳準備・搾乳・搾乳後のろ過・冷却などの作業、搾乳関係器具の消毒・殺菌などの後片付け作業、販売のため最寄りの集乳所までの運搬作業	○							
その他の畜産管理作業	手入・運動・放牧	皮ふ・毛・ひづめなどの手入れ及び追い運動・引き運動などの運動を目的とした作業、放牧場までの往復時間	△	△	△	△	△	△	△	△
	きゅう肥の処理	きゅう肥の処理作業	△	△	△	△	△	△	△	△
	飼育管理　種付関係	種付け場への往復・保定・補助などの手伝い作業	△	△						△
	飼育管理　分べん関係	分べん時における助産作業	△	△						△
	飼育管理　防疫関係	防虫剤・殺虫剤などの散布作業	△	△	△	△	△	△	△	△
	飼育管理　その他の作業	その他上記に含まれない飼育関係作業	△	△	△	△	△	△	△	△
	生産管理労働	畜産物の生産を維持・継続する上で必要不可欠とみられる集会出席（打合せ等）、技術習得、簿記記帳	△	△	△	△	△	△	△	△

注：１　○印は該当するもの、△印は「その他の畜産管理作業」に一括するもの。
　　２　牛乳生産費について、平成９年調査より、「飼育管理」に含めていた「きゅう肥の処理」を分離するとともに、それまで分類していた「牛乳運搬」と「搾乳及び牛乳処理」を「搾乳及び牛乳処理・運搬」に結合した。
　　３　平成29年度調査より、それまで分類していた肉用牛の「手入・運動・放牧」並びに全ての畜産物生産費の「きゅう肥の処理」、「飼育管理」及び「生産管理労働」を「その他の畜産管理作業」に結合した。

I 調査結果の概要

1 牛乳生産費

(1) 全国

ア 搾乳牛を飼養し、生乳を販売する経営における平成29年度の搾乳牛1頭当たり資本利子・地代全額算入生産費（以下「全算入生産費」という。）は75万7,043円で、前年度に比べ2.5％増加した。

これは、初妊牛価格の上昇により乳牛償却費が増加したこと等による。

イ 生乳100kg当たり（乳脂肪分3.5％換算乳量）全算入生産費は7,972円で、前年度に比べ2.4％増加した。

図1 主要費目の構成割合（全国）
（搾乳牛1頭当たり）

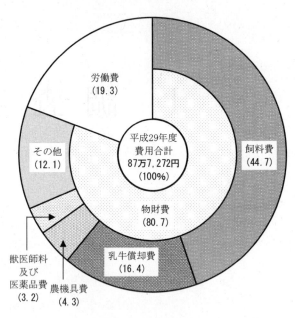

注： 飼料費には、配合飼料価格安定制度の補てん金は含まない。

表1 牛乳生産費（全国）

区 分	単位	搾乳牛1頭当たり		生乳100kg当たり（乳脂肪分3.5％換算乳量）	
		実 数	対前年度増減率	実 数	対前年度増減率
生 産 費			％		％
物 財 費	円	708,017	4.7	7,455	4.5
乳 牛 償 却 費	〃	143,674	16.4	1,513	16.2
労 働 費	〃	169,255	0.7	1,783	0.5
費 用 合 計	〃	877,272	3.9	9,238	3.7
副 産 物 価 額	〃	165,191	12.1	1,740	11.9
生産費（副産物価額差引）	〃	712,081	2.2	7,498	2.0
支払利子・地代算入生産費	〃	720,406	2.1	7,586	1.9
資本利子・地代全額算入生産費	〃	757,043	2.5	7,972	2.4
1経営体当たり搾乳牛飼養頭数	頭	55.5	2.8	－	－
1頭当たり搾乳量（乳脂肪分3.5％換算乳量）	kg	9,496	0.2	－	－
1頭当たり投下労働時間	時間	104.02	△ 1.6	－	－

(2) 北海道

ア　搾乳牛を飼養し、生乳を販売す
る経営における平成29年度の搾乳
牛1頭当たり全算入生産費は67万
6,649円で、前年度に比べ2.9％増
加した。

　　これは、初妊牛価格の上昇によ
り乳牛償却費が増加したこと等に
よる。

イ　生乳100kg当たり全算入生産費は
7,145円で、前年度に比べ2.4％増
加した。

図2　主要費目の構成割合（北海道）
（搾乳牛1頭当たり）

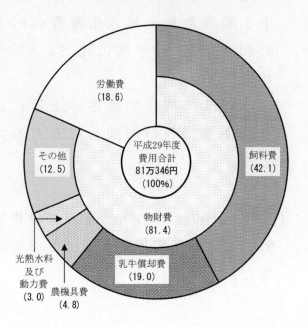

労働費
(18.6)

その他
(12.5)

光熱水料
及び
動力費
(3.0)

農機具費
(4.8)

平成29年度
費用合計
81万346円
(100%)

飼料費
(42.1)

物財費
(81.4)

乳牛償却費
(19.0)

注：　飼料費には、配合飼料価格安定
　　　制度の補てん金は含まない。

表2　牛乳生産費（北海道）

区　　　　　分	単位	搾乳牛1頭当たり		生乳100kg当たり（乳脂肪分3.5％換算乳量）	
		実　数	対前年度増減率	実　数	対前年度増減率
生　　産　　費			％		％
物　　財　　費	円	659,545	3.4	6,965	2.9
乳　牛　償　却　費	〃	153,696	13.0	1,623	12.5
労　　働　　費	〃	150,801	0.9	1,592	0.3
費　用　合　計	〃	810,346	2.9	8,557	2.4
副　産　物　価　額	〃	185,119	3.3	1,955	2.8
生産費（副産物価額差引）	〃	625,227	2.8	6,602	2.3
支払利子・地代算入生産費	〃	634,346	2.5	6,698	2.0
資本利子・地代全額算入生産費	〃	676,649	2.9	7,145	2.4
1経営体当たり搾乳牛飼養頭数	頭	78.6	2.7	－	－
1頭当たり搾乳量（乳脂肪分3.5％換算乳量）	kg	9,469	0.5	－	－
1頭当たり投下労働時間	時間	90.12	△ 1.9	－	－

（3）　都府県

　ア　搾乳牛を飼養し、生乳を販売す
　　る経営における平成29年度の搾乳
　　牛1頭当たり全算入生産費は85万
　　5,417円で、前年度に比べ2.6％増
　　加した。

　　　これは、初妊牛価格の上昇によ
　　り乳牛償却費が増加したこと等に
　　よる。

　イ　生乳100kg当たり全算入生産費は
　　8,979円で、前年度に比べ2.7％増
　　加した。

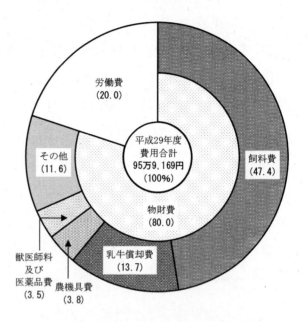

図3　主要費目の構成割合（都府県）
　　　（搾乳牛1頭当たり）

注：　飼料費には、配合飼料価格安定
　　制度の補てん金は含まない。

表3　牛乳生産費（都府県）

区　　分	単位	搾乳牛1頭当たり		生乳100kg当たり（乳脂肪分3.5％換算乳量）	
		実数	対前年度増減率	実数	対前年度増減率
生産費			％		％
物財費	円	767,334	6.4	8,052	6.5
乳牛償却費	〃	131,411	21.1	1,379	21.3
労働費	〃	191,835	0.9	2,014	1.2
費用合計	〃	959,169	5.3	10,066	5.4
副産物価額	〃	140,803	28.3	1,477	28.4
生産費（副産物価額差引）	〃	818,366	2.1	8,589	2.3
支払利子・地代算入生産費	〃	825,716	2.1	8,667	2.3
資本利子・地代全額算入生産費	〃	855,417	2.6	8,979	2.7
1経営体当たり搾乳牛飼養頭数	頭	40.8	1.7	－	－
1頭当たり搾乳量（乳脂肪分3.5％換算乳量）	kg	9,528	△ 0.1	－	－
1頭当たり投下労働時間	時間	121.03	△ 0.8	－	－

2 子牛生産費

　繁殖雌牛を飼養し、子牛を販売する経営における平成29年度の子牛1頭当たり全算入生産費は62万8,773円で、前年度に比べ4.0％増加した。

　これは、飼料価格の上昇により、飼料費が増加したこと等による。

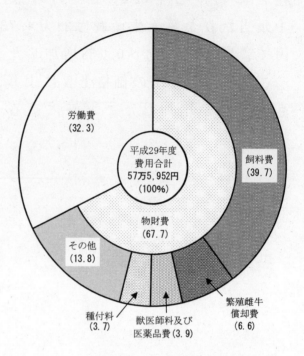

図4　主要費目の構成割合
（子牛1頭当たり）

注：　飼料費には、配合飼料価格安定
　　　制度の補てん金は含まない。

表4　子牛生産費

区　　分	単位	子　牛　1　頭　当　た　り	
		実　　　　数	対前年度増減率
生　　　　産　　　　費			％
物　　　財　　　費	円	390,050	3.2
労　　　働　　　費	〃	185,902	1.4
費　　用　　合　　計	〃	575,952	2.6
生産費（副産物価額差引）	〃	551,108	3.4
支払利子・地代算入生産費	〃	561,774	3.2
資本利子・地代全額算入生産費	〃	628,773	4.0
1経営体当たり子牛販売頭数	頭	11.3	1.8
1頭当たり投下労働時間	時間	127.83	△ 0.9

3　乳用雄育成牛生産費

　乳用種の雄牛を育成し、販売する経営における平成29年度の育成牛1頭当たり全算入生産費は21万4,738円で、前年度に比べ0.1％増加した。

　これは、もと牛の価格上昇により、もと畜費が増加したこと等による。

図5　主要費目の構成割合
（育成牛1頭当たり）

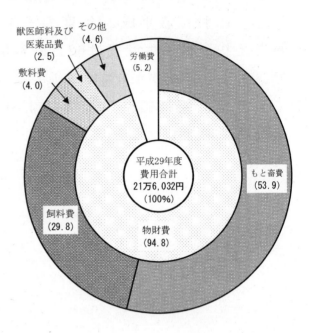

獣医師料及び
医薬品費
(2.5)

その他
(4.6)

労働費
(5.2)

敷料費
(4.0)

平成29年度
費用合計
21万6,032円
(100%)

もと畜費
(53.9)

飼料費
(29.8)

物財費
(94.8)

注：　飼料費には、配合飼料価格安定
　　　制度の補てん金は含まない。

表5　乳用雄育成牛生産費

区　　　　分	単位	育成牛1頭当たり	
		実　　数	対前年度増減率
生　　産　　費			％
物　　財　　費	円	204,775	0.8
労　　働　　費	〃	11,257	20.5
費　用　合　計	〃	216,032	1.7
生産費（副産物価額差引）	〃	212,121	0.4
支払利子・地代算入生産費	〃	212,934	0.4
資本利子・地代全額算入生産費	〃	214,738	0.1
1経営体当たり育成牛販売頭数	頭	425.2	△　9.2
1頭当たり投下労働時間	時間	6.64	17.1

4　交雑種育成牛生産費

　交雑種の牛を育成し、販売する経
営における平成29年度の育成牛1頭
当たり全算入生産費は37万1,457円
で、前年度に比べ10.8%増加した。
　これは、もと牛の価格上昇により、
もと畜費が増加したこと等による。

図6　主要費目の構成割合
（育成牛1頭当たり）

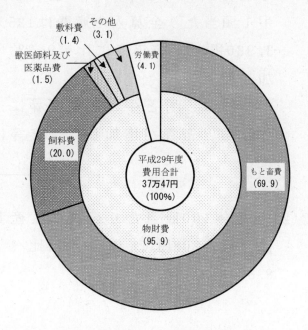

敷料費
(1.4)
その他
(3.1)
獣医師料及び
医薬品費
(1.5)
労働費
(4.1)
飼料費
(20.0)
平成29年度
費用合計
37万47円
(100%)
もと畜費
(69.9)
物財費
(95.9)

注：　飼料費には、配合飼料価格安定
　　　制度の補てん金は含まない。

表6　交雑種育成牛生産費

区　　　　分	単位	育 成 牛 1 頭 当 た り	
		実　　　　数	対前年度増減率
生　　　産　　　費			%
物　　　財　　　費	円	354,754	11.3
労　　　働　　　費	〃	15,293	5.9
費　　用　　合　　計	〃	370,047	11.0
生産費（副産物価額差引）	〃	366,353	10.7
支払利子・地代算入生産費	〃	367,386	10.7
資本利子・地代全額算入生産費	〃	371,457	10.8
1経営体当たり育成牛販売頭数	頭	182.2	△　4.7
1 頭 当 た り 投 下 労 働 時 間	時間	9.90	0.2

5　去勢若齢肥育牛生産費

（1）　去勢若齢和牛を肥育し、販売する経営における平成29年度の肥育牛1頭当たり全算入生産費は125万3,930円で、前年度に比べ9.3％増加した。

　これは、もと牛の価格上昇により、もと畜費が増加したこと等による。

（2）　生体100kg当たり全算入生産費は、16万302円で、前年度に比べ8.8％増加した。

図7　主要費目の構成割合
（肥育牛1頭当たり）

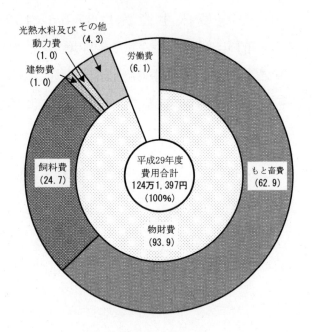

注：　飼料費には、配合飼料価格安定
　　　制度の補てん金は含まない。

表7　去勢若齢肥育牛生産費

区　　分	単位	肥育牛1頭当たり		生体100kg当たり	
		実　数	対前年度増減率	実　数	対前年度増減率
生　　産　　費			％		％
物　　財　　費	円	1,165,338	10.5	148,977	10.0
労　　働　　費	〃	76,059	△ 3.9	9,723	△ 4.4
費　用　合　計	〃	1,241,397	9.5	158,700	9.0
生産費（副産物価額差引）	〃	1,231,811	9.7	157,475	9.2
支払利子・地代算入生産費	〃	1,244,392	9.4	159,083	8.9
資本利子・地代全額算入生産費	〃	1,253,930	9.3	160,302	8.8
1経営体当たり肥育牛販売頭数	頭	42.5	8.1	－	－
1頭当たり投下労働時間	時間	49.82	△ 4.3	－	－

6 乳用雄肥育牛生産費

（1） 乳用種の雄牛を肥育し、販売する経営における平成29年度の肥育牛1頭当たり全算入生産費は53万1,513円で、前年度に比べ5.2％増加した。

これは、もと牛の価格上昇により、もと畜費が増加したこと等による。

（2） 生体100kg当たり全算入生産費は6万8,500円で、前年度に比べ4.4％増加した。

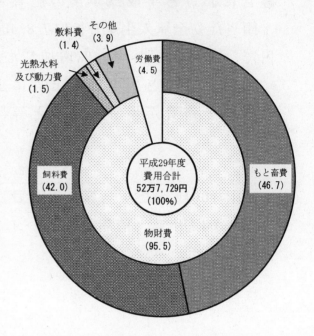

図8　主要費目の構成割合
（肥育牛1頭当たり）

注：　飼料費には、配合飼料価格安定
制度の補てん金は含まない。

表8　乳用雄肥育牛生産費

区　　　　　　　分	単位	肥 育 牛 1 頭 当 た り		生 体 100kg 当 た り	
		実　　　数	対前年度増減率	実　　　数	対前年度増減率
生　　　　　産　　　　　費			％		％
物　　　財　　　費	円	503,803	5.9	64,929	5.0
労　　　働　　　費	〃	23,926	△ 5.9	3,083	△ 6.7
費　　用　　合　　計	〃	527,729	5.3	68,012	4.4
生産費（副産物価額差引）	〃	523,459	5.4	67,462	4.5
支払利子・地代算入生産費	〃	524,544	5.1	67,602	4.2
資本利子・地代全額算入生産費	〃	531,513	5.2	68,500	4.4
1 経営体当たり肥育牛販売頭数	頭	120.5	5.3	－	－
1 頭 当 た り 投 下 労 働 時 間	時間	15.37	△ 7.7	－	－

7 交雑種肥育牛生産費

（1） 交雑種の牛を肥育し、販売する経営における平成29年度の肥育牛1頭当たり全算入生産費は81万8,456円で、前年度に比べ6.4％増加した。

　これは、もと牛の価格上昇により、もと畜費が増加したこと等による。

（2） 生体100kg当たり全算入生産費は9万9,014円で、前年度に比べ4.7％増加した。

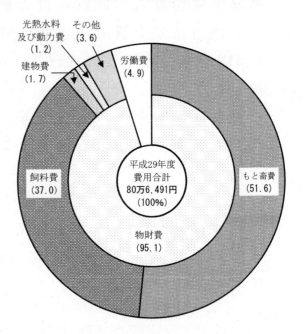

図9　主要費目の構成割合
（肥育牛1頭当たり）

光熱水料及び動力費（1.2）
その他（3.6）
建物費（1.7）
労働費（4.9）
飼料費（37.0）
もと畜費（51.6）
物財費（95.1）

平成29年度
費用合計
80万6,491円
（100％）

注：　飼料費には、配合飼料価格安定制度の補てん金は含まない。

表9　交雑種肥育牛生産費

区　　　分	単位	肥育牛1頭当たり		生体100kg当たり	
		実　　数	対前年度増減率	実　　数	対前年度増減率
生　　産　　費			％		％
物　　財　　費	円	767,256	7.3	92,820	5.5
労　　働　　費	〃	39,235	△ 1.0	4,746	△ 2.6
費　用　合　計	〃	806,491	6.8	97,566	5.1
生産費（副産物価額差引）	〃	800,730	6.8	96,869	5.1
支払利子・地代算入生産費	〃	804,882	6.6	97,372	4.9
資本利子・地代全額算入生産費	〃	818,456	6.4	99,014	4.7
1経営体当たり肥育牛販売頭数	頭	83.5	0.4	－	－
1頭当たり投下労働時間	時間	25.16	△ 0.8	－	－

8 肥育豚生産費

（1）　平成29年度の肥育豚1頭当たり
　　全算入生産費は3万2,760円で、前
　　年度に比べ2.1%増加した。
　　　これは、飼料価格の上昇により、
　　飼料費が増加したこと等による。

（2）　生体100kg当たり全算入生産費は
　　2万8,698円で、前年度に比べ1.8
　　%増加した。

図10　主要費目の構成割合
（肥育豚1頭当たり）

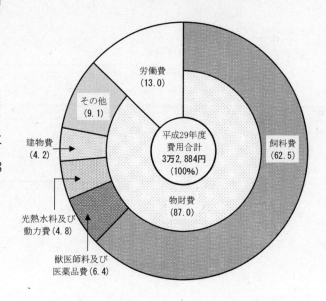

労働費
(13.0)

その他
(9.1)

建物費
(4.2)

光熱水料及び
動力費(4.8)

獣医師料及び
医薬品費(6.4)

平成29年度
費用合計
3万2,884円
(100%)

飼料費
(62.5)

物財費
(87.0)

注：　飼料費には、配合飼料価格安定
　　　制度の補てん金は含まない。

表10　肥育豚生産費

区　　　　分	単位	肥 育 豚 1 頭 当 た り		生 体 100kg 当 た り	
		実　　数	対前年度増減率	実　　数	対前年度増減率
生　　　　産　　　　費			%		%
物　　　財　　　費	円	28,619	2.4	25,069	2.1
労　　　働　　　費	〃	4,265	△ 0.4	3,736	△ 0.6
費　　用　　合　　計	〃	32,884	2.0	28,805	1.7
生産費（副産物価額差引）	〃	32,001	2.1	28,032	1.8
支払利子・地代算入生産費	〃	32,081	2.0	28,103	1.7
資本利子・地代全額算入生産費	〃	32,760	2.1	28,698	1.8
1経営体当たり肥育豚販売頭数	頭	1,580.8	1.1	－	－
1頭当たり投下労働時間	時間	2.71	△ 0.4	－	－

Ⅱ 統 計 表

1 牛 乳 生 産 費

1　牛乳生産費
(1)　経営の概況（1経営体当たり）

区　　　　分	集　計経営体数	世　帯　員			農　業　就　業　者			経	耕
		計	男	女	計	男	女	計	小　計
	(1)経営体	(2)人	(3)人	(4)人	(5)人	(6)人	(7)人	(8)a	(9)a
全　　　　　　国　(1)	428	4.6	2.3	2.3	2.5	1.5	1.0	3,924	2,802
1　～　20頭未満　(2)	56	3.8	1.9	1.9	1.9	1.1	0.8	982	616
20　～　30　(3)	51	4.3	2.0	2.3	2.2	1.3	0.9	1,502	1,094
30　～　50　(4)	118	4.5	2.3	2.2	2.4	1.5	0.9	2,633	1,863
50　～　80　(5)	110	4.8	2.6	2.2	2.9	1.7	1.2	6,182	4,146
80　～　100　(6)	49	5.0	2.6	2.4	2.8	1.7	1.1	6,226	4,577
100頭以上　(7)	44	5.6	2.8	2.8	3.0	1.9	1.1	8,579	6,628
北　　海　　道　(8)	232	4.6	2.4	2.2	2.7	1.6	1.1	8,542	5,992
1　～　20頭未満　(9)	11	3.0	1.9	1.1	1.9	1.3	0.6	2,922	2,071
20　～　30　(10)	15	3.5	1.8	1.7	2.3	1.2	1.1	5,494	3,203
30　～　50　(11)	61	4.0	2.1	1.9	2.3	1.4	0.9	5,786	3,896
50　～　80　(12)	79	4.9	2.6	2.3	2.7	1.6	1.1	9,218	6,039
80　～　100　(13)	36	4.7	2.5	2.2	2.8	1.7	1.1	8,652	6,369
100頭以上　(14)	30	5.7	2.9	2.8	3.2	2.0	1.2	12,005	9,175
都　　府　　県　(15)	196	4.5	2.2	2.3	2.3	1.4	0.9	986	773
1　～　20頭未満　(16)	45	3.9	1.9	2.0	1.9	1.1	0.8	786	469
20　～　30　(17)	36	4.4	2.0	2.4	2.2	1.3	0.9	900	777
30　～　50　(18)	57	4.8	2.5	2.3	2.4	1.5	0.9	1,014	820
50　～　80　(19)	31	4.5	2.5	2.0	3.1	1.9	1.2	1,289	1,095
80　～　100　(20)	13	5.9	2.9	3.0	2.9	1.7	1.2	808	575
100頭以上　(21)	14	5.6	2.6	3.0	2.9	1.9	1.0	1,503	1,367
東　　　　　　北　(22)	45	4.9	2.4	2.5	2.4	1.4	1.0	1,817	1,297
北　　　　　　陸　(23)	5	4.8	2.4	2.4	2.2	1.4	0.8	633	504
関　東　・　東　山　(24)	61	4.1	2.1	2.0	2.2	1.4	0.8	792	675
東　　　　　　海　(25)	16	4.5	1.9	2.6	2.7	1.5	1.2	745	505
近　　　　　　畿　(26)	11	4.1	2.0	2.1	2.2	1.3	0.9	647	366
中　　　　　　国　(27)	14	5.3	2.5	2.8	2.5	1.5	1.0	477	369
四　　　　　　国　(28)	5	5.1	2.6	2.5	1.9	1.3	0.6	511	419
九　　　　　　州　(29)	39	4.6	2.2	2.4	2.7	1.5	1.2	892	757

	営		土		地			山　林	
		地		畜　産　用　地				その他	
田	畑	牧　草　地	小　計	畜　舎　等	放　牧　地	採　草　地			
(10)	(11)	(12)	(13)	(14)	(15)	(16)		(17)	
a	a	a	a	a	a	a		a	
166	417	2,219	306	72	227	7		816	(1)
222	147	247	44	23	18	3		322	(2)
361	256	477	85	25	60	-		323	(3)
128	375	1,360	336	45	279	12		434	(4)
111	418	3,617	571	90	478	3		1,465	(5)
137	569	3,871	456	123	301	32		1,193	(6)
41	1,000	5,587	364	188	176	-		1,587	(7)
57	671	5,264	726	135	584	7		1,824	(8)
161	837	1,073	202	28	174	-		649	(9)
432	1,152	1,619	521	62	459	-		1,770	(10)
64	472	3,360	905	80	824	1		985	(11)
10	511	5,518	895	116	775	4		2,284	(12)
76	752	5,541	635	154	435	46		1,648	(13)
5	920	8,250	503	241	262	-		2,327	(14)
234	256	283	39	32	1	6		174	(15)
229	76	164	28	22	2	4		289	(16)
351	121	305	19	19	-	-		104	(17)
161	325	334	44	26	-	18		150	(18)
274	267	554	49	49	-	-		145	(19)
271	163	141	56	55	1	-		177	(20)
115	1,163	89	79	79		-		57	(21)
416	203	678	34	32	2	-		486	(22)
212	11	281	31	31	-	-		98	(23)
159	395	121	31	28	-	3		86	(24)
52	120	333	59	35	24	-		181	(25)
292	29	45	29	29	-	-		252	(26)
169	187	13	20	20	-	-		88	(27)
108	30	281	4	4	-	-		88	(28)
274	90	393	72	40	-	32		63	(29)

1 牛乳生産費（続き）
(1) 経営の概況（1経営体当たり）（続き）

区　　　　　分	家畜の飼養状況（調査開始時）		建　物・設　備　の　所　有　状　況（1経営体当たり）				
	搾乳牛	育成牛	畜　舎	納屋・倉　庫	乾牧草収納庫	サイロ	ふん尿貯留槽
	(18) 頭	(19) 頭	(20) ㎡	(21) ㎡	(22) ㎡	(23) ㎥	(24) 基
全　　　　　　　国 (1)	55.2	28.0	1,043.5	259.9	81.5	239.4	6.5
1 ～ 20頭未満 (2)	12.8	4.5	293.1	109.2	12.0	39.6	0.3
20 ～ 30 (3)	25.2	9.6	534.0	185.3	25.8	54.0	0.4
30 ～ 50 (4)	39.8	19.9	818.7	199.0	73.3	177.6	5.2
50 ～ 80 (5)	63.4	36.1	1,236.3	354.9	160.7	366.9	0.9
80 ～ 100 (6)	89.3	42.8	1,533.0	474.1	135.1	510.4	1.3
100頭以上 (7)	149.2	77.8	2,579.7	410.7	104.9	503.1	36.9
北　　海　　道 (8)	77.2	44.6	1,307.6	450.8	178.7	485.2	1.3
1 ～ 20頭未満 (9)	14.5	6.2	222.0	281.4	8.8	19.4	0.6
20 ～ 30 (10)	25.8	16.0	520.8	432.9	117.4	142.4	0.5
30 ～ 50 (11)	41.1	22.5	650.7	352.7	167.8	341.0	1.4
50 ～ 80 (12)	64.2	39.5	1,147.1	423.2	247.8	492.7	1.2
80 ～ 100 (13)	88.6	45.8	1,411.2	635.0	190.8	696.0	1.3
100頭以上 (14)	149.5	87.2	2,524.5	518.4	128.2	661.3	1.4
都　　府　　県 (15)	41.1	17.5	875.5	138.4	19.7	83.0	9.8
1 ～ 20頭未満 (16)	12.6	4.3	300.3	91.8	12.3	41.7	0.3
20 ～ 30 (17)	25.1	8.6	535.9	147.9	12.0	40.7	0.3
30 ～ 50 (18)	39.1	18.6	904.9	120.2	24.9	93.8	7.1
50 ～ 80 (19)	62.1	30.7	1,380.1	244.8	20.2	164.1	0.4
80 ～ 100 (20)	90.9	36.2	1,805.1	114.5	10.7	95.6	1.3
100頭以上 (21)	148.4	58.5	2,693.7	188.3	56.8	176.6	110.1
東　　　　　北 (22)	27.1	12.0	509.9	86.9	21.5	39.5	0.7
北　　　　　陸 (23)	27.3	9.0	741.7	81.7	3.4	14.9	1.4
関　東・東　山 (24)	41.6	16.8	808.4	136.0	10.6	92.1	8.1
東　　　　　海 (25)	64.3	21.3	1,300.8	115.1	53.4	54.8	0.4
近　　　　　畿 (26)	30.8	13.0	533.9	256.9	2.3	77.6	0.4
中　　　　　国 (27)	36.0	14.2	1,494.2	194.3	3.4	47.2	0.4
四　　　　　国 (28)	30.1	11.4	610.1	312.2	－	8.0	－
九　　　　　州 (29)	48.6	23.1	1,215.0	181.4	17.6	156.3	12.4

自 動 車 ・ 農 機 具 の 所 有 状 況 （ 10 経 営 体 当 た り ）							
貨 物 自動車	ミ ル カ ー		バ ル ク クーラー	牛乳冷却機 （バルククーラーを除く。）	バ ー ン クリーナー	トラクター	は 種 機
	バケット	パイプ ライン					
(25)	(26)	(27)	(28)	(29)	(30)	(31)	(32)
台	台	台	台	台	台	台	台
24.7	2.2	10.9	10.1	0.5	9.5	34.0	1.9 (1)
21.8	3.5	6.6	8.9	0.7	4.6	23.1	0.9 (2)
25.7	1.9	8.8	9.9	0.2	8.4	29.1	1.3 (3)
24.6	1.7	11.9	10.8	0.5	10.9	32.5	2.5 (4)
26.7	2.3	11.8	10.4	0.4	12.3	39.4	2.0 (5)
25.8	1.4	13.2	9.2	0.3	11.1	44.4	1.9 (6)
24.1	1.9	14.5	11.2	0.4	9.6	44.1	2.9 (7)
20.8	2.1	13.4	10.7	0.2	13.3	45.1	0.9 (8)
19.3	5.8	7.4	9.1	0.5	2.5	41.9	0.5 (9)
25.9	1.4	10.3	9.5	-	14.3	42.5	0.3 (10)
16.6	2.6	13.2	10.1	0.3	13.4	36.3	0.7 (11)
20.8	1.6	12.7	10.7	0.3	14.2	44.6	0.6 (12)
23.7	1.4	15.1	10.3	0.1	15.4	52.3	2.4 (13)
22.4	2.3	15.7	12.2	-	12.7	51.5	0.7 (14)
27.1	2.2	9.2	9.8	0.6	7.0	27.0	2.6 (15)
22.1	3.3	6.6	8.9	0.7	4.8	21.2	1.0 (16)
25.6	2.0	8.6	10.0	0.3	7.6	27.1	1.4 (17)
28.6	1.2	11.3	11.1	0.6	9.6	30.6	3.4 (18)
36.2	3.3	10.3	9.9	0.5	9.3	31.1	4.1 (19)
30.7	1.4	8.9	6.8	0.7	1.4	26.6	0.8 (20)
27.7	1.0	12.1	8.9	1.2	3.4	28.9	7.2 (21)
23.0	1.9	7.1	10.3	0.1	7.0	29.7	1.4 (22)
30.6	4.1	5.0	5.7	-	5.9	34.5	- (23)
31.0	3.0	10.4	9.7	0.8	8.9	26.6	3.6 (24)
24.4	0.4	11.4	9.8	1.5	8.3	12.4	1.2 (25)
20.8	0.7	10.9	6.9	2.2	8.9	21.6	2.1 (26)
25.8	11.3	7.0	10.1	0.5	7.9	31.8	1.0 (27)
34.0	3.6	3.4	8.2	-	2.4	35.1	4.8 (28)
31.8	3.5	9.7	9.2	1.0	2.7	29.2	2.8 (29)

1 牛乳生産費（続き）
（1） 経営の概況（1経営体当たり）（続き）

区　　　　分	自動車・農機具の所有状況（10経営体当たり）							
	マニュア スプレッダー	プ ラ ウ	ハ ロ ー	モ ア ー	集 草 機	カッター	ベーラー	その他の 牧　草 収穫機
	(33) 台	(34) 台	(35) 台	(36) 台	(37) 台	(38) 台	(39) 台	(40) 台
全　　　　　　国　(1)	7.4	5.0	6.5	11.3	11.2	1.7	8.5	7.9
1 〜 20頭未満　(2)	4.8	3.5	4.8	7.8	6.6	2.2	6.5	4.4
20 〜 30　(3)	7.4	3.4	5.5	9.5	7.4	0.8	6.9	5.4
30 〜 50　(4)	7.0	5.0	5.9	11.2	11.1	2.2	8.7	8.8
50 〜 80　(5)	8.2	6.6	7.0	13.5	16.2	0.8	9.7	9.3
80 〜 100　(6)	8.6	6.4	7.5	13.0	15.2	2.0	11.2	10.2
100頭以上　(7)	9.9	5.6	10.4	13.8	12.2	2.1	9.5	10.1
北　海　　道　(8)	10.2	7.0	10.6	15.4	20.0	0.7	12.6	9.9
1 〜 20頭未満　(9)	7.0	8.6	15.4	13.3	22.2	0.5	10.9	5.2
20 〜 30　(10)	11.8	10.7	12.3	12.7	18.1	－	15.7	5.7
30 〜 50　(11)	9.7	6.3	10.7	13.9	21.9	0.9	13.5	10.4
50 〜 80　(12)	9.6	7.7	8.9	15.5	21.1	0.9	11.3	10.3
80 〜 100　(13)	10.2	8.4	10.2	17.4	20.2	1.4	14.7	11.8
100頭以上　(14)	11.9	4.7	12.1	16.8	16.4	－	12.0	9.4
都　府　　県　(15)	5.6	3.7	3.9	8.6	5.6	2.3	5.9	6.6
1 〜 20頭未満　(16)	4.6	3.0	3.7	7.3	5.0	2.4	6.1	4.3
20 〜 30　(17)	6.8	2.3	4.5	9.1	5.8	0.9	5.5	5.4
30 〜 50　(18)	5.6	4.3	3.4	9.8	5.5	2.8	6.2	8.0
50 〜 80　(19)	6.0	4.6	4.0	10.2	8.3	0.6	7.2	7.7
80 〜 100　(20)	5.0	2.1	1.5	3.3	4.1	3.1	3.3	6.7
100頭以上　(21)	5.6	7.4	6.8	7.8	3.4	6.4	4.4	11.7
東　　　　北　(22)	8.4	4.5	5.4	11.4	10.3	1.5	9.4	7.2
北　　　　陸　(23)	5.2	3.2	4.1	7.5	7.3	－	6.2	－
関　東　・　東　山　(24)	5.3	4.6	3.5	7.2	4.6	1.6	4.5	6.6
東　　　　海　(25)	1.0	1.0	0.6	3.5	0.3	1.9	0.6	2.1
近　　　　畿　(26)	4.1	－	1.8	5.3	0.7	2.7	8.3	4.2
中　　　　国　(27)	9.5	2.3	4.2	9.5	1.6	3.5	5.5	6.8
四　　　　国　(28)	1.2	1.1	1.2	4.6	1.2	4.6	3.5	1.2
九　　　　州　(29)	6.3	3.4	4.4	12.0	7.1	4.3	5.9	7.6

（続き）搬送・吹上機	トレーラー	運搬用機具	搾乳牛飼養頭数（1経営体当たり通年換算頭数）	搾乳牛の成畜時評価額（関係頭数1頭当たり）	
(41)	(42)	(43)	(44)	(45)	
台	台	台	頭	円	
1.2	2.9	5.6	55.5	597,931	(1)
0.1	1.0	3.2	12.5	515,769	(2)
1.6	2.5	6.8	25.3	542,632	(3)
1.5	2.5	4.6	39.9	558,126	(4)
2.1	3.9	7.1	63.2	604,168	(5)
1.3	2.7	4.3	89.5	589,654	(6)
0.3	5.6	8.1	152.1	636,647	(7)
1.5	4.7	4.6	78.6	636,216	(8)
1.1	0.5	4.0	15.0	633,717	(9)
3.2	1.5	1.1	26.0	622,586	(10)
2.5	2.7	5.6	40.7	612,993	(11)
1.5	5.4	5.7	64.6	629,692	(12)
1.1	3.8	5.1	89.3	636,436	(13)
0.4	7.8	2.5	154.8	646,667	(14)
1.0	1.7	6.2	40.8	551,396	(15)
-	1.0	3.1	12.2	501,927	(16)
1.4	2.7	7.6	25.2	530,096	(17)
1.0	2.3	4.0	39.4	528,869	(18)
3.1	1.4	9.5	61.0	561,634	(19)
1.6	0.0	2.7	89.9	489,728	(20)
-	1.1	19.6	146.7	615,027	(21)
0.6	2.3	3.2	26.9	554,747	(22)
-	3.2	7.4	27.0	539,714	(23)
0.7	1.5	6.3	41.3	543,934	(24)
1.9	-	11.8	63.7	666,973	(25)
0.2	3.2	16.2	30.8	440,839	(26)
1.7	0.5	10.7	36.6	417,028	(27)
1.2	-	2.1	29.2	470,296	(28)
1.2	1.1	4.7	48.8	572,527	(29)

1 牛乳生産費（続き）
(2) 生産物（搾乳牛1頭当たり）

区分	実搾乳量 計 (1) kg	出荷量 (2) kg	小売量 (3) kg	子牛給与量 (4) kg	家計消費量 (5) kg	乳脂肪生産量 (6) kg	乳脂肪分 (7) %	無脂乳固形分 (8) %	乳脂肪分3.5%換算乳量 (9) kg
全 国 (1)	8,526	8,487	0	34	5	332	3.90	8.76	9,496
1 ～ 20頭未満 (2)	7,343	7,245	0	56	42	289	3.93	8.65	8,249
20 ～ 30 (3)	8,234	8,190	－	36	8	319	3.87	8.73	9,100
30 ～ 50 (4)	8,294	8,253	0	37	4	322	3.88	8.73	9,188
50 ～ 80 (5)	8,541	8,503	－	34	4	335	3.93	8.78	9,583
80 ～ 100 (6)	8,573	8,549	－	22	2	334	3.90	8.79	9,552
100頭以上 (7)	8,816	8,782	－	33	1	343	3.89	8.75	9,803
北 海 道 (8)	8,357	8,314	0	39	4	331	3.97	8.76	9,469
1 ～ 20頭未満 (9)	7,033	6,977	0	35	21	268	3.81	8.61	7,652
20 ～ 30 (10)	7,275	7,226	－	37	12	295	4.06	8.76	8,437
30 ～ 50 (11)	7,730	7,678	－	45	7	307	3.97	8.73	8,763
50 ～ 80 (12)	8,352	8,303	－	44	5	331	3.96	8.76	9,457
80 ～ 100 (13)	8,392	8,368	－	21	3	330	3.94	8.78	9,441
100頭以上 (14)	8,574	8,532	－	40	2	341	3.98	8.76	9,744
都 府 県 (15)	8,733	8,699	0	28	6	333	3.82	8.76	9,528
1 ～ 20頭未満 (16)	7,382	7,278	0	59	45	291	3.95	8.65	8,323
20 ～ 30 (17)	8,384	8,341	－	36	7	322	3.84	8.72	9,204
30 ～ 50 (18)	8,591	8,556	0	32	3	329	3.83	8.74	9,413
50 ～ 80 (19)	8,862	8,843	－	16	3	343	3.87	8.81	9,800
80 ～ 100 (20)	8,978	8,951	－	25	2	343	3.82	8.82	9,798
100頭以上 (21)	9,347	9,327	－	19	1	348	3.72	8.75	9,931
東 北 (22)	8,175	8,137	0	30	8	320	3.92	8.70	9,153
北 陸 (23)	8,316	8,301	－	8	7	323	3.89	8.79	9,240
関 東・東 山 (24)	8,833	8,784	0	39	10	339	3.84	8.75	9,687
東 海 (25)	9,127	9,085	－	37	5	354	3.88	8.85	10,122
近 畿 (26)	8,916	8,906	－	8	2	345	3.87	8.82	9,856
中 国 (27)	9,073	9,039	－	31	3	350	3.86	8.86	9,995
四 国 (28)	9,107	9,086	－	15	6	350	3.85	8.69	10,006
九 州 (29)	8,321	8,307	－	12	2	325	3.90	8.81	9,279

価　額	計	子　牛 頭　数	雌	価　額	きゅう肥 搬出量	利用量	価　額 (利用分)	3.5%換算 乳量100kg 当たり乳価	乳飼比	
(10) 円	(11) 円	(12) 頭	(13) 頭	(14) 円	(15) kg	(16) kg	(17) 円	(18) 円	(19) %	
883,512	165,191	0.91	0.48	147,811	16,362	11,029	17,380	9,304	35.9	(1)
796,953	143,551	0.80	0.42	108,814	15,647	10,006	34,737	9,661	42.2	(2)
891,599	156,658	0.85	0.45	133,610	16,172	10,037	23,048	9,798	41.9	(3)
881,774	150,831	0.86	0.46	132,947	15,612	10,548	17,884	9,597	38.0	(4)
869,593	168,421	0.92	0.48	149,124	15,756	11,496	19,297	9,074	32.9	(5)
869,529	172,209	0.95	0.49	153,986	16,553	11,312	18,223	9,103	36.6	(6)
907,624	172,257	0.98	0.52	159,891	17,214	11,177	12,366	9,259	34.7	(7)
804,885	185,119	0.97	0.50	165,079	16,102	13,700	20,040	8,500	29.7	(8)
645,736	217,786	0.92	0.47	155,933	15,068	14,865	61,853	8,438	33.1	(9)
697,047	218,691	0.94	0.56	178,409	15,277	14,084	40,282	8,262	26.9	(10)
739,762	191,791	0.94	0.46	165,005	14,618	13,624	26,786	8,442	28.4	(11)
805,389	185,443	0.95	0.48	162,518	15,314	13,433	22,925	8,517	27.0	(12)
802,459	186,307	0.95	0.48	162,649	16,671	14,728	23,658	8,500	29.9	(13)
829,377	180,912	0.99	0.52	167,202	16,829	13,497	13,710	8,512	31.5	(14)
979,729	140,803	0.86	0.47	126,679	16,682	7,761	14,124	10,282	42.1	(15)
815,708	134,343	0.79	0.42	102,970	15,718	9,403	31,373	9,801	43.1	(16)
921,953	146,980	0.83	0.43	126,621	16,311	9,405	20,359	10,017	43.6	(17)
956,916	129,158	0.83	0.46	115,984	16,139	8,921	13,174	10,166	42.0	(18)
979,101	139,392	0.88	0.49	126,282	16,511	8,194	13,110	9,991	41.1	(19)
1,018,253	140,945	0.91	0.49	134,773	16,288	3,735	6,172	10,392	48.2	(20)
1,078,025	153,409	0.93	0.51	143,970	18,054	6,125	9,439	10,855	39.9	(21)
861,325	121,152	0.81	0.43	98,462	15,961	10,187	22,690	9,410	39.7	(22)
1,021,209	137,839	0.69	0.44	115,392	14,634	12,233	22,447	11,052	50.1	(23)
994,232	147,471	0.87	0.46	133,992	16,716	8,238	13,479	10,264	41.5	(24)
1,057,452	159,330	0.84	0.47	151,689	17,586	6,773	7,641	10,447	45.7	(25)
1,046,789	136,868	0.83	0.49	123,275	15,247	5,324	13,593	10,621	42.6	(26)
1,043,994	145,204	0.89	0.49	134,663	19,146	5,406	10,541	10,445	47.1	(27)
1,044,979	137,244	0.80	0.33	126,902	11,007	3,492	10,342	10,444	41.7	(28)
907,139	124,306	0.84	0.45	111,102	16,429	7,501	13,204	9,776	38.7	(29)

1 牛乳生産費（続き）
（3） 作業別労働時間（搾乳牛1頭当たり）

区　　　　分	合　計	男	女	計	飼料の調理・給与・給水 小　計	男	女
	(1)	(2)	(3)	(4)	(5)	(6)	(7)
全　　　　　国 (1)	104.02	73.37	30.65	97.13	22.71	15.93	6.78
1 ～ 20頭未満 (2)	203.76	153.01	50.75	187.77	50.70	34.37	16.33
20 ～ 30 (3)	163.35	112.18	51.17	151.12	40.87	22.86	18.01
30 ～ 50 (4)	130.40	95.45	34.95	121.50	30.38	21.39	8.99
50 ～ 80 (5)	105.18	74.71	30.47	98.28	23.34	17.29	6.05
80 ～ 100 (6)	86.51	57.28	29.23	81.28	15.86	12.03	3.83
100頭以上 (7)	72.39	49.64	22.75	68.06	13.88	9.99	3.89
北　海　道 (8)	90.12	61.27	28.85	84.31	17.83	12.96	4.87
1 ～ 20頭未満 (9)	195.91	162.83	33.08	182.26	45.08	34.22	10.86
20 ～ 30 (10)	173.81	117.24	56.57	159.18	37.02	23.57	13.45
30 ～ 50 (11)	128.85	89.62	39.23	119.84	29.41	21.35	8.06
50 ～ 80 (12)	102.14	68.98	33.16	95.46	20.75	14.93	5.82
80 ～ 100 (13)	88.34	57.67	30.67	82.74	15.85	11.47	4.38
100頭以上 (14)	68.08	46.31	21.77	64.03	12.45	9.26	3.19
都　府　県 (15)	121.03	88.20	32.83	112.82	28.70	19.57	9.13
1 ～ 20頭未満 (16)	204.74	151.79	52.95	188.46	51.40	34.39	17.01
20 ～ 30 (17)	161.75	111.39	50.36	149.89	41.48	22.75	18.73
30 ～ 50 (18)	131.21	98.53	32.68	122.38	30.88	21.40	9.48
50 ～ 80 (19)	110.34	84.44	25.90	103.09	27.77	21.31	6.46
80 ～ 100 (20)	82.42	56.37	26.05	78.01	15.88	13.26	2.62
100頭以上 (21)	81.78	56.90	24.88	76.83	16.98	11.56	5.42
東　　　北 (22)	141.52	102.45	39.07	128.13	37.58	23.89	13.69
北　　　陸 (23)	149.34	122.18	27.16	140.71	40.56	31.22	9.34
関東・東山 (24)	120.35	92.97	27.38	112.18	27.99	19.99	8.00
東　　　海 (25)	114.82	65.06	49.76	111.52	23.73	12.20	11.53
近　　　畿 (26)	136.95	108.45	28.50	128.86	29.07	22.82	6.25
中　　　国 (27)	132.16	88.62	43.54	125.16	28.08	17.88	10.20
四　　　国 (28)	157.50	117.08	40.42	143.85	31.99	26.33	5.66
九　　　州 (29)	121.73	85.12	36.61	111.37	28.17	19.11	9.06

単位：時間

労　　　　　働　　　　　時　　　　　間						そ　　の　　他		
労　　　働　　　時　　　間								
敷料の搬入・きゅう肥の搬出			搾乳及び牛乳処理・運搬					
小　計	男	女	小　計	男	女	小　計	男	女
(8)	(9)	(10)	(11)	(12)	(13)	(14)	(15)	(16)
11.14	8.50	2.64	48.82	32.15	16.67	14.46	10.56	3.90	(1)
29.15	23.55	5.60	83.33	60.79	22.54	24.59	20.27	4.32	(2)
20.02	12.86	7.16	68.15	48.73	19.42	22.08	17.13	4.95	(3)
13.52	10.05	3.47	58.87	41.99	16.88	18.73	13.99	4.74	(4)
11.03	8.07	2.96	48.63	32.45	16.18	15.28	10.55	4.73	(5)
9.55	7.71	1.84	43.34	23.81	19.53	12.53	8.86	3.67	(6)
6.67	5.61	1.06	37.83	23.14	14.69	9.68	6.96	2.72	(7)
9.73	7.23	2.50	45.41	27.95	17.46	11.34	7.70	3.64	(8)
29.17	25.96	3.21	85.17	72.03	13.14	22.84	17.46	5.38	(9)
23.26	14.95	8.31	79.75	52.53	27.22	19.15	13.08	6.07	(10)
14.93	10.58	4.35	60.47	38.83	21.64	15.03	10.47	4.56	(11)
11.23	7.70	3.53	50.33	31.39	18.94	13.15	8.70	4.45	(12)
10.23	7.68	2.55	45.16	25.42	19.74	11.50	7.82	3.68	(13)
6.39	5.26	1.13	36.52	22.10	14.42	8.67	5.92	2.75	(14)
12.86	10.06	2.80	52.99	37.29	15.70	18.27	14.06	4.21	(15)
29.15	23.25	5.90	83.10	59.39	23.71	24.81	20.62	4.19	(16)
19.53	12.54	6.99	66.35	48.14	18.21	22.53	17.76	4.77	(17)
12.79	9.78	3.01	58.02	43.66	14.36	20.69	15.85	4.84	(18)
10.65	8.68	1.97	45.74	34.24	11.50	18.93	13.70	5.23	(19)
8.03	7.76	0.27	39.27	20.22	19.05	14.83	11.18	3.65	(20)
7.27	6.39	0.88	40.70	25.42	15.28	11.88	9.22	2.66	(21)
16.58	12.84	3.74	57.88	41.51	16.37	16.09	12.72	3.37	(22)
19.13	11.23	7.90	57.70	51.29	6.41	23.32	19.81	3.51	(23)
11.86	9.72	2.14	51.89	40.74	11.15	20.44	15.14	5.30	(24)
13.96	9.56	4.40	60.62	31.98	28.64	13.21	8.57	4.64	(25)
11.76	9.95	1.81	62.31	46.13	16.18	25.72	22.35	3.37	(26)
15.28	12.38	2.90	59.14	34.48	24.66	22.66	17.39	5.27	(27)
25.56	21.18	4.38	72.44	50.33	22.11	13.86	8.37	5.49	(28)
12.36	8.60	3.76	52.11	34.32	17.79	18.73	13.91	4.82	(29)

1 牛乳生産費（続き）
(3) 作業別労働時間（搾乳牛1頭当たり）（続き）

単位：時間

区　　　　　　分	間接労働時間 (17)	自給牧草に係る労働時間 (18)	家族　計 (19)	家族　男 (20)	家族　女 (21)	雇用　計 (22)	雇用　男 (23)	雇用　女 (24)
全　　　　　　国 (1)	6.89	5.01	84.25	58.82	25.43	19.77	14.55	5.22
1 ～ 20頭未満 (2)	15.99	11.79	195.07	144.81	50.26	8.69	8.20	0.49
20 ～ 30 (3)	12.23	9.76	149.70	101.51	48.19	13.65	10.67	2.98
30 ～ 50 (4)	8.90	6.66	113.31	80.39	32.92	17.09	15.06	2.03
50 ～ 80 (5)	6.90	5.07	87.41	60.21	27.20	17.77	14.50	3.27
80 ～ 100 (6)	5.23	3.81	68.18	45.71	22.47	18.33	11.57	6.76
100頭以上 (7)	4.33	2.82	46.91	32.79	14.12	25.48	16.85	8.63
北　　海　　道 (8)	5.81	4.14	74.46	50.70	23.76	15.66	10.57	5.09
1 ～ 20頭未満 (9)	13.65	10.64	194.01	160.93	33.08	1.90	1.90	－
20 ～ 30 (10)	14.63	11.19	170.79	114.22	56.57	3.02	3.02	－
30 ～ 50 (11)	9.01	6.61	121.55	82.52	39.03	7.30	7.10	0.20
50 ～ 80 (12)	6.68	4.83	91.15	61.69	29.46	10.99	7.29	3.70
80 ～ 100 (13)	5.60	4.10	69.40	46.97	22.43	18.94	10.70	8.24
100頭以上 (14)	4.05	2.69	47.77	32.42	15.35	20.31	13.89	6.42
都　　府　　県 (15)	8.21	6.07	96.21	68.75	27.46	24.82	19.45	5.37
1 ～ 20頭未満 (16)	16.28	11.95	195.20	142.81	52.39	9.54	8.98	0.56
20 ～ 30 (17)	11.86	9.52	146.44	99.54	46.90	15.31	11.85	3.46
30 ～ 50 (18)	8.83	6.67	108.93	79.26	29.67	22.28	19.27	3.01
50 ～ 80 (19)	7.25	5.45	80.99	57.64	23.35	29.35	26.80	2.55
80 ～ 100 (20)	4.41	3.18	65.47	42.90	22.57	16.95	13.47	3.48
100頭以上 (21)	4.95	3.09	45.03	33.59	11.44	36.75	23.31	13.44
東　　　　　　北 (22)	13.39	11.15	126.68	90.28	36.40	14.84	12.17	2.67
北　　　　　　陸 (23)	8.63	4.70	99.00	80.14	18.86	50.34	42.04	8.30
関　東　・　東　山 (24)	8.17	6.19	88.14	64.74	23.40	32.21	28.23	3.98
東　　　　　　海 (25)	3.30	1.07	80.39	50.46	29.93	34.43	14.60	19.83
近　　　　　　畿 (26)	8.09	6.32	114.48	86.48	28.00	22.47	21.97	0.50
中　　　　　　国 (27)	7.00	4.57	112.93	74.65	38.28	19.23	13.97	5.26
四　　　　　　国 (28)	13.65	12.03	144.52	104.10	40.42	12.98	12.98	－
九　　　　　　州 (29)	10.36	7.47	99.30	68.04	31.26	22.43	17.08	5.35

1 牛乳生産費（続き）
（4） 収益性
ア 搾乳牛1頭当たり

区　　　　　分	粗　　収　　益			生　　産　　費	
	計	生　乳	副産物	生産費総額	生産費総額から家族労働費、自己資本利子、自作地地代を控除した額
	(1)	(2)	(3)	(4)	(5)
全　　　　国 (1)	1,048,703	883,512	165,191	922,234	742,426
1 ～ 20頭未満 (2)	940,504	796,953	143,551	1,036,913	694,516
20 ～ 30 (3)	1,048,257	891,599	156,658	1,043,565	761,118
30 ～ 50 (4)	1,032,605	881,774	150,831	946,427	722,259
50 ～ 80 (5)	1,038,014	869,593	168,421	906,690	717,769
80 ～ 100 (6)	1,041,738	869,529	172,209	910,092	753,654
100頭以上 (7)	1,079,881	907,624	172,257	887,814	767,965
北　海　道 (8)	990,004	804,885	185,119	861,768	690,445
1 ～ 20頭未満 (9)	863,522	645,736	217,786	1,003,981	622,184
20 ～ 30 (10)	915,738	697,047	218,691	990,292	642,218
30 ～ 50 (11)	931,553	739,762	191,791	886,139	633,531
50 ～ 80 (12)	990,832	805,389	185,443	868,915	664,276
80 ～ 100 (13)	988,766	802,459	186,307	869,728	705,140
100頭以上 (14)	1,010,289	829,377	180,912	840,834	719,488
都　府　県 (15)	1,120,532	979,729	140,803	996,220	806,033
1 ～ 20頭未満 (16)	950,051	815,708	134,343	1,041,002	703,492
20 ～ 30 (17)	1,068,933	921,953	146,980	1,051,883	779,675
30 ～ 50 (18)	1,086,074	956,916	129,158	978,323	769,205
50 ～ 80 (19)	1,118,493	979,101	139,392	971,122	809,013
80 ～ 100 (20)	1,159,198	1,018,253	140,945	999,608	861,248
100頭以上 (21)	1,231,434	1,078,025	153,409	990,145	873,542
東　　　北 (22)	982,477	861,325	121,152	959,510	736,895
北　　　陸 (23)	1,159,048	1,021,209	137,839	1,068,473	890,766
関　東・東　山 (24)	1,141,703	994,232	147,471	989,576	803,205
東　　　海 (25)	1,216,782	1,057,452	159,330	1,131,032	954,772
近　　　畿 (26)	1,183,657	1,046,789	136,868	1,004,394	758,868
中　　　国 (27)	1,189,198	1,043,994	145,204	1,076,536	882,089
四　　　国 (28)	1,182,223	1,044,979	137,244	951,472	712,066
九　　　州 (29)	1,031,445	907,139	124,306	938,154	759,305

	イ　1日当たり 単位：円		単位：円		
用					
生産費総額から家族労働費を控除した額	所　得	家族労働報酬	所　得	家族労働報酬	
(6)	(7)	(8)	(1)	(2)	
779,063	306,277	269,640	29,083	25,604	(1)
726,884	245,988	213,620	10,088	8,761	(2)
793,631	287,139	254,626	15,345	13,607	(3)
754,380	310,346	278,225	21,911	19,643	(4)
758,561	320,245	279,453	29,310	25,576	(5)
792,033	288,084	249,705	33,803	29,300	(6)
804,830	311,916	275,051	53,194	46,907	(7)
732,748	299,559	257,256	32,185	27,640	(8)
680,402	241,338	183,120	9,952	7,551	(9)
699,636	273,520	216,102	12,812	10,122	(10)
675,352	298,022	256,201	19,615	16,862	(11)
711,863	326,556	278,969	28,661	24,484	(12)
749,220	283,626	239,546	32,695	27,613	(13)
757,185	290,801	253,104	48,700	42,387	(14)
835,734	314,499	284,798	26,151	23,681	(15)
732,654	246,559	217,397	10,105	8,910	(16)
808,302	289,258	260,631	15,802	14,238	(17)
796,192	316,869	289,882	23,271	21,289	(18)
838,212	309,480	280,281	30,570	27,685	(19)
886,985	297,950	272,213	36,408	33,263	(20)
908,602	357,892	322,832	63,583	57,354	(21)
766,522	245,582	215,955	15,509	13,638	(22)
916,370	268,282	242,678	21,679	19,610	(23)
833,850	338,498	307,853	30,724	27,942	(24)
983,486	262,010	233,296	26,074	23,216	(25)
780,989	424,789	402,668	29,685	28,139	(26)
906,438	307,109	282,760	21,756	20,031	(27)
734,603	470,157	447,620	26,026	24,778	(28)
787,399	272,140	244,046	21,925	19,661	(29)

1 牛乳生産費（続き）

(5) 生産費

ア 搾乳牛1頭当たり

区　　分		計	種　付　料			飼　料　費			牧草・放牧・ 採草費
			小　計	購　入	自　給	小　計	流通飼料費		
								自　給	
		(1)	(2)	(3)	(4)	(5)	(6)	(7)	(8)
全　　　　　　国	(1)	708,017	14,231	14,182	49	392,155	319,092	2,274	73,063
1 ～ 20頭未満	(2)	670,045	15,958	15,958	－	401,554	339,057	3,016	62,497
20 ～ 30	(3)	727,493	13,372	13,372	－	438,500	376,134	2,919	62,366
30 ～ 50	(4)	692,244	17,191	17,191	－	403,215	337,702	2,244	65,513
50 ～ 80	(5)	686,677	14,551	14,551	－	375,725	288,333	2,227	87,392
80 ～ 100	(6)	721,471	14,451	14,451	－	405,209	319,617	1,563	85,592
100頭以上	(7)	726,957	12,368	12,229	139	383,355	317,002	2,352	66,353
北　　海　　道	(8)	659,545	12,904	12,904	－	341,323	241,568	2,551	99,755
1 ～ 20頭未満	(9)	603,302	10,165	10,165	－	313,689	215,126	1,636	98,563
20 ～ 30	(10)	615,572	12,412	12,412	－	317,391	189,814	2,533	127,577
30 ～ 50	(11)	611,763	13,016	13,016	－	320,320	213,558	3,265	106,762
50 ～ 80	(12)	638,713	13,755	13,755	－	331,886	220,717	2,910	111,169
80 ～ 100	(13)	670,388	13,076	13,076	－	356,497	241,325	1,347	115,172
100頭以上	(14)	683,839	12,363	12,363	－	348,854	264,209	2,573	84,645
都　　府　　県	(15)	767,334	15,856	15,747	109	454,360	413,962	1,935	40,398
1 ～ 20頭未満	(16)	678,327	16,677	16,677	－	412,452	354,429	3,188	58,023
20 ～ 30	(17)	744,961	13,522	13,522	－	457,395	405,202	2,980	52,193
30 ～ 50	(18)	734,828	19,400	19,400	－	447,075	403,387	1,704	43,688
50 ～ 80	(19)	768,488	15,910	15,910	－	450,495	403,658	1,061	46,837
80 ～ 100	(20)	834,756	17,502	17,502	－	513,231	493,235	2,042	19,996
100頭以上	(21)	820,861	12,378	11,936	442	458,496	431,974	1,869	26,522
東　　　　　北	(22)	704,155	17,181	17,181	－	413,629	345,120	2,834	68,509
北　　　　　陸	(23)	815,263	11,326	11,326	－	539,632	512,291	776	27,341
関　東 ・ 東　山	(24)	758,411	15,318	15,050	268	459,712	415,538	2,605	44,174
東　　　　　海	(25)	902,713	14,897	14,897	－	497,323	484,028	1,053	13,295
近　　　　　畿	(26)	719,306	9,470	9,470	－	463,050	446,316	667	16,734
中　　　　　国	(27)	843,992	16,329	16,329	－	529,122	495,033	3,341	34,089
四　　　　　国	(28)	689,956	6,246	6,246	－	475,987	436,067	800	39,920
九　　　　　州	(29)	726,261	21,522	21,522	－	406,544	351,725	504	54,819

単位：円

敷　料　費			光熱水料及び動力費			その他の諸材料費			獣医師料及び医薬品費	賃借料及び料金	
小　計	購　入	自　給	小　計	購　入	自　給	小　計	購　入	自　給			
(9)	(10)	(11)	(12)	(13)	(14)	(15)	(16)	(17)	(18)	(19)	
9,834	8,540	1,294	26,260	26,260	–	1,873	1,873	0	28,209	16,516	(1)
7,026	4,468	2,558	25,090	25,090	–	1,767	1,764	3	28,073	12,314	(2)
7,612	6,261	1,351	26,778	26,778	–	2,621	2,621	–	31,925	16,699	(3)
6,807	5,195	1,612	24,983	24,983	–	2,413	2,412	1	30,852	14,741	(4)
9,492	7,315	2,177	25,926	25,926	–	1,402	1,402	–	26,497	15,826	(5)
13,152	11,345	1,807	29,183	29,183	–	1,613	1,613	–	28,306	17,462	(6)
11,255	11,055	200	26,202	26,202	–	1,876	1,876	–	27,296	18,053	(7)
9,137	7,076	2,061	24,424	24,424	–	1,361	1,361	–	23,660	16,315	(8)
11,832	2,745	9,087	24,447	24,447	–	1,483	1,483	–	24,687	17,056	(9)
8,936	3,277	5,659	26,237	26,237	–	1,227	1,227	–	24,825	11,817	(10)
8,575	4,551	4,024	23,781	23,781	–	2,328	2,328	–	26,370	13,638	(11)
9,208	5,854	3,354	23,820	23,820	–	1,351	1,351	–	21,825	15,504	(12)
10,986	8,364	2,622	25,454	25,454	–	1,727	1,727	–	25,381	15,668	(13)
8,563	8,272	291	24,548	24,548	–	994	994	–	23,441	17,881	(14)
10,691	10,334	357	28,509	28,509	–	2,501	2,500	1	33,776	16,761	(15)
6,430	4,682	1,748	25,171	25,171	–	1,803	1,799	4	28,493	11,726	(16)
7,407	6,728	679	26,863	26,863	–	2,838	2,838	–	33,033	17,461	(17)
5,872	5,536	336	25,618	25,618	–	2,458	2,457	1	33,224	15,324	(18)
9,975	9,806	169	29,522	29,522	–	1,489	1,489	–	34,466	16,375	(19)
17,960	17,960	–	37,448	37,448	–	1,359	1,359	–	34,793	21,440	(20)
17,119	17,119	–	29,807	29,807	–	3,798	3,798	–	35,692	18,426	(21)
8,317	7,023	1,294	22,959	22,959	–	1,958	1,958	–	26,659	17,863	(22)
2,991	2,814	177	38,203	38,203	–	1,335	1,335	–	32,793	18,153	(23)
7,201	7,071	130	27,507	27,507	–	2,426	2,424	2	34,754	13,576	(24)
21,134	21,134	–	29,266	29,266	–	3,167	3,167	–	45,692	29,781	(25)
9,491	9,274	217	29,751	29,751	–	1,001	1,001	–	40,862	15,575	(26)
18,190	17,698	492	39,749	39,749	–	4,325	4,325	–	42,926	23,732	(27)
4,388	4,388	–	25,754	25,754	–	1,688	1,688	–	20,540	21,729	(28)
14,561	14,548	13	29,082	29,082	–	2,253	2,253	–	29,152	14,344	(29)

1　牛乳生産費（続き）
（5）　生産費（続き）

ア　搾乳牛1頭当たり（続き）

区　　分	物件税及び公課諸負担	乳牛償却費	物　　　　　　　　　財						
			建　　物　　費				自　　動　　車		
			小　計	購　入	自　給	償　却	小　計	購　入	自　給
	(20)	(21)	(22)	(23)	(24)	(25)	(26)	(27)	(28)
全　　　　　国　(1)	10,576	143,674	20,022	6,483	−	13,539	4,639	3,101	−
1　〜　20頭未満　(2)	12,407	116,079	12,013	4,120	−	7,893	7,113	4,582	−
20　〜　30　(3)	12,933	122,940	13,069	4,851	−	8,218	7,495	5,556	−
30　〜　50　(4)	10,214	125,079	14,768	6,475	−	8,293	6,023	3,688	−
50　〜　80　(5)	10,843	140,174	21,074	7,432	−	13,642	3,953	2,778	−
80　〜　100　(6)	11,376	140,322	20,838	6,046	−	14,792	3,494	2,239	−
100頭以上　(7)	9,651	163,942	24,009	6,591	−	17,418	3,942	2,672	−
北　　海　　道　(8)	11,706	153,696	21,165	7,450	−	13,715	3,579	2,169	−
1　〜　20頭未満　(9)	12,599	137,284	10,343	6,010	−	4,333	5,797	4,573	−
20　〜　30　(10)	14,202	134,222	16,479	10,787	−	5,692	5,345	3,332	−
30　〜　50　(11)	11,576	138,652	15,926	8,798	−	7,128	4,974	2,618	−
50　〜　80　(12)	11,461	146,313	20,564	8,950	−	11,614	2,828	1,666	−
80　〜　100　(13)	11,478	152,333	20,520	6,379	−	14,141	3,122	2,263	−
100頭以上　(14)	11,862	163,658	23,498	6,444	−	17,054	3,729	2,242	−
都　　府　　県　(15)	9,193	131,411	18,623	5,300	−	13,323	5,934	4,240	−
1　〜　20頭未満　(16)	12,383	113,449	12,220	3,885	−	8,335	7,276	4,583	−
20　〜　30　(17)	12,735	121,180	12,538	3,925	−	8,613	7,831	5,903	−
30　〜　50　(18)	9,494	117,897	14,157	5,246	−	8,911	6,578	4,254	−
50　〜　80　(19)	9,788	129,703	21,940	4,841	−	17,099	5,874	4,675	−
80　〜　100　(20)	11,150	113,690	21,546	5,307	−	16,239	4,317	2,184	−
100頭以上　(21)	4,837	164,559	25,119	6,909	−	18,210	4,406	3,607	−
東　　　　　北　(22)	9,506	130,102	17,516	6,005	−	11,511	5,526	3,730	−
北　　　　　陸　(23)	10,506	98,656	14,528	4,845	−	9,683	6,079	6,036	−
関　東　・　東　山　(24)	8,294	125,988	20,039	5,724	−	14,315	4,980	4,255	−
東　　　　　海　(25)	13,340	167,774	20,148	5,593	−	14,555	9,983	5,717	−
近　　　　　畿　(26)	8,018	103,012	11,897	5,742	−	6,155	4,577	3,235	−
中　　　　　国　(27)	15,269	87,473	19,810	6,143	−	13,667	10,919	8,886	−
四　　　　　国　(28)	16,811	73,320	21,635	7,711	−	13,924	1,890	1,702	−
九　　　　　州　(29)	9,423	135,657	15,948	4,422	−	11,526	5,882	3,929	−

単位：円

費 （ 続 き ）								労 働 費			
費	農	機	具	費	生 産 管 理 費						
償 却	小 計	購 入	自 給	償 却	小 計	購 入	償 却	計	家 族	雇 用	
(29)	(30)	(31)	(32)	(33)	(34)	(35)	(36)	(37)	(38)	(39)	
1,538	37,852	22,229	-	15,623	2,176	2,131	45	169,255	143,171	26,084	(1)
2,531	27,620	17,828	-	9,792	3,031	3,023	8	324,105	310,029	14,076	(2)
1,939	30,140	19,522	-	10,618	3,409	3,228	181	271,677	249,934	21,743	(3)
2,335	32,943	21,934	-	11,009	3,015	2,962	53	213,750	192,047	21,703	(4)
1,175	39,049	24,259	-	14,790	2,165	2,106	59	170,963	148,129	22,834	(5)
1,255	33,996	20,555	-	13,441	2,069	2,049	20	142,678	118,059	24,619	(6)
1,270	43,553	22,624	-	20,929	1,455	1,436	19	116,275	82,984	33,291	(7)
1,410	38,721	23,410	-	15,311	1,554	1,539	15	150,801	129,020	21,781	(8)
1,224	31,394	24,331	-	7,063	2,526	2,454	72	327,877	323,579	4,298	(9)
2,013	38,974	26,091	-	12,883	3,505	3,492	13	297,352	290,656	6,696	(10)
2,356	30,209	23,211	-	6,998	2,398	2,356	42	222,541	210,787	11,754	(11)
1,162	38,726	23,966	-	14,760	1,472	1,455	17	173,742	157,052	16,690	(12)
859	32,646	22,432	-	10,214	1,500	1,472	28	145,949	120,508	25,441	(13)
1,487	43,134	23,336	-	19,798	1,314	1,313	1	110,827	83,649	27,178	(14)
1,694	36,782	20,783	-	15,999	2,937	2,856	81	191,835	160,486	31,349	(15)
2,693	27,154	17,022	-	10,132	3,093	3,093	-	323,638	308,348	15,290	(16)
1,928	28,764	18,497	-	10,267	3,394	3,187	207	267,672	243,581	24,091	(17)
2,324	34,389	21,259	-	13,130	3,342	3,283	59	209,100	182,131	26,969	(18)
1,199	39,604	24,760	-	14,844	3,347	3,217	130	166,224	132,910	33,314	(19)
2,133	36,988	16,394	-	20,594	3,332	3,330	2	135,418	112,623	22,795	(20)
799	44,462	21,072	-	23,390	1,762	1,705	57	128,148	81,543	46,605	(21)
1,796	30,813	18,956	-	11,857	2,126	2,120	6	213,466	192,988	20,478	(22)
43	36,811	22,873	-	13,938	4,250	4,173	77	214,197	152,103	62,094	(23)
725	35,300	20,553	-	14,747	3,316	3,241	75	193,172	155,726	37,446	(24)
4,266	47,243	31,421	-	15,822	2,965	2,884	81	196,033	147,546	48,487	(25)
1,342	20,618	13,012	-	7,606	1,984	1,874	110	259,253	223,405	35,848	(26)
2,033	31,087	21,517	-	9,570	5,061	4,736	325	200,882	170,098	30,784	(27)
188	18,200	16,172	-	2,028	1,768	1,768	-	232,057	216,869	15,188	(28)
1,953	38,265	21,513	-	16,752	3,628	3,581	47	175,461	150,755	24,706	(29)

1 牛乳生産費（続き）
(5) 生産費（続き）
ア 搾乳牛1頭当たり（続き）

区　分	労働費（続き）直接労働費 小計	家族	雇用	間接労働費	自給牧草に係る労働費	費用合計 計	購入	自給	償却
	(40)	(41)	(42)	(43)	(44)	(45)	(46)	(47)	(48)
全　国 (1)	157,867	132,460	25,407	11,388	8,260	877,272	483,002	219,851	174,419
1～20頭未満 (2)	299,279	285,921	13,358	24,826	18,206	994,150	479,744	378,103	136,303
20～30 (3)	251,737	230,742	20,995	19,940	15,853	999,170	538,704	316,570	143,896
30～50 (4)	199,116	178,045	21,071	14,634	10,992	905,994	497,808	261,417	146,769
50～80 (5)	159,535	137,435	22,100	11,428	8,399	857,640	447,875	239,925	169,840
80～100 (6)	133,731	109,481	24,250	8,947	6,535	864,149	487,298	207,021	169,830
100頭以上 (7)	108,989	76,445	32,544	7,286	4,720	843,232	487,626	152,028	203,578
北海道 (8)	140,673	119,334	21,339	10,128	7,247	810,346	392,812	233,387	184,147
1～20頭未満 (9)	304,300	300,203	4,097	23,577	18,344	931,179	348,338	432,865	149,976
20～30 (10)	271,874	265,853	6,021	25,478	19,433	912,924	331,676	426,425	154,823
30～50 (11)	207,103	195,681	11,422	15,438	11,481	834,304	354,290	324,838	155,176
50～80 (12)	162,046	145,803	16,243	11,696	8,496	812,455	364,104	274,485	173,866
80～100 (13)	136,378	111,336	25,042	9,571	7,055	816,337	399,113	239,649	177,575
100頭以上 (14)	103,679	76,980	26,699	7,148	4,781	794,666	421,510	171,158	201,998
都府県 (15)	178,907	148,522	30,385	12,928	9,499	959,169	593,375	203,286	162,508
1～20頭未満 (16)	298,656	284,149	14,507	24,982	18,189	1,001,965	496,045	371,311	134,609
20～30 (17)	248,596	225,265	23,331	19,076	15,294	1,012,633	571,005	299,433	142,195
30～50 (18)	194,890	168,713	26,177	14,210	10,735	943,928	573,747	227,860	142,321
50～80 (19)	155,254	123,163	32,091	10,970	8,234	934,712	590,760	180,977	162,975
80～100 (20)	127,857	105,365	22,492	7,561	5,385	970,174	682,855	134,661	152,658
100頭以上 (21)	120,561	75,286	45,275	7,587	4,589	949,009	631,618	110,376	207,015
東北 (22)	193,426	174,984	18,442	20,040	16,835	917,621	496,724	265,625	155,272
北陸 (23)	202,093	142,704	59,389	12,104	6,025	1,029,460	726,666	180,397	122,397
関東・東山 (24)	179,896	143,364	36,532	13,276	10,033	951,583	592,828	202,905	155,850
東海 (25)	190,182	142,468	47,714	5,851	2,084	1,098,746	734,354	161,894	202,498
近畿 (26)	243,838	208,249	35,589	15,415	11,911	978,559	619,311	241,023	118,225
中国 (27)	189,913	159,356	30,557	10,969	7,460	1,044,874	723,786	208,020	113,068
四国 (28)	210,976	195,788	15,188	21,081	18,625	922,013	574,964	257,589	89,460
九州 (29)	160,136	137,020	23,116	15,325	10,962	901,722	529,696	206,091	165,935

単位：円

副産物価額			生産費（副産物価額差引）	支払利子	支払地代	支払利子・地代算入生産費	自己資本利子	自作地地代	資本利子・地代全額算入生産費（全算入生産費）	
計	子牛	きゅう肥								
(49)	(50)	(51)	(52)	(53)	(54)	(55)	(56)	(57)	(58)	
165,191	147,811	17,380	712,081	3,285	5,040	720,406	23,343	13,294	757,043	(1)
143,551	108,814	34,737	850,599	1,135	9,260	860,994	19,447	12,921	893,362	(2)
156,658	133,610	23,048	842,512	1,832	10,050	854,394	21,324	11,189	886,907	(3)
150,831	132,947	17,884	755,163	1,940	6,372	763,475	20,208	11,913	795,596	(4)
168,421	149,124	19,297	689,219	3,724	4,534	697,477	23,391	17,401	738,269	(5)
172,209	153,986	18,223	691,940	3,565	3,999	699,504	23,674	14,705	737,883	(6)
172,257	159,891	12,366	670,975	4,119	3,598	678,692	25,664	11,201	715,557	(7)
185,119	165,079	20,040	625,227	4,684	4,435	634,346	22,732	19,571	676,649	(8)
217,786	155,933	61,853	713,393	4,355	10,229	727,977	16,913	41,305	786,195	(9)
218,691	178,409	40,282	694,233	2,692	17,258	714,183	24,549	32,869	771,601	(10)
191,791	165,005	26,786	642,513	3,883	6,131	652,527	19,203	22,618	694,348	(11)
185,443	162,518	22,925	627,012	4,760	4,113	635,885	22,395	25,192	683,472	(12)
186,307	162,649	23,658	630,030	4,566	4,745	639,341	23,783	20,297	683,421	(13)
180,912	167,202	13,710	613,754	4,965	3,506	622,225	23,548	14,149	659,922	(14)
140,803	126,679	14,124	818,366	1,572	5,778	825,716	24,091	5,610	855,417	(15)
134,343	102,970	31,373	867,622	736	9,139	877,497	19,761	9,401	906,659	(16)
146,980	126,621	20,359	865,653	1,698	8,925	876,276	20,821	7,806	904,903	(17)
129,158	115,984	13,174	814,770	911	6,497	822,178	20,739	6,248	849,165	(18)
139,392	126,282	13,110	795,320	1,957	5,254	802,531	25,089	4,110	831,730	(19)
140,945	134,773	6,172	829,229	1,347	2,350	832,926	23,430	2,307	858,663	(20)
153,409	143,970	9,439	795,600	2,277	3,799	801,676	30,271	4,789	836,736	(21)
121,152	98,462	22,690	796,469	2,036	10,226	808,731	20,608	9,019	838,358	(22)
137,839	115,392	22,447	891,621	4,919	8,490	905,030	16,603	9,001	930,634	(23)
147,471	133,992	13,479	804,112	1,620	5,728	811,460	24,571	6,074	842,105	(24)
159,330	151,689	7,641	939,416	2,475	1,097	942,988	25,126	3,588	971,702	(25)
136,868	123,275	13,593	841,691	119	3,595	845,405	17,001	5,120	867,526	(26)
145,204	134,663	10,541	899,670	2,392	4,921	906,983	22,768	1,581	931,332	(27)
137,244	126,902	10,342	784,769	1,131	5,791	791,691	18,666	3,871	814,228	(28)
124,306	111,102	13,204	777,416	2,102	6,236	785,754	22,127	5,967	813,848	(29)

1 牛乳生産費（続き）
（5） 生産費（続き）

イ 生乳100kg当たり（乳脂肪分3.5％換算乳量）

区　　　　　分	計	種　付　料			飼　　料　　費			
		小　計	購　入	自　給	小　計	流通飼料費		牧草・放牧・採草費
							自　給	
	(1)	(2)	(3)	(4)	(5)	(6)	(7)	(8)
全　　　　　国 (1)	7,455	150	149	1	4,129	3,360	24	769
1 ～ 20頭未満 (2)	8,123	193	193	－	4,869	4,111	37	758
20 ～ 30 (3)	7,994	147	147	－	4,818	4,133	32	685
30 ～ 50 (4)	7,533	187	187	－	4,388	3,675	24	713
50 ～ 80 (5)	7,165	152	152	－	3,920	3,008	23	912
80 ～ 100 (6)	7,552	151	151	－	4,242	3,346	16	896
100頭以上 (7)	7,414	126	125	1	3,911	3,234	24	677
北　海　道 (8)	6,965	136	136	－	3,604	2,551	27	1,053
1 ～ 20頭未満 (9)	7,885	133	133	－	4,099	2,811	21	1,288
20 ～ 30 (10)	7,295	147	147	－	3,762	2,250	30	1,512
30 ～ 50 (11)	6,981	149	149	－	3,655	2,437	37	1,218
50 ～ 80 (12)	6,753	145	145	－	3,510	2,334	31	1,176
80 ～ 100 (13)	7,104	139	139	－	3,776	2,556	14	1,220
100頭以上 (14)	7,018	127	127	－	3,580	2,711	26	869
都　府　県 (15)	8,052	166	165	1	4,768	4,344	20	424
1 ～ 20頭未満 (16)	8,149	200	200	－	4,955	4,258	38	697
20 ～ 30 (17)	8,095	147	147	－	4,969	4,402	32	567
30 ～ 50 (18)	7,808	206	206	－	4,749	4,285	18	464
50 ～ 80 (19)	7,841	162	162	－	4,597	4,119	11	478
80 ～ 100 (20)	8,519	179	179	－	5,238	5,034	21	204
100頭以上 (21)	8,265	124	120	4	4,617	4,350	19	267
東　　　　　北 (22)	7,694	188	188	－	4,519	3,771	31	748
北　　　　　陸 (23)	8,822	123	123	－	5,840	5,544	8	296
関　東・東　山 (24)	7,829	158	155	3	4,746	4,290	27	456
東　　　　　海 (25)	8,916	147	147	－	4,913	4,782	10	131
近　　　　　畿 (26)	7,298	96	96	－	4,699	4,529	7	170
中　　　　　国 (27)	8,441	163	163	－	5,293	4,952	33	341
四　　　　　国 (28)	6,895	62	62	－	4,757	4,358	8	399
九　　　　　州 (29)	7,828	232	232	－	4,381	3,790	5	591

単位：円

	財					費					
敷 料 費			光 熱 水 料 及 び 動 力 費			そ の 他 の 諸 材 料 費			獣医師料及び医薬品費	賃借料及び料金	
小 計	購 入	自 給	小 計	購 入	自 給	小 計	購 入	自 給			
(9)	(10)	(11)	(12)	(13)	(14)	(15)	(16)	(17)	(18)	(19)	
104	90	14	277	277	–	20	20	0	297	174	(1)
85	54	31	304	304	–	21	21	0	340	149	(2)
84	69	15	294	294	–	29	29	–	351	184	(3)
75	57	18	272	272	–	26	26	0	336	160	(4)
99	76	23	271	271	–	15	15	–	276	165	(5)
138	119	19	306	306	–	17	17	–	296	183	(6)
115	113	2	267	267	–	19	19	–	278	184	(7)
97	75	22	258	258	–	14	14	–	250	172	(8)
155	36	119	319	319	–	19	19	–	323	223	(9)
106	39	67	311	311	–	15	15	–	294	140	(10)
98	52	46	271	271	–	27	27	–	301	156	(11)
97	62	35	252	252	–	14	14	–	231	164	(12)
117	89	28	270	270	–	18	18	–	269	166	(13)
88	85	3	252	252	–	10	10	–	241	184	(14)
112	108	4	299	299	–	26	26	0	354	176	(15)
77	56	21	302	302	–	22	22	0	342	141	(16)
80	73	7	292	292	–	31	31	–	359	190	(17)
63	59	4	272	272	–	26	26	0	353	163	(18)
102	100	2	301	301	–	15	15	–	352	167	(19)
183	183	–	382	382	–	14	14	–	355	219	(20)
172	172	–	300	300	–	38	38	–	359	186	(21)
91	77	14	251	251	–	21	21	–	291	195	(22)
32	30	2	413	413	–	14	14	–	355	196	(23)
74	73	1	284	284	–	25	25	0	359	140	(24)
209	209	–	289	289	–	31	31	–	451	294	(25)
96	94	2	302	302	–	10	10	–	415	158	(26)
182	177	5	398	398	–	43	43	–	429	237	(27)
44	44	–	257	257	–	17	17	–	205	217	(28)
157	157	0	313	313	–	24	24	–	314	155	(29)

1 牛乳生産費（続き）
（5） 生産費（続き）
イ 生乳100kg当たり（乳脂肪分3.5％換算乳量）（続き）

区　　　　　分	物件税及び公課諸負担	乳牛償却費	建物費 小計	建物費 購入	建物費 自給	建物費 償却	自動車 小計	自動車 購入	自動車 自給
	(20)	(21)	(22)	(23)	(24)	(25)	(26)	(27)	(28)
全　　　　　　　国　(1)	111	1,513	211	68	－	143	49	33	－
1 ～ 20頭未満　(2)	150	1,407	146	50	－	96	87	56	－
20 ～ 30　(3)	142	1,351	143	53	－	90	82	61	－
30 ～ 50　(4)	111	1,361	160	70	－	90	65	40	－
50 ～ 80　(5)	113	1,463	220	78	－	142	41	29	－
80 ～ 100　(6)	119	1,469	218	63	－	155	36	23	－
100頭以上　(7)	98	1,672	245	67	－	178	40	27	－
北　　海　　道　(8)	124	1,623	224	79	－	145	38	23	－
1 ～ 20頭未満　(9)	165	1,794	136	79	－	57	76	60	－
20 ～ 30　(10)	168	1,591	195	128	－	67	63	39	－
30 ～ 50　(11)	132	1,582	181	100	－	81	57	30	－
50 ～ 80　(12)	121	1,547	218	95	－	123	30	18	－
80 ～ 100　(13)	122	1,614	218	68	－	150	33	24	－
100頭以上　(14)	122	1,680	241	66	－	175	38	23	－
都　　府　　県　(15)	96	1,379	196	56	－	140	63	45	－
1 ～ 20頭未満　(16)	149	1,363	147	47	－	100	87	55	－
20 ～ 30　(17)	138	1,317	137	43	－	94	85	64	－
30 ～ 50　(18)	101	1,252	151	56	－	95	70	45	－
50 ～ 80　(19)	100	1,324	223	49	－	174	60	48	－
80 ～ 100　(20)	114	1,160	220	54	－	166	44	22	－
100頭以上　(21)	49	1,657	253	70	－	183	44	36	－
東　　　　　　　北　(22)	104	1,421	192	66	－	126	61	41	－
北　　　　　　　陸　(23)	114	1,068	157	52	－	105	65	65	－
関　東　・　東　山　(24)	86	1,301	207	59	－	148	51	44	－
東　　　　　　　海　(25)	132	1,658	199	55	－	144	98	56	－
近　　　　　　　畿　(26)	81	1,045	120	58	－	62	47	33	－
中　　　　　　　国　(27)	153	875	198	61	－	137	109	89	－
四　　　　　　　国　(28)	168	733	216	77	－	139	19	17	－
九　　　　　　　州　(29)	102	1,462	172	48	－	124	63	42	－

単位：円

	費　（　続　き　）							労　　働　　費			
費	農　機　具　費				生　産　管　理　費						
償　却	小　計	購　入	自　給	償　却	小　計	購　入	償　却	計	家　族	雇　用	
(29)	(30)	(31)	(32)	(33)	(34)	(35)	(36)	(37)	(38)	(39)	
16	398	234	-	164	22	22	0	1,783	1,508	275	(1)
31	335	216	-	119	37	37	0	3,929	3,758	171	(2)
21	332	215	-	117	37	35	2	2,986	2,747	239	(3)
25	359	239	-	120	33	32	1	2,326	2,090	236	(4)
12	407	253	-	154	23	22	1	1,785	1,546	239	(5)
13	356	215	-	141	21	21	0	1,494	1,236	258	(6)
13	444	231	-	213	15	15	0	1,187	847	340	(7)
15	409	247	-	162	16	16	0	1,592	1,362	230	(8)
16	410	318	-	92	33	32	1	4,285	4,228	57	(9)
24	462	309	-	153	41	41	0	3,524	3,445	79	(10)
27	345	265	-	80	27	27	0	2,539	2,405	134	(11)
12	409	253	-	156	15	15	0	1,838	1,661	177	(12)
9	346	238	-	108	16	16	0	1,545	1,276	269	(13)
15	442	239	-	203	13	13	0	1,137	858	279	(14)
18	386	218	-	168	31	30	1	2,014	1,685	329	(15)
32	327	205	-	122	37	37	-	3,888	3,705	183	(16)
21	313	201	-	112	37	35	2	2,909	2,647	262	(17)
25	366	226	-	140	36	35	1	2,221	1,935	286	(18)
12	404	253	-	151	34	33	1	1,695	1,356	339	(19)
22	377	167	-	210	34	34	0	1,382	1,149	233	(20)
8	448	212	-	236	18	17	1	1,290	821	469	(21)
20	337	207	-	130	23	23	0	2,332	2,109	223	(22)
0	399	248	-	151	46	45	1	2,318	1,646	672	(23)
7	364	212	-	152	34	33	1	1,994	1,608	386	(24)
42	466	310	-	156	29	28	1	1,937	1,458	479	(25)
14	209	132	-	77	20	19	1	2,631	2,267	364	(26)
20	311	215	-	96	50	47	3	2,009	1,701	308	(27)
2	182	162	-	20	18	18	-	2,320	2,168	152	(28)
21	413	232	-	181	40	39	1	1,891	1,625	266	(29)

1 牛乳生産費（続き）
（5） 生産費（続き）
イ 生乳100kg当たり（乳脂肪分3.5％換算乳量）（続き）

区　　　　　分	労働費（続き）					費用合計			
	直接労働費			間接労働費					
	小計	家族	雇用		自給牧草に係る労働費	計	購入	自給	償却
	(40)	(41)	(42)	(43)	(44)	(45)	(46)	(47)	(48)
全　　　　国　(1)	1,663	1,395	268	120	87	9,238	5,086	2,316	1,836
1 ～ 20頭未満　(2)	3,628	3,466	162	301	221	12,052	5,815	4,584	1,653
20 ～ 30　(3)	2,767	2,536	231	219	174	10,980	5,920	3,479	1,581
30 ～ 50　(4)	2,167	1,938	229	159	120	9,859	5,417	2,845	1,597
50 ～ 80　(5)	1,665	1,434	231	120	88	8,950	4,674	2,504	1,772
80 ～ 100　(6)	1,400	1,146	254	94	68	9,046	5,101	2,167	1,778
100頭以上　(7)	1,112	780	332	75	48	8,601	4,974	1,551	2,076
北　海　道　(8)	1,485	1,260	225	107	77	8,557	4,148	2,464	1,945
1 ～ 20頭未満　(9)	3,977	3,923	54	308	240	12,170	4,554	5,656	1,960
20 ～ 30　(10)	3,222	3,151	71	302	230	10,819	3,930	5,054	1,835
30 ～ 50　(11)	2,363	2,233	130	176	131	9,520	4,044	3,706	1,770
50 ～ 80　(12)	1,714	1,542	172	124	90	8,591	3,850	2,903	1,838
80 ～ 100　(13)	1,444	1,179	265	101	75	8,649	4,230	2,538	1,881
100頭以上　(14)	1,064	790	274	73	49	8,155	4,326	1,756	2,073
都　府　県　(15)	1,878	1,559	319	136	100	10,066	6,226	2,134	1,706
1 ～ 20頭未満　(16)	3,588	3,414	174	300	219	12,037	5,959	4,461	1,617
20 ～ 30　(17)	2,702	2,448	254	207	166	11,004	6,205	3,253	1,546
30 ～ 50　(18)	2,070	1,792	278	151	114	10,029	6,095	2,421	1,513
50 ～ 80　(19)	1,584	1,257	327	111	84	9,536	6,027	1,847	1,662
80 ～ 100　(20)	1,305	1,075	230	77	55	9,901	6,969	1,374	1,558
100頭以上　(21)	1,214	758	456	76	46	9,555	6,359	1,111	2,085
東　　　　北　(22)	2,113	1,912	201	219	184	10,026	5,427	2,902	1,697
北　　　　陸　(23)	2,187	1,544	643	131	65	11,140	7,863	1,952	1,325
関　東　・　東　山　(24)	1,857	1,480	377	137	104	9,823	6,119	2,095	1,609
東　　　　海　(25)	1,879	1,408	471	58	21	10,853	7,253	1,599	2,001
近　　　　畿　(26)	2,474	2,113	361	157	121	9,929	6,284	2,446	1,199
中　　　　国　(27)	1,900	1,594	306	109	75	10,450	7,239	2,080	1,131
四　　　　国　(28)	2,109	1,957	152	211	186	9,215	5,746	2,575	894
九　　　　州　(29)	1,726	1,477	249	165	118	9,719	5,709	2,221	1,789

単位：円

副産物価額			生産費（副産物価額差引）	支払利子	支払地代	支払利子・地代算入生産費	自己資本利子	自作地地代	資本利子・地代全額算入生産費（全算入生産費）	
計	子牛	きゅう肥								
(49)	(50)	(51)	(52)	(53)	(54)	(55)	(56)	(57)	(58)	
1,740	1,557	183	7,498	35	53	7,586	246	140	7,972	(1)
1,740	1,319	421	10,312	14	112	10,438	236	157	10,831	(2)
1,721	1,468	253	9,259	20	110	9,389	234	123	9,746	(3)
1,642	1,447	195	8,217	21	69	8,307	220	130	8,657	(4)
1,757	1,556	201	7,193	39	47	7,279	244	182	7,705	(5)
1,803	1,612	191	7,243	37	42	7,322	248	154	7,724	(6)
1,757	1,631	126	6,844	42	37	6,923	262	114	7,299	(7)
1,955	1,743	212	6,602	49	47	6,698	240	207	7,145	(8)
2,846	2,038	808	9,324	57	134	9,515	221	540	10,276	(9)
2,592	2,115	477	8,227	32	205	8,464	291	390	9,145	(10)
2,189	1,883	306	7,331	44	70	7,445	219	258	7,922	(11)
1,961	1,718	242	6,630	50	43	6,723	237	266	7,226	(12)
1,974	1,723	251	6,675	48	50	6,773	252	215	7,240	(13)
1,857	1,716	141	6,298	51	36	6,385	242	145	6,772	(14)
1,477	1,330	147	8,589	17	61	8,667	253	59	8,979	(15)
1,614	1,237	377	10,423	9	110	10,542	237	113	10,892	(16)
1,597	1,376	221	9,407	18	97	9,522	226	85	9,833	(17)
1,372	1,232	140	8,657	10	69	8,736	220	66	9,022	(18)
1,423	1,289	134	8,113	20	54	8,187	256	42	8,485	(19)
1,438	1,376	62	8,463	14	24	8,501	239	24	8,764	(20)
1,545	1,450	95	8,010	23	38	8,071	305	48	8,424	(21)
1,324	1,076	248	8,702	22	112	8,836	225	99	9,160	(22)
1,492	1,249	243	9,648	53	92	9,793	180	97	10,070	(23)
1,522	1,383	139	8,301	17	59	8,377	254	63	8,694	(24)
1,574	1,499	75	9,279	24	11	9,314	248	35	9,597	(25)
1,389	1,251	138	8,540	1	36	8,577	172	52	8,801	(26)
1,452	1,347	105	8,998	24	49	9,071	228	16	9,315	(27)
1,371	1,268	103	7,844	11	58	7,913	187	39	8,139	(28)
1,339	1,197	142	8,380	23	67	8,470	238	64	8,772	(29)

1 牛乳生産費（続き）
(5) 生産費（続き）

ウ 生乳100kg当たり（実搾乳量）

区　　分	物 計	種　付　料 小　計	購　入	自　給	飼　料　費 小　計	流通飼料費	自　給	牧草・放牧・採草費
	(1)	(2)	(3)	(4)	(5)	(6)	(7)	(8)
全　　　　　　国　(1)	8,305	167	166	1	4,600	3,743	27	857
1 ～ 20頭未満　(2)	9,123	217	217	－	5,468	4,617	41	851
20 ～ 30　(3)	8,834	162	162	－	5,325	4,568	35	757
30 ～ 50　(4)	8,346	207	207	－	4,862	4,072	27	790
50 ～ 80　(5)	8,040	170	170	－	4,399	3,376	26	1,023
80 ～ 100　(6)	8,417	169	169	－	4,726	3,728	18	998
100 頭 以 上　(7)	8,245	141	139	2	4,349	3,596	27	753
北　海　道　(8)	7,891	154	154	－	4,085	2,891	31	1,194
1 ～ 20頭未満　(9)	8,576	145	145	－	4,459	3,058	23	1,401
20 ～ 30　(10)	8,462	171	171	－	4,363	2,609	35	1,754
30 ～ 50　(11)	7,913	168	168	－	4,143	2,762	42	1,381
50 ～ 80　(12)	7,647	165	165	－	3,974	2,643	35	1,331
80 ～ 100　(13)	7,990	156	156	－	4,249	2,876	16	1,373
100 頭 以 上　(14)	7,974	144	144	－	4,069	3,082	30	987
都　府　県　(15)	8,787	181	180	1	5,203	4,740	22	463
1 ～ 20頭未満　(16)	9,189	226	226	－	5,587	4,801	43	786
20 ～ 30　(17)	8,885	161	161	－	5,457	4,834	36	623
30 ～ 50　(18)	8,553	226	226	－	5,203	4,695	20	508
50 ～ 80　(19)	8,673	180	180	－	5,084	4,555	12	529
80 ～ 100　(20)	9,298	195	195	－	5,717	5,494	23	223
100 頭 以 上　(21)	8,785	133	128	5	4,906	4,622	20	284
東　　　　　北　(22)	8,614	210	210	－	5,060	4,222	35	838
北　　　　　陸　(23)	9,802	136	136	－	6,489	6,160	9	329
関　東　・　東　山　(24)	8,584	173	170	3	5,204	4,704	29	500
東　　　　　海　(25)	9,892	163	163	－	5,450	5,304	12	146
近　　　　　畿　(26)	8,065	106	106	－	5,193	5,005	7	188
中　　　　　国　(27)	9,302	180	180	－	5,832	5,456	37	376
四　　　　　国　(28)	7,579	69	69	－	5,227	4,789	9	438
九　　　　　州　(29)	8,727	259	259	－	4,886	4,227	6	659

単位：円

財			費							
敷 料 費			光熱水料及び動力費			その他の諸材料費			獣医師料及び医薬品費	賃借料及び料金
小 計	購 入	自 給	小 計	購 入	自 給	小 計	購 入	自 給		
(9)	(10)	(11)	(12)	(13)	(14)	(15)	(16)	(17)	(18)	(19)
115	100	15	308	308	－	22	22	0	331	194	(1)
96	61	35	342	342	－	24	24	0	382	168	(2)
92	76	16	325	325	－	32	32	－	388	203	(3)
82	63	19	301	301	－	29	29	0	372	178	(4)
111	86	25	304	304	－	16	16	－	310	185	(5)
153	132	21	340	340	－	19	19	－	330	204	(6)
127	125	2	297	297	－	21	21	－	310	205	(7)
110	85	25	292	292	－	16	16	－	283	195	(8)
168	39	129	348	348	－	21	21	－	351	242	(9)
123	45	78	361	361	－	17	17	－	341	162	(10)
111	59	52	308	308	－	30	30	－	341	176	(11)
110	70	40	285	285	－	16	16	－	261	186	(12)
131	100	31	303	303	－	21	21	－	302	187	(13)
99	96	3	286	286	－	12	12	－	273	209	(14)
122	118	4	326	326	－	29	29	0	387	192	(15)
87	63	24	341	341	－	24	24	0	386	159	(16)
88	80	8	320	320	－	34	34	－	394	208	(17)
68	64	4	298	298	－	29	29	0	387	178	(18)
113	111	2	333	333	－	17	17	－	389	185	(19)
200	200	－	417	417	－	15	15	－	388	239	(20)
183	183	－	319	319	－	41	41	－	382	197	(21)
102	86	16	281	281	－	24	24	－	326	219	(22)
36	34	2	459	459	－	16	16	－	394	218	(23)
81	80	1	311	311	－	27	27	0	393	154	(24)
232	232	－	321	321	－	35	35	－	501	326	(25)
106	104	2	334	334	－	11	11	－	458	175	(26)
200	195	5	438	438	－	48	48	－	473	262	(27)
48	48	－	283	283	－	19	19	－	226	239	(28)
175	175	0	349	349	－	27	27	－	350	172	(29)

1 牛乳生産費（続き）
（5） 生産費（続き）

ウ 生乳100kg当たり（実搾乳量）（続き）

区　　分		物件税及び公課諸負担	乳牛償却費	建物費 小計	購入	自給	償却	自動車 小計	購入	自給
		(20)	(21)	(22)	(23)	(24)	(25)	(26)	(27)	(28)
全　　　　　国	(1)	124	1,685	235	76	－	159	54	36	－
1 〜 20頭未満	(2)	169	1,581	163	56	－	107	96	62	－
20 〜 30	(3)	157	1,493	159	59	－	100	91	67	－
30 〜 50	(4)	123	1,508	178	78	－	100	72	44	－
50 〜 80	(5)	127	1,641	247	87	－	160	47	33	－
80 〜 100	(6)	133	1,637	244	71	－	173	41	26	－
100 頭 以 上	(7)	109	1,859	273	75	－	198	44	30	－
北　海　道	(8)	140	1,839	253	89	－	164	43	26	－
1 〜 20頭未満	(9)	179	1,952	147	85	－	62	82	65	－
20 〜 30	(10)	195	1,845	226	148	－	78	74	46	－
30 〜 50	(11)	150	1,794	206	114	－	92	64	34	－
50 〜 80	(12)	137	1,752	246	107	－	139	34	20	－
80 〜 100	(13)	137	1,815	245	76	－	169	37	27	－
100 頭 以 上	(14)	138	1,909	274	75	－	199	43	26	－
都　府　県	(15)	105	1,505	214	61	－	153	68	49	－
1 〜 20頭未満	(16)	168	1,537	166	53	－	113	98	62	－
20 〜 30	(17)	152	1,445	150	47	－	103	93	70	－
30 〜 50	(18)	111	1,372	165	61	－	104	77	50	－
50 〜 80	(19)	110	1,464	248	55	－	193	67	53	－
80 〜 100	(20)	124	1,266	240	59	－	181	48	24	－
100 頭 以 上	(21)	52	1,761	269	74	－	195	48	39	－
東　　　北	(22)	116	1,591	214	73	－	141	68	46	－
北　　　陸	(23)	126	1,186	174	58	－	116	74	73	－
関 東 ・ 東 山	(24)	94	1,426	227	65	－	162	56	48	－
東　　　海	(25)	146	1,838	220	61	－	159	110	63	－
近　　　畿	(26)	90	1,155	133	64	－	69	51	36	－
中　　　国	(27)	168	964	219	68	－	151	120	98	－
四　　　国	(28)	185	805	238	85	－	153	21	19	－
九　　　州	(29)	113	1,630	192	53	－	139	70	47	－

単位：円

	費 （ 続 き ）							労 働 費		
費	農	機	具	費	生 産 管 理 費					
償 却	小 計	購 入	自 給	償 却	小 計	購 入	償 却	計	家 族	雇 用
(29)	(30)	(31)	(32)	(33)	(34)	(35)	(36)	(37)	(38)	(39)
18	444	261	－	183	26	25	1	1,986	1,680	306	(1)
34	376	243	－	133	41	41	0	4,414	4,222	192	(2)
24	366	237	－	129	41	39	2	3,299	3,035	264	(3)
28	397	264	－	133	37	36	1	2,578	2,316	262	(4)
14	457	284	－	173	26	25	1	2,002	1,734	268	(5)
15	397	240	－	157	24	24	0	1,664	1,377	287	(6)
14	494	257	－	237	16	16	0	1,318	941	377	(7)
17	463	280	－	183	18	18	0	1,804	1,544	260	(8)
17	446	346	－	100	36	35	1	4,661	4,600	61	(9)
28	536	359	－	177	48	48	0	4,088	3,996	92	(10)
30	391	300	－	91	31	30	1	2,878	2,726	152	(11)
14	464	287	－	177	17	17	0	2,080	1,881	199	(12)
10	389	267	－	122	18	18	0	1,739	1,436	303	(13)
17	503	272	－	231	15	15	0	1,293	976	317	(14)
19	421	238	－	183	34	33	1	2,197	1,838	359	(15)
36	368	231	－	137	42	42	－	4,385	4,177	208	(16)
23	343	221	－	122	40	38	2	3,192	2,905	287	(17)
27	400	247	－	153	39	38	1	2,434	2,120	314	(18)
14	446	279	－	167	37	36	1	1,876	1,500	376	(19)
24	412	183	－	229	37	37	0	1,509	1,255	254	(20)
9	475	225	－	250	19	18	1	1,370	872	498	(21)
22	377	232	－	145	26	26	0	2,611	2,360	251	(22)
1	443	275	－	168	51	50	1	2,576	1,829	747	(23)
8	400	233	－	167	38	37	1	2,187	1,763	424	(24)
47	517	344	－	173	33	32	1	2,148	1,617	531	(25)
15	231	146	－	85	22	21	1	2,908	2,506	402	(26)
22	342	237	－	105	56	52	4	2,214	1,874	340	(27)
2	200	178	－	22	19	19	－	2,548	2,381	167	(28)
23	460	259	－	201	44	43	1	2,109	1,812	297	(29)

1 牛乳生産費（続き）
(5) 生産費（続き）
ウ 生乳100kg当たり（実搾乳量）（続き）

区　　　　　分	労　働　費（続き）					費　用　合　計			
	直　接　労　働　費			間　接　労　働　費					
	小　計	家　族	雇　用		自給牧草に係る労働費	計	購　入	自　給	償　却
	(40)	(41)	(42)	(43)	(44)	(45)	(46)	(47)	(48)
全　　　　　　　国 (1)	1,852	1,554	298	134	97	10,291	5,665	2,580	2,046
1 ～ 20頭未満 (2)	4,076	3,894	182	338	248	13,537	6,533	5,149	1,855
20 ～ 30 (3)	3,057	2,802	255	242	193	12,133	6,542	3,843	1,748
30 ～ 50 (4)	2,401	2,147	254	177	133	10,924	6,002	3,152	1,770
50 ～ 80 (5)	1,868	1,609	259	134	98	10,042	5,245	2,808	1,989
80 ～ 100 (6)	1,560	1,277	283	104	76	10,081	5,685	2,414	1,982
100 頭 以 上 (7)	1,236	867	369	82	54	9,563	5,530	1,725	2,308
北　　海　　道 (8)	1,683	1,428	255	121	87	9,695	4,698	2,794	2,203
1 ～ 20頭未満 (9)	4,326	4,268	58	335	261	13,237	4,952	6,153	2,132
20 ～ 30 (10)	3,738	3,655	83	350	267	12,550	4,559	5,863	2,128
30 ～ 50 (11)	2,679	2,531	148	199	149	10,791	4,582	4,201	2,008
50 ～ 80 (12)	1,940	1,746	194	140	102	9,727	4,358	3,287	2,082
80 ～ 100 (13)	1,625	1,327	298	114	84	9,729	4,757	2,856	2,116
100 頭 以 上 (14)	1,209	898	311	84	56	9,267	4,915	1,996	2,356
都　　府　　県 (15)	2,049	1,701	348	148	109	10,984	6,795	2,328	1,861
1 ～ 20頭未満 (16)	4,046	3,849	197	339	246	13,574	6,721	5,030	1,823
20 ～ 30 (17)	2,965	2,687	278	227	182	12,077	6,810	3,572	1,695
30 ～ 50 (18)	2,269	1,964	305	165	125	10,987	6,678	2,652	1,657
50 ～ 80 (19)	1,752	1,390	362	124	93	10,549	6,667	2,043	1,839
80 ～ 100 (20)	1,425	1,174	251	84	60	10,807	7,606	1,501	1,700
100 頭 以 上 (21)	1,289	805	484	81	49	10,155	6,758	1,181	2,216
東　　　　　北 (22)	2,366	2,140	226	245	206	11,225	6,077	3,249	1,899
北　　　　　陸 (23)	2,430	1,716	714	146	72	12,378	8,737	2,169	1,472
関　東　・　東　山 (24)	2,037	1,623	414	150	114	10,771	6,711	2,296	1,764
東　　　　　海 (25)	2,084	1,561	523	64	23	12,040	8,047	1,775	2,218
近　　　　　畿 (26)	2,735	2,336	399	173	134	10,973	6,945	2,703	1,325
中　　　　　国 (27)	2,093	1,756	337	121	82	11,516	7,978	2,292	1,246
四　　　　　国 (28)	2,317	2,150	167	231	205	10,127	6,317	2,828	982
九　　　　　州 (29)	1,925	1,647	278	184	132	10,836	6,365	2,477	1,994

単位：円

副産物価額			生産費 (副産物価額差引)	支払利子	支払地代	支払利子・地代算入生産費	自己資本利子	自作地地代	資本利子・地代全額算入生産費 (全算入生産費)	
計	子牛	きゅう肥								
(49)	(50)	(51)	(52)	(53)	(54)	(55)	(56)	(57)	(58)	
1,938	1,734	204	8,353	39	59	8,451	274	156	8,881	(1)
1,955	1,482	473	11,582	15	126	11,723	265	176	12,164	(2)
1,903	1,623	280	10,230	22	122	10,374	259	136	10,769	(3)
1,819	1,603	216	9,105	23	77	9,205	244	144	9,593	(4)
1,972	1,746	226	8,070	44	53	8,167	274	204	8,645	(5)
2,009	1,796	213	8,072	42	47	8,161	276	172	8,609	(6)
1,954	1,814	140	7,609	47	41	7,697	291	127	8,115	(7)
2,215	1,975	240	7,480	56	53	7,589	272	234	8,095	(8)
3,096	2,217	879	10,141	62	145	10,348	240	587	11,175	(9)
3,006	2,452	554	9,544	37	237	9,818	337	452	10,607	(10)
2,481	2,135	346	8,310	50	79	8,439	248	293	8,980	(11)
2,220	1,946	274	7,507	57	49	7,613	268	302	8,183	(12)
2,220	1,938	282	7,509	54	57	7,620	283	242	8,145	(13)
2,110	1,950	160	7,157	58	41	7,256	275	165	7,696	(14)
1,612	1,451	161	9,372	18	66	9,456	276	64	9,796	(15)
1,820	1,395	425	11,754	10	124	11,888	268	127	12,283	(16)
1,753	1,510	243	10,324	20	106	10,450	248	93	10,791	(17)
1,503	1,350	153	9,484	11	76	9,571	241	73	9,885	(18)
1,573	1,425	148	8,976	22	59	9,057	283	46	9,386	(19)
1,570	1,501	69	9,237	15	26	9,278	261	26	9,565	(20)
1,641	1,540	101	8,514	24	41	8,579	324	51	8,954	(21)
1,482	1,204	278	9,743	25	125	9,893	252	110	10,255	(22)
1,658	1,388	270	10,720	59	102	10,881	200	108	11,189	(23)
1,669	1,517	152	9,102	18	65	9,185	278	69	9,532	(24)
1,746	1,662	84	10,294	27	12	10,333	275	39	10,647	(25)
1,535	1,383	152	9,438	1	40	9,479	191	57	9,727	(26)
1,600	1,484	116	9,916	26	54	9,996	251	17	10,264	(27)
1,507	1,393	114	8,620	12	64	8,696	205	43	8,944	(28)
1,494	1,335	159	9,342	25	75	9,442	266	72	9,780	(29)

1 牛乳生産費（続き）
(6) 流通飼料及び牧草の使用数量と価額（搾乳牛1頭当たり）

ア 全国

区分	平均 数量	平均 価額	20頭未満 数量	20頭未満 価額	20～30 数量	20～30 価額
	(1) kg	(2) 円	(3) kg	(4) 円	(5) kg	(6) 円
流通飼料費合計 (1)	…	319,092	…	339,057	…	376,134
購入飼料費計 (2)	…	316,818	…	336,041	…	373,215
穀類 小計 (3)	…	9,897	…	7,722	…	5,444
大麦 (4)	27.5	1,311	91.2	4,749	19.6	869
そ の 他 の 麦 (5)	1.0	27	-	-	-	-
とうもろこし (6)	160.2	7,139	61.4	2,932	89.4	3,718
大豆 (7)	10.0	804	0.1	12	4.1	404
飼料用米 (8)	-	-	-	-	-	-
その他 (9)	…	616	…	29	…	453
ぬか・ふすま類 小計 (10)	…	387	…	748	…	742
ふすま (11)	9.8	371	17.6	748	22.2	742
米・麦ぬか (12)	0.3	16	-	-	-	-
その他 (13)	…	-	…	-	…	-
植物性かす類 小計 (14)	…	18,686	…	19,978	…	19,072
大豆油かす (15)	44.4	3,359	21.1	1,881	26.8	2,216
ビートパルプ (16)	231.5	10,772	315.3	16,861	267.7	13,597
その他 (17)	…	4,555	…	1,236	…	3,259
配合飼料 (18)	2,604.0	149,191	2,773.5	170,958	2,657.9	159,790
T M R (19)	1,527.9	46,256	206.1	8,483	928.0	40,693
牛乳・脱脂乳 (20)	…	6,855	…	5,440	…	7,934
いも類及び野菜類 (21)	1.4	32	-	-	-	-
わら類その他 小計 (22)	…	154	…	851	…	186
稲わら (23)	9.3	153	39.9	851	12.9	186
その他 (24)	…	1	…	-	…	-
生牧草 (25)	-	-	-	-	-	-
乾牧草 小計 (26)	…	51,404	…	99,542	…	108,600
まめ科・ヘイキューブ (27)	91.0	5,458	220.7	14,412	235.2	13,974
その他 (28)	…	45,946	…	85,130	…	94,626
サイレージ 小計 (29)	…	12,578	…	3,720	…	6,693
いね科 (30)	191.3	2,903	237.3	2,943	341.7	5,521
うち稲発酵粗飼料 (31)	87.6	1,046	222.1	2,548	314.1	4,865
その他 (32)	…	9,675	…	777	…	1,172
その他 (33)	…	21,378	…	18,599	…	24,061
自給飼料費計 (34)	…	2,274	…	3,016	…	2,919
牛乳・脱脂乳 (35)	…	2,217	…	2,301	…	2,776
稲わら (36)	3.2	57	38.6	715	9.3	143
その他 (37)	…	-	…	-	…	-

30 ～ 50		50 ～ 80		80 ～ 100		100 頭 以 上		
数 量	価 額	数 量	価 額	数 量	価 額	数 量	価 額	
(7)	(8)	(9)	(10)	(11)	(12)	(13)	(14)	
kg	円	kg	円	kg	円	kg	円	
…	337,702	…	288,333	…	319,617	…	317,002	(1)
…	335,458	…	286,106	…	318,054	…	314,650	(2)
…	7,156	…	5,960	…	14,592	…	13,450	(3)
29.0	1,537	20.2	959	9.8	335	31.2	1,420	(4)
1.2	75	3.4	57	－	－	－	－	(5)
111.1	4,920	88.7	4,096	245.2	11,013	229.8	10,162	(6)
7.8	624	4.9	537	18.8	1,032	13.8	1,169	(7)
－	－	－	－	－	－	－	－	(8)
…		…	311	…	2,212	…	699	(9)
…	694	…	154	…	149	…	357	(10)
17.9	685	4.0	154	0.6	26	9.4	357	(11)
0.2	9	－	－	2.5	123	0.0	0	(12)
…	－	…	－	…	－			(13)
…	14,108	…	14,869	…	22,534	…	22,068	(14)
17.3	1,421	22.0	1,414	42.9	2,786	80.0	6,248	(15)
225.6	10,951	257.9	11,685	295.4	12,901	178.2	8,075	(16)
…	1,736	…	1,770	…	6,847	…	7,745	(17)
2,704.4	163,997	2,525.9	147,540	2,561.3	148,368	2,588.5	138,333	(18)
1,033.8	41,178	1,307.8	38,380	1,575.6	57,677	2,186.7	55,954	(19)
…	7,231	…	6,248	…	7,545	…	6,810	(20)
－	－	6.0	136	－	－	－	－	(21)
…	280	…	61	…	333	…	－	(22)
25.5	277	3.5	61	10.8	325	－	－	(23)
…	3	…	－	…	8			(24)
								(25)
…	74,770	…	47,822	…	39,281	…	29,414	(26)
94.6	5,696	86.3	5,268	40.4	2,276	67.0	3,867	(27)
…	69,074	…	42,554	…	37,005	…	25,547	(28)
…	5,565	…	5,370	…	4,123	…	26,065	(29)
313.2	4,973	171.5	2,175	114.8	3,167	134.3	1,750	(30)
137.1	1,619	87.5	776	39.5	876	20.2	101	(31)
…	592	…	3,195	…	956	…	24,315	(32)
…	20,479	…	19,566	…	23,452	…	22,199	(33)
…	2,244	…	2,227	…	1,563	…	2,352	(34)
…	2,154	…	2,224	…	1,563	…	2,352	(35)
4.8	90	0.1	3	－	－	－	－	(36)
…	－	…	－	…	－	…	－	(37)

1　牛乳生産費（続き）

(6)　流通飼料及び牧草の使用数量と価額（搾乳牛１頭当たり）（続き）

ア　全国（続き）

区分		平均		20 頭 未 満		20 ～ 30	
		数量	価額	数量	価額	数量	価額
		(1) kg	(2) 円	(3) kg	(4) 円	(5) kg	(6) 円
牧 草 ・ 放 牧 ・ 採 草 費 合 計	(38)	…	73,063	…	62,497	…	62,366
い ね 科 牧 草	(39)	…	26,619	…	36,909	…	40,441
デ ン ト コ ー ン	(40)	…	18,265	…	19,688	…	16,749
生 牧 草	(41)	-	…	-	…	-	…
乾 牧 草	(42)	-	…	-	…	-	…
サ イ レ ー ジ	(43)	2,028.3	…	1,800.6	…	1,806.5	…
イ タ リ ア ン ラ イ グ ラ ス	(44)	…	3,752	…	7,806	…	8,903
生 牧 草	(45)	9.5	…	106.0	…	-	…
乾 牧 草	(46)	14.5	…	2.9	…	99.8	…
サ イ レ ー ジ	(47)	230.4	…	353.2	…	593.4	…
ソ ル ゴ ー	(48)	…	477	…	1,243	…	864
生 牧 草	(49)	8.1	…	101.1	…	-	…
乾 牧 草	(50)	2.1	…	-	…	-	…
サ イ レ ー ジ	(51)	28.3	…	37.6	…	72.6	…
稲 発 酵 粗 飼 料	(52)	20.8	649	43.5	1,572	126.5	5,502
そ の 他	(53)	…	3,476	…	6,600	…	8,423
ま ぜ ま き	(54)	…	45,263	…	25,184	…	21,588
い ね 科 を 主 と す る も の	(55)	…	44,841	…	22,975	…	21,588
生 牧 草	(56)	-	…	-	…	-	…
乾 牧 草	(57)	192.8	…	345.3	…	207.5	…
サ イ レ ー ジ	(58)	4,024.8	…	739.8	…	1,343.2	…
そ の 他	(59)	…	422	…	2,210	…	-
そ の 他	(60)	…	13	…	-	…	-
穀 類	(61)	-	-	-	-	-	-
い も 類 及 び 野 菜 類	(62)	-	-	-	-	-	-
野 生 草	(63)	2.5	73	-	-	-	-
野 乾 草	(64)	0.1	4	-	-	-	-
放 牧 場 費	(65)	269.2	1,091	112.5	404	165.6	337

注：放牧場費の数量の単位は「時間」である。

30 ～ 50		50 ～ 80		80 ～ 100		100 頭 以 上		
数 量	価 額	数 量	価 額	数 量	価 額	数 量	価 額	
(7)	(8)	(9)	(10)	(11)	(12)	(13)	(14)	
kg	円	kg	円	kg	円	kg	円	
…	65,513	…	87,392	…	85,592	…	66,353	(38)
…	30,979	…	27,188	…	28,814	…	19,431	(39)
…	19,291	…	20,420	…	21,390	…	15,336	(40)
−	…	−	…	−	…	−	…	(41)
−	…	−	…	−	…	−	…	(42)
2,079.7	…	1,969.7	…	2,603.6	…	1,915.2	…	(43)
…	5,758	…	3,439	…	849	…	2,464	(44)
16.6	…	−	…	−	…	5.3	…	(45)
18.9	…	−	…	35.3	…	0.5	…	(46)
313.1	…	151.1	…	42.1	…	222.7	…	(47)
…	622	…	173	…	495	…	435	(48)
20.6	…	−	…	−	…	−	…	(49)
−	…	−	…	17.5	…	−	…	(50)
23.5	…	16.5	…	−	−	39.1	…	(51)
35.0	740	15.7	345	4.7	47	−	−	(52)
…	4,567	…	2,811	…	6,033	…	1,197	(53)
…	32,483	…	58,092	…	55,248	…	46,679	(54)
…	31,283	…	57,635	…	55,248	…	46,679	(55)
−	…	−	…	−	…	−	…	(56)
272.0	…	293.4	…	107.7	…	91.9	…	(57)
2,056.9	…	4,541.7	…	4,558.2	…	5,408.0	…	(58)
…	1,200	…	457	…	−	…	−	(59)
…	−	…	56	…	−	…	−	(60)
−	−	−	−	−	−	−	−	(61)
−	−	−	−	−	−	−	−	(62)
13.5	404	−	−	−	−	−	−	(63)
0.6	23	−	−	−	−	−	−	(64)
365.9	1,624	540.1	2,056	284.6	1,530	70.8	243	(65)

1 牛乳生産費（続き）

(6) 流通飼料及び牧草の使用数量と価額（搾乳牛1頭当たり）（続き）

イ 北海道

区　　分		平　　均		20 頭 未 満		20 ～ 30	
		数　量	価　額	数　量	価　額	数　量	価　額
		(1)	(2)	(3)	(4)	(5)	(6)
		kg	円	kg	円	kg	円
流 通 飼 料 費 合 計	(1)	…	241,568	…	215,126	…	189,814
購 入 飼 料 費 計	(2)	…	239,017	…	213,490	…	187,281
穀　　　　　　　　　　類 小　　　　　　　計	(3)	…	9,930	…	2,297	…	6,488
大　　　　　麦	(4)	6.6	305	－	－	－	－
そ　の　他　の　麦	(5)	－	－	－	－	－	－
と　う　も　ろ　こ　し	(6)	193.4	8,826	45.2	2,297	73.8	3,431
大　　　　　豆	(7)	8.3	633	－	－	20.5	1,953
飼　　料　　用　　米	(8)	－	－	－	－	－	－
そ　　　　　の　　　　　他	(9)	…	166	…	－	…	1,104
ぬ か ・ ふ す ま 類 小　　　　　　　計	(10)	…	359	…	－	…	－
ふ　　　す　　　ま	(11)	8.4	332	－	－	－	－
米　・　麦　ぬ　か	(12)	0.5	27	－	－	－	－
そ　　　　　の　　　　　他	(13)	－	－	…	－	…	－
植 物 性 か す 類 小　　　　　　　計	(14)	…	21,408	…	28,285	…	22,525
大　豆　油　か　す	(15)	59.3	4,688	32.2	3,421	7.8	865
ビ　ー　ト　パ　ル　プ	(16)	266.6	11,731	532.0	23,690	468.2	20,518
そ　　　　　の　　　　　他	(17)	…	4,989	…	1,174	…	1,142
配　　　　合　　　　飼　　　　料	(18)	2,162.8	123,345	2,632.0	149,503	2,028.7	120,528
Ｔ　　　　　　Ｍ　　　　　　Ｒ	(19)	2,105.9	53,497	－	－	507.9	10,584
牛　乳　・　脱　脂　乳	(20)	…	4,985	…	3,756	…	5,963
い　も　類　及　び　野　菜　類	(21)	2.6	59	－	－	－	－
わ ら 類 そ の 他 小　　　　　　　計	(22)	…	5	…	－	…	－
稲　　　　　わ　　　　　ら	(23)	－	－	－	－	－	－
そ　　　　　の　　　　　他	(24)	…	－	…	－	…	－
生　　　　　　牧　　　　　　草	(25)	－	－	－	－	－	－
乾　　　　牧　　　　草 小　　　　　　　計	(26)	…	3,977	…	8,094	…	3,684
ま　め科・ヘイキューブ	(27)	14.3	867	16.8	1,182	2.8	191
そ　　　　　の　　　　　他	(28)	…	3,110	…	6,912	…	3,493
サ　　イ　　レ　　ー　　ジ 小　　　　　　　計	(29)	…	4,817	…	6,477	…	5,346
い　　　　　ね　　　　　科	(30)	112.6	1,768	137.5	3,577	－	－
う　ち　稲　発　酵　粗　飼　料	(31)	－	－	－	－	－	－
そ　　　　　の　　　　　他	(32)	…	3,049	…	2,900	…	5,346
そ　　　　　　の　　　　　　他	(33)	…	16,640	…	15,078	…	12,163
自 給 飼 料 費 計	(34)	…	2,551	…	1,636	…	2,533
牛　乳　・　脱　脂　乳	(35)	…	2,551	…	1,636	…	2,533
稲　　　　　わ　　　　　ら	(36)	－	－	－	－	－	－
そ　　　　　の　　　　　他	(37)	…	－	…	－	…	－

30 ～ 50		50 ～ 80		80 ～ 100		100 頭 以 上		
数 量	価 額	数 量	価 額	数 量	価 額	数 量	価 額	
(7)	(8)	(9)	(10)	(11)	(12)	(13)	(14)	
kg	円	kg	円	kg	円	kg	円	
…	213,558	…	220,717	…	241,325	…	264,209	(1)
…	210,293	…	217,807	…	239,978	…	261,636	(2)
…	3,652	…	4,892	…	12,768	…	13,982	(3)
2.9	119	10.0	444	3.1	160	7.0	334	(4)
-	-	-	-	-	-	-	-	(5)
71.0	3,163	76.0	3,580	255.2	11,848	283.9	12,833	(6)
6.8	370	4.3	535	4.1	372	12.3	815	(7)
-	-	-	-	-	-	-	-	(8)
…	-	…	333	…	388	…	-	(9)
…	715	…	193	…	216	…	437	(10)
17.7	715	5.0	193	0.8	38	11.1	437	(11)
-	-	-	-	3.6	178	0.0	0	(12)
…		…	-	…		…	-	(13)
…	16,789	…	17,110	…	19,067	…	25,883	(14)
18.8	1,444	18.0	1,352	30.9	2,794	107.5	8,400	(15)
312.1	14,071	305.6	13,454	249.0	11,180	224.1	9,690	(16)
…	1,274	…	2,304	…	5,093	…	7,793	(17)
2,177.7	126,701	2,323.1	133,849	2,330.5	133,090	1,998.5	112,251	(18)
1,457.6	36,580	1,428.9	32,138	1,674.1	44,524	2,939.2	76,759	(19)
…	3,517	…	4,023	…	5,208	…	5,873	(20)
-	-	9.6	216	…		…	-	(21)
…	-	…	-	…	-	…	-	(22)
-	-	-	-	-	-	-	-	(23)
…	-	…	-	…	-	…	-	(24)
-		-		-		-		(25)
…	6,211	…	2,732	…	4,236	…	4,008	(26)
15.3	1,117	11.0	754	20.7	1,458	14.2	689	(27)
…	5,094	…	1,978	…	2,778	…	3,319	(28)
…	1,982	…	6,946	…	4,411	…	4,324	(29)
94.3	1,431	127.6	1,895	109.3	3,324	112.8	1,276	(30)
-	-	-	-	-	-	-	-	(31)
…	551	…	5,051	…	1,087	…	3,048	(32)
…	14,146	…	15,708	…	16,458	…	18,119	(33)
…	3,265	…	2,910	…	1,347	…	2,573	(34)
…	3,265	…	2,910	…	1,347	…	2,573	(35)
-	-	-	-	-	-	-	-	(36)
…	-	…	-	…	-	…	-	(37)

1　牛乳生産費（続き）

(6)　流通飼料及び牧草の使用数量と価額（搾乳牛１頭当たり）（続き）

イ　北海道（続き）

区分	平均 数量 (1) kg	平均 価額 (2) 円	20頭未満 数量 (3) kg	20頭未満 価額 (4) 円	20～30 数量 (5) kg	20～30 価額 (6) 円
牧草・放牧・採草費合計 (38)	…	99,755	…	98,563	…	127,577
いね科牧草 (39)	…	22,460	…	19,260	…	36,396
デントコーン (40)	…	19,785	…	19,260	…	36,396
生牧草 (41)	-	…	-	…	-	…
乾牧草 (42)	-	…	-	…	-	…
サイレージ (43)	2,231.9	…	3,455.9	…	3,455.7	…
イタリアンライグラス (44)	…	-	…	-	…	-
生牧草 (45)	-	…	-	…	-	…
乾牧草 (46)	-	…	-	…	-	…
サイレージ (47)	-	…	-	…	-	…
ソルゴー (48)	…	74	…	-	…	-
生牧草 (49)	-	…	-	…	-	…
乾牧草 (50)	-	…	-	…	-	…
サイレージ (51)	7.1	…	…	…	…	…
稲発酵粗飼料 (52)	-	-	-	-	-	-
その他 (53)	…	2,600	…	-	…	-
まぜまき (54)	…	75,326	…	77,096	…	88,686
いね科を主とするもの (55)	…	75,101	…	77,096	…	88,686
生牧草 (56)	-	…	-	…	-	…
乾牧草 (57)	294.2	…	1,030.3	…	1,135.4	…
サイレージ (58)	6,917.7	…	3,560.8	…	3,565.5	…
その他 (59)	…	226	…	-	…	-
その他 (60)	…	-	…	-	…	-
穀類 (61)	-	-	-	-	-	-
いも類及び野菜類 (62)	-	-	-	-	-	-
野生草 (63)	-	-	-	-	-	-
野乾草 (64)	-	-	-	-	-	-
放牧場費 (65)	489.1	1,969	1,005.1	2,207	1,227.1	2,495

注：放牧場費の数量の単位は「時間」である。

30 ～ 50		50 ～ 80		80 ～ 100		100 頭 以 上		
数 量	価 額	数 量	価 額	数 量	価 額	数 量	価 額	
(7)	(8)	(9)	(10)	(11)	(12)	(13)	(14)	
kg	円	kg	円	kg	円	kg	円	
…	106,762	…	111,169	…	115,172	…	84,645	(38)
…	25,441	…	23,322	…	35,768	…	16,176	(39)
…	22,331	…	19,921	…	27,014	…	15,983	(40)
−	…	−	…	−	…	−	…	(41)
−	…	−	…	−	…	−	…	(42)
2,546.1	…	2,101.3	…	2,920.9	…	1,927.5	…	(43)
…	−	…	−	…	−	…	−	(44)
−	…	−	…	−	…	−	…	(45)
−	…	−	…	−	…	−	…	(46)
−	…	−	…	−	…	−	…	(47)
…	−	…	274	…	−	…	−	(48)
−	…	−	…	−	…	−	…	(49)
−	…	−	…	−	…	−	…	(50)
−	…	26.2	…	−	…	−	…	(51)
−	−	−	−	−	−	−	−	(52)
…	3,110	…	3,127	…	8,754	…	193	(53)
…	76,629	…	84,586	…	77,184	…	68,114	(54)
…	76,377	…	83,860	…	77,184	…	68,114	(55)
−	…	…	…	…	…	…	…	(56)
732.5	…	374.2	…	152.0	…	134.1	…	(57)
5,028.1	…	6,875.8	…	6,128.5	…	7,891.4	…	(58)
…	252	…	725	…	−	…	−	(59)
…	−	…	−	…	−	…	−	(60)
−	−	−	−	−	−	−	−	(61)
−	−	−	−	−	−	−	−	(62)
−	−	−	−	−	−	−	−	(63)
−	−	−	−	−	−	−	−	(64)
1,057.3	4,692	856.8	3,261	413.0	2,220	103.2	355	(65)

1 牛乳生産費（続き）

(6) 流通飼料及び牧草の使用数量と価額（搾乳牛１頭当たり）（続き）

ウ 都府県

区分		平均 数量	平均 価額	20頭未満 数量	20頭未満 価額	20～30 数量	20～30 価額
		(1) kg	(2) 円	(3) kg	(4) 円	(5) kg	(6) 円
流 通 飼 料 費 合 計	(1)	…	413,962	…	354,429	…	405,202
購 入 飼 料 費 計	(2)	…	412,027	…	351,241	…	402,222
穀 類 小 計	(3)	…	9,858	…	8,396	…	5,282
大 麦	(4)	53.1	2,542	102.5	5,338	22.7	1,005
そ の 他 の 麦	(5)	2.3	61	－	－	－	－
と う も ろ こ し	(6)	119.6	5,075	63.4	3,011	91.9	3,763
大 豆	(7)	12.0	1,013	0.1	14	1.5	162
飼 料 用 米	(8)	－	－	－	－	－	－
そ の 他	(9)	…	1,167	…	33	…	352
ぬ か ・ ふ す ま 類 小 計	(10)	…	423	…	841	…	857
ふ す ま	(11)	11.6	419	19.8	841	25.7	857
米 ・ 麦 ぬ か	(12)	0.1	4	…	－	…	－
そ の 他	(13)	－	－	…	－	…	－
植 物 性 か す 類 小 計	(14)	…	15,354	…	18,948	…	18,533
大 豆 油 か す	(15)	26.1	1,732	19.8	1,690	29.7	2,427
ビ ー ト パ ル プ	(16)	188.6	9,598	288.4	16,014	236.4	12,517
そ の 他	(17)	…	4,024	…	1,244	…	3,589
配 合 飼 料	(18)	3,143.8	180,818	2,791.1	173,619	2,756.0	165,916
T M R	(19)	820.6	37,396	231.7	9,535	993.6	45,391
牛 乳 ・ 脱 脂 乳	(20)	…	9,144	…	5,648	…	8,241
い も 類 及 び 野 菜 類	(21)	－	－	－	－	－	－
わ ら 類 そ の 他 小 計	(22)	…	343	…	956	…	215
稲 わ ら	(23)	20.7	340	44.8	956	14.9	215
そ の 他	(24)	…	3	…	－	…	－
生 牧 草	(25)	－	－	－	－	－	－
乾 牧 草 小 計	(26)	…	109,440	…	110,884	…	124,968
ま め 科 ・ ヘ イ キ ュ ー ブ	(27)	184.9	11,076	246.0	16,053	271.5	16,124
そ の 他	(28)	…	98,364	…	94,831	…	108,844
サ イ レ ー ジ 小 計	(29)	…	22,075	…	3,378	…	6,902
い ね 科	(30)	287.5	4,292	249.7	2,865	395.0	6,382
う ち 稲 発 酵 粗 飼 料	(31)	194.8	2,327	249.7	2,865	363.1	5,624
そ の 他	(32)	…	17,783	…	513	…	520
そ の 他	(33)	…	27,176	…	19,036	…	25,917
自 給 飼 料 費 計	(34)	…	1,935	…	3,188	…	2,980
牛 乳 ・ 脱 脂 乳	(35)	…	1,807	…	2,384	…	2,814
稲 わ ら	(36)	7.0	128	43.4	804	10.7	166
そ の 他	(37)	…	－	－	－	…	－

30 ～ 50		50 ～ 80		80 ～ 100		100 頭 以 上		
数 量	価 額	数 量	価 額	数 量	価 額	数 量	価 額	
(7)	(8)	(9)	(10)	(11)	(12)	(13)	(14)	
kg	円	kg	円	kg	円	kg	円	
…	403,387	…	403,658	…	493,235	…	431,974	(1)
…	401,683	…	402,597	…	491,193	…	430,105	(2)
…	9,010	…	7,778	…	18,639	…	12,295	(3)
42.8	2,288	37.6	1,837	24.8	725	84.1	3,787	(4)
1.8	115	9.1	154	－	－	－	－	(5)
132.3	5,849	110.5	4,974	223.1	9,162	112.1	4,345	(6)
8.3	758	5.9	540	51.3	2,495	17.2	1,941	(7)
－	－	－	－	－	－	－	－	(8)
…	－	…	273	…	6,257	…	2,222	(9)
…	682	…	87	…	－	…	183	(10)
18.0	669	2.4	87	－	－	5.7	183	(11)
0.4	13	－	－	－	－	－	－	(12)
…	－	…	－	…	－	…	－	(13)
…	12,691	…	11,046	…	30,225	…	13,760	(14)
16.5	1,409	28.9	1,519	69.5	2,771	20.1	1,561	(15)
179.8	9,301	176.6	8,667	398.4	16,717	78.3	4,558	(16)
…	1,981	…	860	…	10,737	…	7,641	(17)
2,983.0	183,730	2,871.7	170,892	3,072.9	182,246	3,873.5	195,133	(18)
809.5	43,610	1,101.2	49,027	1,357.2	86,843	547.8	10,646	(19)
…	9,196	…	10,045	…	12,729	…	8,851	(20)
－	－	－	－	－	－	－	－	(21)
…	428	…	166	…	1,073	…	－	(22)
38.9	424	9.6	166	34.9	1,047	－	－	(23)
…	4	…	－	…	26	…	－	(24)
－	－	－	－	－	－	－	－	(25)
…	111,046	…	124,729	…	116,994	…	84,741	(26)
136.5	8,119	214.6	12,966	83.9	4,091	181.8	10,787	(27)
…	102,927	…	111,763	…	112,903	…	73,954	(28)
…	7,460	…	2,680	…	3,484	…	73,412	(29)
429.0	6,846	246.4	2,651	127.1	2,818	181.1	2,784	(30)
209.6	2,476	236.8	2,098	127.1	2,818	64.1	320	(31)
…	614	…	29	…	666	…	70,628	(32)
…	23,830	…	26,147	…	38,960	…	31,084	(33)
…	1,704	…	1,061	…	2,042	…	1,869	(34)
…	1,566	…	1,053	…	2,042	…	1,869	(35)
7.3	138	0.2	8	－	－	－	－	(36)
…		…		…		…		(37)

1 牛乳生産費（続き）

(6) 流通飼料及び牧草の使用数量と価額（搾乳牛1頭当たり）（続き）

ウ 都府県（続き）

区　分		平　　均		20 頭 未 満		20 ～ 30	
		数　量	価　額	数　量	価　額	数　量	価　額
		(1)	(2)	(3)	(4)	(5)	(6)
		kg	円	kg	円	kg	円
牧 草・放 牧・採 草 費 合 計	(38)	…	40,398	…	58,023	…	52,193
い ね 科 牧 草	(39)	…	31,708	…	39,098	…	41,073
デ ン ト コ ー ン	(40)	…	16,404	…	19,741	…	13,684
生 牧 草	(41)	-	…	-	…	-	…
乾 牧 草	(42)	-	…	-	…	-	…
サ イ レ ー ジ	(43)	1,779.1	…	1,595.2	…	1,549.2	…
イ タ リ ア ン ラ イ グ ラ ス	(44)	…	8,343	…	8,774	…	10,292
生 牧 草	(45)	21.1	…	119.2	…	-	…
乾 牧 草	(46)	32.2	…	3.3	…	115.4	…
サ イ レ ー ジ	(47)	512.3	…	397.0	…	686.0	…
ソ ル ゴ ー	(48)	…	969	…	1,397	…	999
生 牧 草	(49)	18.1	…	113.6	…	-	…
乾 牧 草	(50)	4.7	…	-	…	-	…
サ イ レ ー ジ	(51)	54.3	…	42.3	…	83.9	…
稲 発 酵 粗 飼 料	(52)	46.2	1,444	48.9	1,766	146.2	6,360
そ の 他	(53)	…	4,548	…	7,419	…	9,737
ま ぜ ま き	(54)	…	8,474	…	18,745	…	11,120
い ね 科 を 主 と す る も の	(55)	…	7,812	…	16,262	…	11,120
生 牧 草	(56)	-	…	-	…	-	…
乾 牧 草	(57)	68.8	…	260.3	…	62.8	…
サ イ レ ー ジ	(58)	484.8	…	389.9	…	996.5	…
そ の 他	(59)	…	662	…	2,484	…	-
そ の 他	(60)	…	29	…	-	…	-
穀 類	(61)	-	-	-	-	-	-
い も 類 及 び 野 菜 類	(62)	-	-	-	-	-	-
野 生 草	(63)	5.5	163	-	-	-	-
野 乾 草	(64)	0.3	9	-	-	-	-
放 牧 場 費	(65)	0.2	15	1.8	180	-	-

注：放牧場費の数量の単位は「時間」である。

| 30 ～ 50 | | 50 ～ 80 | | 80 ～ 100 | | 100 頭 以 上 | | |
数 量	価 額	数 量	価 額	数 量	価 額	数 量	価 額	
(7)	(8)	(9)	(10)	(11)	(12)	(13)	(14)	
kg	円	kg	円	kg	円	kg	円	
...	43,688	...	46,837	...	19,996	...	26,522	(38)
...	33,910	...	33,781	...	13,393	...	26,522	(39)
...	17,683	...	21,271	...	8,919	...	13,928	(40)
-	...	-	...	-	...	-	...	(41)
-	...	-	...	-	...	-	...	(42)
1,833.0	...	1,745.2	...	1,900.1	...	1,888.4	...	(43)
...	8,804	...	9,304	...	2,730	...	7,829	(44)
25.4	...	-	...	-	...	16.8	...	(45)
28.9	...	-	...	113.4	...	1.7	...	(46)
478.7	...	408.8	...	135.6	...	707.6	...	(47)
...	952	...	-	...	1,592	...	1,381	(48)
31.5	...	-	...	-	...	-	...	(49)
-	...	-	...	56.4	...	-	...	(50)
36.0	...	-	...	-	...	124.1	...	(51)
53.5	1,132	42.5	934	15.2	153	-	-	(52)
...	5,339	...	2,272	...	-	...	3,384	(53)
...	9,125	...	12,905	...	6,603	...	-	(54)
...	7,423	...	12,905	...	6,603	...	-	(55)
-	...	-	...	-	...	-	...	(56)
28.3	...	155.7	...	9.2	...	-	...	(57)
484.8	...	560.6	...	1,076.1	...	-	...	(58)
...	1,702	...	-	...	-	...	-	(59)
...	-	...	151	...	-	...	-	(60)
-	-	-	-	-	-	-	-	(61)
-	-	-	-	-	-	-	-	(62)
20.7	618	-	-	-	-	-	-	(63)
1.0	35	-	-	-	-	-	-	(64)
-	-	-	-	-	-	-	-	(65)

1　牛乳生産費（続き）
(6)　流通飼料及び牧草の使用数量と価額（搾乳牛１頭当たり）（続き）

エ　全国農業地域別

区分		東北 数量	東北 価額	北陸 数量	北陸 価額	関東・東山 数量	関東・東山 価額
		(1) kg	(2) 円	(3) kg	(4) 円	(5) kg	(6) 円
流通飼料費合計	(1)	…	345,120	…	512,291	…	415,538
購入飼料費計	(2)	…	342,286	…	511,515	…	412,933
穀類　小計	(3)	…	4,667	…	6,105	…	9,174
大麦	(4)	51.3	2,944	-	-	40.3	1,805
その他の麦	(5)	3.0	191	-	-	4.9	71
とうもろこし	(6)	24.0	1,176	123.2	6,105	123.9	5,154
大豆	(7)	1.8	194	-	-	14.7	855
飼料用米	(8)	-	-	-	-	-	-
その他	(9)	…	162	-	-	…	1,289
ぬか・ふすま類　小計	(10)	…	509	…	537	…	477
ふすま	(11)	13.6	509	14.4	537	12.2	477
米・麦ぬか	(12)	-	-	-	-	-	-
その他	(13)	…	-	…	-	…	-
植物性かす類　小計	(14)	…	13,635	…	12,392	…	12,132
大豆油かす	(15)	6.2	528	-	-	18.1	1,084
ビートパルプ	(16)	222.3	11,698	206.0	11,760	168.0	8,742
その他	(17)	…	1,409		632		2,306
配合飼料	(18)	2,905.0	186,320	2,553.6	191,415	2,886.9	166,726
ＴＭＲ	(19)	757.8	39,779	-	-	895.0	46,030
牛乳・脱脂乳	(20)	…	5,252	…	6,998	…	9,722
いも類及び野菜類	(21)	-	-		-	-	-
わら類その他　小計	(22)	…	573	…	-	…	519
稲わら	(23)	31.2	573	-	-	25.9	509
その他	(24)	…	-		-	…	10
生牧草	(25)	-	-		-	-	-
乾牧草　小計	(26)	…	57,840	…	259,491	…	121,305
まめ科・ヘイキューブ	(27)	109.4	7,645	1,456.5	84,817	323.6	19,247
その他	(28)	…	50,195		174,674	…	102,058
サイレージ　小計	(29)	…	6,084	…	-	…	22,368
いね科	(30)	459.5	5,315	-	-	231.5	3,873
うち稲発酵粗飼料	(31)	423.8	4,617	-	-	109.6	1,762
その他	(32)	…	769	…	-	…	18,495
その他	(33)	…	27,627		34,577	…	24,480
自給飼料費計	(34)	…	2,834	…	776	…	2,605
牛乳・脱脂乳	(35)	…	2,423		776		2,529
稲わら	(36)	24.4	411	-	-	3.9	76
その他	(37)	…	-	…	-	…	-

東海 数量	東海 価額	近畿 数量	近畿 価額	中国 数量	中国 価額	四国 数量	四国 価額	九州 数量	九州 価額	
(7)	(8)	(9)	(10)	(11)	(12)	(13)	(14)	(15)	(16)	
kg	円	kg	円	kg	円	kg	円	kg	円	
…	484,028	…	446,316	…	495,033	…	436,067	…	351,725	(1)
…	482,975	…	445,649	…	491,692	…	435,267	…	351,221	(2)
…	1,958	…	14,270	…	52,182	…	14,995	…	9,983	(3)
2.5	106	3.8	201	265.2	11,032	254.4	12,102	36.4	1,563	(4)
-										(5)
19.3	845	224.5	12,168	623.1	24,110	75.9	2,893	154.5	6,617	(6)
11.0	1,007	0.3	37	61.4	6,700	-	-	17.8	1,803	(7)
-	-									(8)
-	-	…	1,864	…	10,340	…		-		(9)
…	24	…	1,651	…	432	…	-	…	837	(10)
-	-	51.2	1,651	13.1	432	-	-	24.5	837	(11)
0.7	24	-	-	-	-			-		(12)
…		…		…		…		…		(13)
…	13,023	…	9,313	…	32,201	…	17,031	…	26,483	(14)
2.6	205	13.2	963	113.1	8,812	84.5	7,171	61.1	3,972	(15)
43.5	2,050	94.8	4,068	247.2	13,391	163.5	9,153	369.5	19,176	(16)
…	10,768	…	4,282	…	9,998	…	707	…	3,335	(17)
4,220.2	224,292	3,037.9	176,960	2,718.7	160,144	3,473.1	232,004	2,685.5	166,072	(18)
989.8	48,209	773.4	41,828	377.4	16,967	-	-	470.5	8,053	(19)
…	10,225	…	10,892	…	6,038	…	7,127	…	11,915	(20)
-	-	-	-	-	-	-	-	-	-	(21)
…	142	…	177	…	426	…	1,119	…	187	(22)
2.8	142	14.2	177	42.6	426	37.3	1,119	25.0	181	(23)
…	-	…	-	…	-		-	…	6	(24)
										(25)
…	145,159	…	170,911	…	164,056	…	107,050	…	91,978	(26)
8.2	547	70.7	4,080	70.0	4,539	166.1	8,765	91.8	5,341	(27)
…	144,612	…	166,831	…	159,517	…	98,285	…	86,637	(28)
…	10,551	…	942	…	12,453	…	1,659	…	5,219	(29)
241.5	10,347	23.6	942	674.0	11,920	50.6	1,659	513.0	4,847	(30)
73.7	959	23.6	942	595.2	8,389	20.3	748	388.6	2,699	(31)
…	204	…	-	…	533	…	-	…	372	(32)
…	29,392	…	18,705	…	46,793	…	54,282	…	30,494	(33)
…	1,053	…	667	…	3,341	…	800	…	504	(34)
…	1,053	…	667	…	3,115	…	800	…	468	(35)
-	-	-	-	8.4	226	-	-	1.9	36	(36)
…	-	…	-	…	-	…	-	…	-	(37)

1 牛乳生産費（続き）

（6） 流通飼料及び牧草の使用数量と価額（搾乳牛１頭当たり）（続き）

エ 全国農業地域別（続き）

区　　　　分		東　　北		北　　陸		関東・東山	
		数　量	価　額	数　量	価　額	数　量	価　額
		(1)	(2)	(3)	(4)	(5)	(6)
		kg	円	kg	円	kg	円
牧草・放牧・採草費合計	(38)	…	68,509	…	27,341	…	44,174
いね科牧草	(39)	…	35,641	…	19,972	…	40,478
デントコーン	(40)	…	23,415	…	－	…	20,289
生牧草	(41)	－	…	－	…	－	－
乾牧草	(42)	－	…	－	…	－	－
サイレージ	(43)	1,682.8	…	－	…	2,382.1	…
イタリアンライグラス	(44)	…	4,632	…	2,442	…	11,767
生牧草	(45)	－	…	－	…	3.4	…
乾牧草	(46)	69.0	…	－	…	39.0	…
サイレージ	(47)	84.8	…	123.5	…	660.5	…
ソルゴー	(48)	…	－	…	－	…	996
生牧草	(49)	－	…	－	…	8.7	…
乾牧草	(50)	－	…	－	…	－	－
サイレージ	(51)	－	…	－	…	87.2	…
稲発酵粗飼料	(52)	38.0	1,374	330.7	7,302	21.7	332
その他	(53)	…	6,221	…	10,228	…	7,094
まぜまき	(54)	…	32,868	…	7,369	…	3,696
いね科を主とするもの	(55)	…	28,977	…	7,369	…	3,696
生牧草	(56)	－	…	－	…	－	…
乾牧草	(57)	414.3	…	－	…	－	…
サイレージ	(58)	1,407.5	…	510.8	…	323.2	…
その他	(59)	…	3,892	…	－	－	－
その他	(60)	…	…	…	…	…	…
穀類	(61)	－	－	－	－	－	－
いも類及び野菜類	(62)	－	－	－	－	－	－
野生草	(63)	－	－	－	－	－	－
野乾草	(64)	－	－	－	－	－	－
放牧場費	(65)						

注： 放牧場費の数量の単位は「時間」である。

東海		近畿		中国		四国		九州		
数　量	価　額	数　量	価　額	数　量	価　額	数　量	価　額	数　量	価　額	
(7) kg	(8) 円	(9) kg	(10) 円	(11) kg	(12) 円	(13) kg	(14) 円	(15) kg	(16) 円	
…	13,295	…	16,734	…	34,089	…	39,920	…	54,819	(38)
…	2,864	…	12,090	…	31,008	…	39,920	…	50,308	(39)
…	1,625	…	707	…	12,742	…	15,330	…	26,146	(40)
−	…	−	…	−	…	−	…	−	…	(41)
−	…	−	…	−	…	−	…	−	…	(42)
102.5	…	50.9	…	994.2	…	2,443.5	…	2,809.7	…	(43)
…	887	…	5,280	…	3,710	…	5,064	…	19,038	(44)
−	…	186.9	…	−	…	613.2	…	64.8	…	(45)
−	…	178.0	…	17.4	…	−	…	35.1	…	(46)
17.8	…	81.3	…	75.1	…	577.2	…	1,237.0	…	(47)
…	−	…	4,253	…	2,574	…	6,567	…	136	(48)
−	…	381.7	…	99.0	…	−	…	−	…	(49)
−	…	34.9	…	−	…	−	…	−	…	(50)
−	…	65.7	…	50.4	…	936.4	…	17.9	…	(51)
−	−	−	−	134.2	6,493	247.3	11,566	101.2	2,504	(52)
…	353	…	1,849	…	5,488	…	1,393	…	2,485	(53)
…	10,082	…	4,644	…	3,012	…	−	…	3,070	(54)
…	10,082	…	4,644	…	3,012	…	−	…	3,070	(55)
…	…	…	…	…	…	…	−	…	…	(56)
48.6	…	−	…	…	…	…	…	23.7	…	(57)
502.9	…	374.5	…	258.0	…	…	…	137.0	…	(58)
…		…		…		…		…	−	(59)
…		…		…		…		…	544	(60)
−		−		−		−		−	−	(61)
−	−	−	−	−	−	−	−	−	−	(62)
−	−	−	−	−	−	−	−	30.0	897	(63)
−	−	−	−	2.0	69	−	−	−	−	(64)
3.5	349	−	−	−	−	−	−	−	−	(65)

1 牛乳生産費（続き）
(7) 敷料の使用数量と価額（搾乳牛1頭当たり）

ア 全国

区　分		平　　均		20　頭　未　満		20　〜　30	
		数　量	価　額	数　量	価　額	数　量	価　額
		(1)	(2)	(3)	(4)	(5)	(6)
		kg	円	kg	円	kg	円
敷　料　費　合　計	(1)	…	9,834	…	7,026	…	7,612
購　入　敷　料							
購　入　敷　料　費　計	(2)	…	8,540	…	4,468	…	6,261
稲　　　わ　　　ら	(3)	21.4	362	76.0	1,256	100.1	1,665
お　　が　　く　　ず	(4)	545.3	4,680	315.1	2,153	339.1	2,542
麦　　　わ　　　ら	(5)	135.7	1,925	8.6	158	44.5	364
乾　　牧　　草	(6)	21.7	273	9.8	114	19.2	931
そ　　　の　　　他	(7)	…	1,300	…	787	…	759
自　給　敷　料							
自　給　敷　料　費　計	(8)	…	1,294	…	2,558	…	1,351
稲　　　わ　　　ら	(9)	8.7	138	99.8	1,399	31.9	586
お　　が　　く　　ず	(10)	−	−	−	−	−	−
麦　　　わ　　　ら	(11)	6.7	75	32.1	580	43.0	352
乾　　牧　　草	(12)	29.7	950	23.4	452	8.0	247
そ　　　の　　　他	(13)	…	131	…	127	…	166

イ 北海道

区　分		平　　均		20　頭　未　満		20　〜　30	
		数　量	価　額	数　量	価　額	数　量	価　額
		(1)	(2)	(3)	(4)	(5)	(6)
		kg	円	kg	円	kg	円
敷　料　費　合　計	(1)	…	9,137	…	11,832	…	8,936
購　入　敷　料							
購　入　敷　料　費　計	(2)	…	7,076	…	2,745	…	3,277
稲　　　わ　　　ら	(3)	6.7	151	−	−	−	−
お　　が　　く　　ず	(4)	150.1	1,901	−	−	0.3	13
麦　　　わ　　　ら	(5)	246.2	3,494	78.0	1,434	329.7	2,698
乾　　牧　　草	(6)	37.4	390	88.9	1,029	21.3	269
そ　　　の　　　他	(7)	…	1,140	…	282	…	297
自　給　敷　料							
自　給　敷　料　費　計	(8)	…	2,061	…	9,087	…	5,659
稲　　　わ　　　ら	(9)	−	−	−	−	−	−
お　　が　　く　　ず	(10)	−	−	−	−	−	−
麦　　　わ　　　ら	(11)	12.2	136	290.8	5,257	318.9	2,606
乾　　牧　　草	(12)	53.0	1,725	87.0	3,830	59.3	1,834
そ　　　の　　　他	(13)	…	200	…	−	…	1,219

30 ～ 50		50 ～ 80		80 ～ 100		100 頭 以 上		
数 量	価 額	数 量	価 額	数 量	価 額	数 量	価 額	
(7)	(8)	(9)	(10)	(11)	(12)	(13)	(14)	
kg	円	kg	円	kg	円	kg	円	
…	6,807	…	9,492	…	13,152	…	11,255	(1)
…	5,195	…	7,315	…	11,345	…	11,055	(2)
26.4	424	12.4	153	7.3	120	8.3	202	(3)
439.0	3,137	417.5	3,653	459.6	6,045	781.3	6,407	(4)
98.1	1,201	149.8	2,156	277.3	4,532	130.0	1,765	(5)
7.5	88	13.6	162	17.9	412	37.5	293	(6)
…	345	…	1,191	…	236	…	2,388	(7)
…	1,612	…	2,177	…	1,807	…	200	(8)
12.4	210	0.2	4	-	-	-	-	(9)
-	-	-	-	-	-	-	-	(10)
6.9	63	5.2	65	-	-	-	-	(11)
32.3	1,187	62.3	1,985	49.1	1,424	4.8	165	(12)
…	152	…	123	…	383	…	35	(13)

30 ～ 50		50 ～ 80		80 ～ 100		100 頭 以 上		
数 量	価 額	数 量	価 額	数 量	価 額	数 量	価 額	
(7)	(8)	(9)	(10)	(11)	(12)	(13)	(14)	
kg	円	kg	円	kg	円	kg	円	
…	8,575	…	9,208	…	10,986	…	8,563	(1)
…	4,551	…	5,854	…	8,364	…	8,272	(2)
4.9	49	-	-	5.6	105	12.1	295	(3)
47.7	625	162.8	1,411	63.7	893	206.8	2,985	(4)
280.6	3,434	237.6	3,420	402.4	6,576	189.7	2,575	(5)
21.7	255	21.6	257	26.0	598	54.8	428	(6)
…	188	…	766	…	192	…	1,989	(7)
…	4,024	…	3,354	…	2,622	…	291	(8)
-	-	-	-	-	-	-	-	(9)
-	-	-	-	-	-	-	-	(10)
20.0	182	8.3	104	-	-	-	-	(11)
93.3	3,430	98.8	3,149	71.3	2,067	7.0	240	(12)
…	412	…	101	…	555	…	51	(13)

1 牛乳生産費（続き）
（7） 敷料の使用数量と価額（搾乳牛1頭当たり）（続き）

ウ 都府県

区　分		平　　均		20 頭 未 満		20 ～ 30	
		数 量	価 額	数 量	価 額	数 量	価 額
		(1)	(2)	(3)	(4)	(5)	(6)
		kg	円	kg	円	kg	円
敷 料 費 合 計	(1)	…	10,691	…	6,430	…	7,407
購 入 敷 料 費							
購 入 敷 料 費 計	(2)	…	10,334	…	4,682	…	6,728
稲 わ ら	(3)	39.3	621	85.5	1,412	115.7	1,925
お が く ず	(4)	1,029.0	8,082	354.2	2,420	391.9	2,937
麦 わ ら	(5)	0.4	5	-	-	-	-
乾 牧 草	(6)	2.4	130	-	-	18.9	1,035
そ の 他	(7)	…	1,496	…	850	…	831
自 給 敷 料 費							
自 給 敷 料 費 計	(8)	…	357	…	1,748	…	679
稲 わ ら	(9)	19.4	307	112.1	1,572	36.9	678
お が く ず	(10)	-	-	-	-	-	-
麦 わ ら	(11)	-	-	-	-	-	-
乾 牧 草	(12)	1.3	3	15.6	33	-	-
そ の 他	(13)	…	47	…	143	…	1

エ 全国農業地域別

区　分		東　北		北　陸		関 東 ・ 東 山	
		数 量	価 額	数 量	価 額	数 量	価 額
		(1)	(2)	(3)	(4)	(5)	(6)
		kg	円	kg	円	kg	円
敷 料 費 合 計	(1)	…	8,317	…	2,991	…	7,201
購 入 敷 料 費							
購 入 敷 料 費 計	(2)	…	7,023	…	2,814	…	7,071
稲 わ ら	(3)	148.3	2,172	127.7	1,370	47.5	758
お が く ず	(4)	557.9	3,012	-	-	536.3	3,986
麦 わ ら	(5)	-	-	-	-	-	-
乾 牧 草	(6)	18.4	1,007	-	-	-	-
そ の 他	(7)	…	832	…	1,444	…	2,327
自 給 敷 料 費							
自 給 敷 料 費 計	(8)	…	1,294	…	177	…	130
稲 わ ら	(9)	82.7	1,254	-	-	5.3	107
お が く ず	(10)	-	-	-	-	-	-
麦 わ ら	(11)	-	-	-	-	-	-
乾 牧 草	(12)	1.9	9	42.2	42	-	-
そ の 他	(13)	…	31	…	135	…	23

30 ～ 50		50 ～ 80		80 ～ 100		100 頭 以 上		
数 量	価 額	数 量	価 額	数 量	価 額	数 量	価 額	
(7)	(8)	(9)	(10)	(11)	(12)	(13)	(14)	
kg	円	kg	円	kg	円	kg	円	
…	5,872	…	9,975	…	17,960	…	17,119	(1)
…	5,536	…	9,806	…	17,960	…	17,119	(2)
37.9	622	33.6	414	11.2	154	－	－	(3)
646.1	4,466	852.1	7,477	1,337.4	17,471	2,032.4	13,861	(4)
1.5	20	－	－	－	－	－	－	(5)
－	－	－	－	－	－	－	－	(6)
…	428	…	1,915	…	335	…	3,258	(7)
…	336	…	169	…	－	…	－	(8)
18.9	321	0.6	10	－	－	－	－	(9)
－	－	－	－	－	－	－	－	(10)
－	－	－	－	－	－	－	－	(11)
－	－	－	－	－	－	－	－	(12)
…	15	…	159	…	－	…	－	(13)

東 海		近 畿		中 国		四 国		九 州		
数 量	価 額	数 量	価 額	数 量	価 額	数 量	価 額	数 量	価 額	
(7)	(8)	(9)	(10)	(11)	(12)	(13)	(14)	(15)	(16)	
kg	円	kg	円	kg	円	kg	円	kg	円	
…	21,134	…	9,491	…	18,190	…	4,388	…	14,561	(1)
…	21,134	…	9,274	…	17,698	…	4,388	…	14,548	(2)
1.6	16	－	－	－	－	－	－	0.8	8	(3)
2,138.3	20,790	483.4	8,457	1,435.9	14,324	692.1	4,388	1,449.7	13,052	(4)
－	－	－	－	3.0	40	－	－	－	－	(5)
－	－	－	－	－	－	－	－	－	－	(6)
…	328	…	817	…	3,334	…	－	…	1,488	(7)
…	－	…	217	…	492	…	－	…	13	(8)
－	－	18.6	204	－	－	－	－	0.6	12	(9)
－	－	－	－	－	－	－	－	－	－	(10)
－	－	－	－	－	－	－	－	－	－	(11)
－	－	－	－	－	－	－	－	－	－	(12)
…	－	…	13	…	492	…	－	…	1	(13)

1　牛乳生産費（続き）
(8)　牧草（飼料作物）の費用価（10 a 当たり）

ア　全国

区　　　　　　　分		1経営体当たり作付面積	生産量	費				
				計	材	料		
					小　計	種子費	肥　料　費	
								自　給きゅう肥
		(1)	(2)	(3)	(4)	(5)	(6)	(7)
		a	kg	円	円	円	円	円
い　　　　ね　　　　科								
イタリアンライグラス	(1)	552.4	2,768	31,514	18,414	2,437	5,797	4,864
ソ　ル　ゴ　ー	(2)	292.1	3,347	36,595	22,532	3,243	9,018	6,817
デ　ン　ト　コ　ー　ン	(3)	982.8	4,770	40,845	31,231	3,654	11,555	6,469
そ　　　　の　　　　他								
まぜまき（いね科主）	(4)	4,347.7	2,873	18,511	14,069	157	6,064	2,661

注：1　本結果は、牛乳生産費の調査対象経営体のうち、該当飼料作物を栽培（作付）した経営体の平均である。
　　2　本表には、調査対象経営体が生産した飼料作物のうち主要な牧草について掲載した。
　　3　牧草の種類によっては、対象数が少ない場合もあることから、利用に当たっては留意する必要がある。
　　4　1経営体当たり作付面積は、該当牧草を栽培（作付）した実面積である。
　　5　生産量は、調製前（収穫時）の10 a 当たりの生産量である。
　　6　賃借料及び料金には、草地費（草地開発のための費用）を含む。
　　（注1～6について、以下ウまで同じ。）

イ　北海道

区　　　　　　　分		1経営体当たり作付面積	生産量	費				
				計	材	料		
					小　計	種子費	肥　料　費	
								自　給きゅう肥
		(1)	(2)	(3)	(4)	(5)	(6)	(7)
		a	kg	円	円	円	円	円
い　　　　ね　　　　科								
デ　ン　ト　コ　ー　ン	(1)	1,477.1	5,024	42,979	35,490	3,917	15,154	7,756
そ　　　　の　　　　他								
まぜまき（いね科主）	(2)	5,805.4	2,887	18,063	13,954	102	6,031	2,576

用		価				労 働 時 間		
費		労 働 費		固 定 財 費			家 族 雇 用 別	
賃借料及び料金	その他		家 族		牧草用農機具	計	家 族	雇 用
(8)	(9)	(10)	(11)	(12)	(13)	(14)	(15)	(16)
円	円	円	円	円	円	時間	時間	時間
2,999	7,181	5,850	5,427	7,250	6,285	3.72	3.27	0.45 (1)
5,180	5,091	6,539	6,404	7,524	6,450	3.75	3.59	0.16 (2)
6,573	9,449	4,553	4,139	5,061	3,623	2.85	2.48	0.37 (3)
3,242	4,606	1,499	1,420	2,943	2,230	0.87	0.82	0.05 (4)

用		価				労 働 時 間		
費		労 働 費		固 定 財 費			家 族 雇 用 別	
賃借料及び料金	その他		家 族		牧草用農機具	計	家 族	雇 用
(8)	(9)	(10)	(11)	(12)	(13)	(14)	(15)	(16)
円	円	円	円	円	円	時間	時間	時間
7,724	8,695	2,497	2,268	4,992	3,357	1.45	1.30	0.15 (1)
3,345	4,476	1,278	1,221	2,831	2,118	0.72	0.69	0.03 (2)

1 牛乳生産費（続き）

(8) 牧草（飼料作物）の費用価（10 a 当たり）（続き）

ウ 都府県

区　　　　　分		1経営体当たり作付面積	生産量	費					
				計	材		料		
					小　計	種　子　費	肥　料　費		
								自　給きゅう肥	
		(1)	(2)	(3)	(4)	(5)	(6)	(7)	
		a	kg	円	円	円	円	円	
い　　ね　　科									
イタリアンライグラス	(1)	552.4	2,768	31,514	18,414	2,437	5,797	4,864	
ソ　ル　ゴ　ー	(2)	283.6	3,252	36,371	21,759	3,116	8,976	6,934	
デ　ン　ト　コ　ー　ン	(3)	711.7	4,481	38,414	26,379	3,353	7,456	5,003	
そ　　の　　他									
まぜまき（いね科主）	(4)	920.7	2,660	25,143	15,784	975	6,552	3,917	

(9) 放牧場の費用価（10 a 当たり）

区　　　　分		1経営体当たり放牧場面積	費		用	
			計	材　料　費	労　　働　　費	
						家　族
		(1)	(2)	(3)	(4)	(5)
		a	円	円	円	円
北　　海　　道		1,271.5	3,674	3,184	164	163

用		価				労　働　時　間		
費		労　働　費		固　定　財　費		計	家　族　雇　用　別	
賃借料及び料金	その他		家　族		牧草用農機具		家　族	雇　用
(8) 円	(9) 円	(10) 円	(11) 円	(12) 円	(13) 円	(14) 時間	(15) 時間	(16) 時間
2,999	7,181	5,850	5,427	7,250	6,285	3.72	3.27	0.45 (1)
4,666	5,001	6,790	6,645	7,822	6,836	3.91	3.72	0.19 (2)
5,261	10,309	6,895	6,271	5,140	3,925	4.42	3.81	0.61 (3)
1,707	6,550	4,769	4,367	4,590	3,890	3.04	2.75	0.29 (4)

価		労　働　時　間		
固　定　財　費		計	家　族　雇　用　別	
	農　機　具		家　族	雇　用
(6) 円	(7) 円	(8) 時間	(9) 時間	(10) 時間
326	199	0.09	0.09	0.00

2 子牛生産費

2　子牛生産費
(1)　経営の概況（1経営体当たり）

区　　　　　　　分		集　計経営体数	世　帯　員			農　業　就　業　者		
			計	男	女	計	男	女
		(1)	(2)	(3)	(4)	(5)	(6)	(7)
		経営体	人	人	人	人	人	人
全　　　　　　　　国	(1)	188	3.5	1.7	1.8	1.8	1.1	0.7
繁　殖　雌　牛飼　養　頭　数　規　模　別								
2　〜　5頭未満	(2)	33	3.6	1.8	1.8	1.6	1.0	0.6
5　〜　10	(3)	44	3.1	1.4	1.7	1.5	0.9	0.6
10　〜　20	(4)	39	3.3	1.8	1.5	1.9	1.2	0.7
20　〜　50	(5)	51	4.2	1.9	2.3	2.2	1.4	0.8
50頭以上	(6)	21	4.5	2.1	2.4	2.9	1.7	1.2
全　国　農　業　地　域　別								
北　　海　　道	(7)	12	4.1	2.0	2.1	2.4	1.5	0.9
東　　　　北	(8)	44	4.2	2.0	2.2	1.7	1.1	0.6
関　東　・　東　山	(9)	10	4.1	2.3	1.8	2.3	1.7	0.6
東　　　海	(10)	3	4.4	1.7	2.7	2.6	1.3	1.3
近　　　畿	(11)	4	4.1	1.8	2.3	2.5	1.5	1.0
中　　　国	(12)	10	5.0	2.6	2.4	1.9	1.3	0.6
四　　　国	(13)	1	x	x	x	x	x	x
九　　　州	(14)	94	3.2	1.6	1.6	2.1	1.2	0.9
沖　　　縄	(15)	10	3.4	1.7	1.7	1.5	1.1	0.4

区　　　　　　　分		経営土地（続き）	畜舎の面積及び自動車・農機具の所有状況（10経営体当たり）				繁　殖　雌　牛飼　養　月平　均　頭　数	繁　殖　雌　牛（　1　頭
		山　林その他	畜舎面積1経営体当　た　り	カッター	貨　物自動車	トラクター耕うん機を含む。		月　齢
		(17)	(18)	(19)	(20)	(21)	(22)	(23)
		a	㎡	台	台	台	頭	月
全　　　　　　　　国	(1)	272	280.9	5.6	18.2	21.5	14.5	75.9
繁　殖　雌　牛飼　養　頭　数　規　模　別								
2　〜　5頭未満	(2)	169	122.1	7.8	15.7	16.9	3.1	79.8
5　〜　10	(3)	353	178.7	4.9	14.1	18.9	7.0	79.3
10　〜　20	(4)	102	291.5	3.7	17.7	21.6	13.9	74.6
20　〜　50	(5)	591	547.7	3.4	27.6	32.0	30.8	79.1
50頭以上	(6)	294	936.8	9.0	30.1	32.2	75.2	70.9
全　国　農　業　地　域　別								
北　　海　　道	(7)	790	516.4	－	30.8	49.2	35.7	73.4
東　　　　北	(8)	361	264.7	2.3	17.8	21.6	15.0	90.3
関　東　・　東　山	(9)	84	373.4	2.0	19.0	25.0	22.5	61.6
東　　　海	(10)	179	478.9	－	20.0	6.7	19.3	65.2
近　　　畿	(11)	107	333.0	2.5	22.5	16.3	16.5	89.0
中　　　国	(12)	1,349	330.0	6.0	26.0	16.4	18.3	80.7
四　　　国	(13)	x	x	x	x	x	x	x
九　　　州	(14)	118	422.0	7.8	21.5	24.1	22.3	75.7
沖　　　縄	(15)	9	338.1	4.0	15.0	17.0	19.7	85.3

	経　　営				土　　　　地				
	耕　　　　　地				畜　産　用　地				
計	小　計	田	畑	牧草地	小　計	畜舎等	放牧地	採草地	
(8)	(9)	(10)	(11)	(12)	(13)	(14)	(15)	(16)	
a	a	a	a	a	a	a	a	a	
856	518	246	60	212	66	13	51	2	(1)
488	312	197	69	46	7	4	-	3	(2)
763	381	196	32	153	29	5	24	-	(3)
502	378	214	48	116	22	13	2	7	(4)
1,710	1,025	465	57	503	94	33	60	1	(5)
2,527	1,557	325	191	1,041	676	56	620	-	(6)
5,457	3,680	880	276	2,524	987	132	855	-	(7)
1,086	689	542	33	114	36	10	26	-	(8)
780	643	501	142	-	53	53	-	-	(9)
466	275	226	19	30	12	12	-	-	(10)
473	357	347	4	6	9	4	-	5	(11)
1,778	296	214	21	61	133	9	124	-	(12)
x	x	x	x	x	x	x	x	x	(13)
617	443	187	60	196	56	18	30	8	(14)
439	400	28	90	282	30	21	9	-	(15)

の　概　要 当　た　り）	計算期間	生　産　物（繁殖雌牛1頭当たり）							
		主　産　物　（子牛）				副　産　物　（きゅう肥）			
評価額		販売頭数 （1経営体 当たり）	子　牛　1　頭　当　た　り			数　量	利用量	価　額 （利用分）	
			生体重	価　格	ほ育・育成期間				
(24)	(25)	(26)	(27)	(28)	(29)	(30)	(31)	(32)	
円	年	頭	kg	円	月	kg	kg	円	
514,342	1.2	11.3	291.7	754,495	9.3	14,295	8,913	24,710	(1)
598,623	1.2	2.5	303.5	800,502	9.3	14,656	10,260	57,370	(2)
574,115	1.3	5.6	297.2	774,023	9.3	14,815	9,485	40,154	(3)
516,473	1.2	10.2	287.0	747,379	9.3	15,544	9,267	30,167	(4)
500,618	1.2	23.5	290.5	743,650	9.4	12,807	8,712	19,747	(5)
480,541	1.2	60.2	290.8	750,260	9.3	14,711	8,323	11,772	(6)
409,770	1.2	25.8	308.2	703,338	9.9	13,156	12,349	33,362	(7)
569,896	1.4	10.3	299.8	736,467	9.6	16,457	11,958	40,465	(8)
474,008	1.3	15.0	298.0	779,494	9.6	15,706	10,514	19,312	(9)
557,073	1.1	16.4	266.8	764,455	8.7	12,866	7,374	13,823	(10)
581,876	1.2	12.8	252.9	870,782	8.8	14,046	4,974	21,290	(11)
500,606	1.2	15.5	287.6	691,317	9.1	9,305	5,725	25,403	(12)
x	x	x	x	x	x	x	x	x	(13)
545,969	1.2	17.8	288.2	769,773	9.1	15,562	10,308	25,949	(14)
482,802	1.4	13.1	272.6	696,098	9.4	15,180	5,785	16,031	(15)

2 子牛生産費（続き）
(2) 作業別労働時間（子牛1頭当たり）

区　　　　　分	計	男	女	家　族・雇　用　別　内　訳					
				家　　　族			雇　　　用		
				小計	男	女	小計	男	女
	(1)	(2)	(3)	(4)	(5)	(6)	(7)	(8)	(9)
全　　　　　　国 (1)	127.83	93.49	34.34	123.78	89.94	33.84	4.05	3.55	0.50
繁殖雌牛飼養頭数規模別									
2～5頭未満 (2)	230.86	176.19	54.67	229.11	174.44	54.67	1.75	1.75	－
5～10 (3)	206.55	144.17	62.38	203.47	141.33	62.14	3.08	2.84	0.24
10～20 (4)	164.92	121.24	43.68	163.16	119.84	43.32	1.76	1.40	0.36
20～50 (5)	93.84	71.76	22.08	89.41	68.29	21.12	4.43	3.47	0.96
50頭以上 (6)	79.06	55.69	23.37	73.04	49.99	23.05	6.02	5.70	0.32
全国農業地域別									
北　海　道 (7)	82.49	65.19	17.30	76.74	61.26	15.48	5.75	3.93	1.82
東　　　北 (8)	128.59	97.39	31.20	116.10	87.61	28.49	12.49	9.78	2.71
関東・東山 (9)	92.66	81.83	10.83	92.35	81.52	10.83	0.31	0.31	－
東　　　海 (10)	142.54	67.71	74.83	142.54	67.71	74.83	－	－	－
近　　　畿 (11)	141.09	120.36	20.73	141.05	120.32	20.73	0.04	0.04	－
中　　　国 (12)	157.07	139.18	17.89	131.22	113.33	17.89	25.85	25.85	－
四　　　国 (13)	x	x	x	x	x	x	x	x	x
九　　　州 (14)	136.28	91.54	44.74	128.07	84.86	43.21	8.21	6.68	1.53
沖　　　縄 (15)	157.99	122.22	35.77	157.70	121.93	35.77	0.29	0.29	－

(3) 収益性
ア　繁殖雌牛1頭当たり

区　　　　　分	粗　　収　　益			生　　産　　費　　用		
	計	主産物	副産物	生産費総額	生産費総額から家族労働費、自己資本利子、自作地地代を控除した額	生産費総額から家族労働費を控除した額
	(1)	(2)	(3)	(4)	(5)	(6)
全　　　　　　国 (1)	775,120	750,410	24,710	650,323	403,043	470,042
繁殖雌牛飼養頭数規模別						
2～5頭未満 (2)	857,872	800,502	57,370	815,073	437,417	503,778
5～10 (3)	814,177	774,023	40,154	794,750	429,262	504,696
10～20 (4)	781,584	751,417	30,167	744,536	441,530	508,766
20～50 (5)	743,749	724,002	19,747	592,785	391,170	461,248
50頭以上 (6)	766,182	754,410	11,772	546,673	372,197	432,416
全国農業地域別						
北　海　道 (7)	700,023	666,661	33,362	667,520	424,156	535,465
東　　　北 (8)	776,932	736,467	40,465	785,364	522,052	614,846
関東・東山 (9)	798,806	779,494	19,312	752,716	469,196	590,849
東　　　海 (10)	778,278	764,455	13,823	776,372	420,722	559,191
近　　　畿 (11)	892,072	870,782	21,290	709,084	389,711	453,251
中　　　国 (12)	716,720	691,317	25,403	727,592	481,164	530,497
四　　　国 (13)	x	x	x	x	x	x
九　　　州 (14)	798,956	773,007	25,949	704,680	451,029	519,521
沖　　　縄 (15)	712,129	696,098	16,031	654,926	373,450	477,345

単位：時間

直　接　労　働　時　間				間　接　労　働　時　間		
小　計	飼　育　労　働　時　間		その他		自給牧草に係る労働時間	
	飼料の調理・給与・給水	敷料の搬入・きゅう肥の搬出				
(10)	(11)	(12)	(13)	(14)	(15)	
106.57	64.08	24.00	18.49	21.26	17.90	(1)
182.20	92.67	49.23	40.30	48.66	39.29	(2)
169.04	96.22	46.76	26.06	37.51	31.80	(3)
139.01	83.70	35.58	19.73	25.91	21.38	(4)
79.34	46.16	17.87	15.31	14.50	12.52	(5)
67.70	48.51	6.77	12.42	11.36	9.90	(6)
74.80	41.33	19.52	13.95	7.69	5.68	(7)
110.98	61.88	32.42	16.68	17.61	14.16	(8)
79.04	50.20	11.58	17.26	13.62	12.04	(9)
130.43	89.50	17.64	23.29	12.11	6.04	(10)
133.26	74.29	31.57	27.40	7.83	4.03	(11)
139.23	85.50	30.51	23.22	17.84	11.82	(12)
x	x	x	x	x	x	(13)
110.01	68.27	19.43	22.31	26.27	21.93	(14)
133.88	81.56	41.68	10.64	24.11	22.31	(15)

単位：円　イ　１日当たり　単位：円

所　得	家　族　労　働　報　酬	所　得	家　族　労　働　報　酬	
(7)	(8)	(1)	(2)	
370,773	304,137	24,094	19,764	(1)
420,450	354,090	14,681	12,364	(2)
384,924	309,490	15,136	12,170	(3)
341,884	274,284	16,673	13,376	(4)
347,250	279,024	31,920	25,649	(5)
394,948	334,395	43,017	36,422	(6)
263,177	157,672	28,944	17,341	(7)
254,879	162,085	17,563	11,169	(8)
329,760	208,107	28,563	18,026	(9)
357,555	219,087	20,068	12,296	(10)
502,361	438,821	28,493	24,889	(11)
235,557	186,225	14,360	11,353	(12)
x	x	x	x	(13)
349,068	280,288	21,712	17,434	(14)
338,680	234,785	17,180	11,910	(15)

2 子牛生産費（続き）
(4) 生産費（子牛1頭当たり）

区分	物 計 (1)	種付料 (2)	飼料費 計 (3)	飼料費 流通飼料費 計 (4)	飼料費 流通飼料費 購入 (5)	飼料費 牧草・放牧・採草費 (6)	敷料費 (7)	敷料費 購入 (8)	光熱水料及び動力費 (9)	光熱水料及び動力費 購入 (10)	その他の諸材料費 (11)
全国 (1)	390,050	21,115	228,586	152,081	149,114	76,505	9,196	7,644	9,440	9,440	581
繁殖雌牛飼養頭数規模別											
2～5頭未満 (2)	424,390	26,824	233,853	128,424	116,979	105,429	12,543	6,846	11,372	11,372	1,234
5～10 (3)	418,425	28,103	248,042	156,316	152,215	91,726	7,633	5,507	8,142	8,142	528
10～20 (4)	423,277	24,214	243,487	163,938	158,777	79,549	6,501	6,039	12,206	12,206	591
20～50 (5)	387,107	18,648	223,972	155,925	154,740	68,047	7,575	7,085	8,791	8,791	428
50頭以上 (6)	351,108	17,172	213,938	144,502	143,643	69,436	12,398	10,336	8,465	8,465	596
全国農業地域別											
北海道 (7)	439,912	17,086	223,541	138,371	138,341	85,170	23,486	13,116	10,104	10,104	342
東北 (8)	484,940	21,526	265,677	187,377	183,092	78,300	8,917	6,548	8,595	8,595	2,132
関東・東山 (9)	456,367	16,719	263,525	174,407	170,291	89,118	7,127	5,580	10,013	10,013	1,389
東海 (10)	420,044	4,882	228,394	201,013	201,013	27,381	6,670	6,670	7,843	7,843	982
近畿 (11)	389,097	17,422	219,796	206,679	204,149	13,117	10,708	8,427	11,571	11,571	139
中国 (12)	440,396	15,222	269,336	231,552	229,051	37,784	5,146	4,117	11,049	11,049	343
四国 (13)	x	x	x	x	x	x	x	x	x	x	x
九州 (14)	426,258	24,093	253,377	164,436	162,357	88,941	8,755	8,494	10,792	10,792	803
沖縄 (15)	360,194	13,847	217,610	141,325	141,325	76,285	312	312	15,766	15,766	614

区分	物財費（続き）農機具費（続き）自給 (26)	物財費（続き）農機具費（続き）償却 (27)	物財費（続き）生産管理費 (28)	物財費（続き）生産管理費 償却 (29)	労働費 計 (30)	労働費 家族 (31)	労働費 直接労働費 (32)	労働費 間接労働費 (33)	労働費 間接労働費 自給牧草に係る労働費 (34)	費 計 (35)
全国 (1)	-	5,168	1,672	20	185,902	180,281	155,571	30,331	25,541	575,952
繁殖雌牛飼養頭数規模別										
2～5頭未満 (2)	-	5,166	1,975	-	313,796	311,295	248,762	65,034	52,614	738,186
5～10 (3)	-	7,031	1,809	40	294,352	290,054	242,903	51,449	43,332	712,777
10～20 (4)	-	4,632	1,428	1	238,363	235,770	200,158	38,205	31,525	661,640
20～50 (5)	-	3,884	1,166	3	137,727	131,537	116,796	20,931	17,969	524,834
50頭以上 (6)	-	5,949	2,193	44	122,534	114,257	105,346	17,188	15,041	473,642
全国農業地域別										
北海道 (7)	-	12,433	2,223	-	140,195	132,055	126,482	13,713	10,213	580,107
東北 (8)	-	12,854	2,064	450	187,336	170,518	161,458	25,878	20,828	672,276
関東・東山 (9)	-	2,072	2,702	-	162,330	161,867	139,421	22,909	20,083	618,697
東海 (10)	-	2,224	4,283	143	217,181	217,181	196,152	21,029	10,984	637,225
近畿 (11)	-	5,451	1,560	-	255,901	255,833	242,061	13,840	7,022	644,998
中国 (12)	-	7,346	1,012	-	231,373	197,095	206,887	24,486	15,400	671,769
四国 (13)	x	x	x	x	x	x	x	x	x	x
九州 (14)	-	6,531	2,145	26	194,779	185,159	157,476	37,303	31,301	621,037
沖縄 (15)	-	5,852	594	-	178,269	177,581	150,136	28,133	26,061	538,463

単位：円

獣医師料及び医薬品費	賃借料及び料金	物件税及び公課諸負担	繁殖雌牛償却費	建物費 小計	建物費 購入	建物費 自給	建物費 償却	自動車費 小計	自動車費 購入	自動車費 自給	自動車費 償却	農機具費 小計	農機具費 購入	
(12)	(13)	(14)	(15)	(16)	(17)	(18)	(19)	(20)	(21)	(22)	(23)	(24)	(25)	
22,511	13,525	9,134	38,266	15,819	5,149	-	10,670	6,905	4,045	-	2,860	13,300	8,132	(1)
31,237	17,439	17,002	35,547	16,110	3,616	-	12,494	6,725	6,653	-	72	12,529	7,363	(2)
29,808	10,122	10,683	34,645	17,557	6,412	-	11,145	5,553	3,048	-	2,505	15,800	8,769	(3)
26,524	11,885	10,467	48,907	17,662	6,160	-	11,502	7,492	5,279	-	2,213	11,913	7,281	(4)
19,496	12,920	9,069	49,336	16,951	4,067	-	12,884	6,055	3,288	-	2,767	12,700	8,816	(5)
17,691	15,744	5,831	22,528	12,702	5,381	-	7,321	8,013	3,845	-	4,168	13,837	7,888	(6)
19,742	15,480	11,276	52,007	29,687	15,952	-	13,735	9,009	5,499	-	3,510	25,929	13,496	(7)
32,876	16,729	13,169	49,893	25,866	5,513	-	20,353	10,748	6,083	-	4,665	26,748	13,894	(8)
15,697	17,794	6,583	75,047	26,041	2,560	-	23,481	4,507	4,124	-	383	9,223	7,151	(9)
20,726	9,249	6,120	53,904	46,833	1,865	-	44,968	18,825	6,106	-	12,719	11,333	9,109	(10)
27,703	9,476	7,103	46,965	18,180	5,659	-	12,521	8,467	4,014	-	4,453	10,007	4,556	(11)
29,162	24,893	6,352	37,105	16,411	4,885	-	11,526	5,311	3,930	-	1,381	19,054	11,708	(12)
x	x	x	x	x	x	x	x	x	x	x	x	x	x	(13)
23,198	12,315	8,483	42,897	15,478	5,379	-	10,099	8,024	4,082	-	3,942	15,898	9,367	(14)
26,817	5,728	8,488	31,837	22,111	4,463	-	17,648	5,860	2,162	-	3,698	10,610	4,758	(15)

費用合計 購入	費用合計 自給	費用合計 償却	副産物価額	生産費（副産物価額差引）	支払利子	支払地代	支払利子・地代算入生産費	自己資本利子	自作地地代	資本利子・地代全額算入生産費（全算入生産費）	
(36)	(37)	(38)	(39)	(40)	(41)	(42)	(43)	(44)	(45)	(46)	
257,663	261,305	56,984	24,844	551,108	1,685	8,981	561,774	53,830	13,169	628,773	(1)
251,041	433,866	53,279	57,370	680,816	759	9,773	691,348	45,002	21,359	757,709	(2)
269,404	388,007	55,366	40,154	672,623	556	5,974	679,153	53,906	21,528	754,587	(3)
273,443	320,942	67,255	30,004	631,636	1,977	9,758	643,371	52,641	14,595	710,607	(4)
254,701	201,259	68,874	20,283	504,551	2,449	10,169	517,169	61,035	9,043	587,247	(5)
247,018	186,614	40,010	11,708	461,934	1,462	8,466	471,862	49,493	10,726	532,081	(6)
270,797	227,625	81,685	35,198	544,909	2,757	7,207	554,873	74,997	36,312	666,182	(7)
328,589	255,472	88,215	40,465	631,811	2,275	18,024	652,110	82,081	10,713	744,904	(8)
261,066	256,648	100,983	19,312	599,385	110	12,106	611,601	98,595	23,058	733,254	(9)
278,705	244,562	113,958	13,823	623,402	-	680	624,082	133,697	4,772	762,551	(10)
301,847	273,761	69,390	21,290	623,708	-	545	624,253	61,638	1,902	687,793	(11)
376,002	238,409	57,358	25,403	646,366	2,175	4,315	652,856	47,421	1,912	702,189	(12)
x	x	x	x	x	x	x	x	x	x	x	(13)
281,102	276,440	63,495	25,841	595,196	1,859	10,445	607,500	59,486	9,006	675,992	(14)
225,562	253,866	59,035	16,031	522,432	3,028	9,539	534,999	94,625	9,270	638,894	(15)

2 子牛生産費（続き）
(5) 流通飼料の使用数量と価額（子牛1頭当たり）

区　　　　　分	平　　均 数　量	価　額	2 〜 5 頭 未 満 数　量	価　額	5 〜 10 数　量	価　額
	(1)	(2)	(3)	(4)	(5)	(6)
	kg	円	kg	円	kg	円
流 通 飼 料 費 合 計 (1)	…	152,081	…	128,424	…	156,316
購 入 飼 料 費 計 (2)	…	149,114	…	116,979	…	152,215
穀　　　　　類						
小　　　　　計 (3)	…	1,882	…	1,688	…	1,235
大　　　麦 (4)	8.4	420	9.2	547	2.7	127
そ の 他 の 麦 (5)	8.5	472	-	-	-	-
と う も ろ こ し (6)	19.3	871	25.2	1,141	23.2	1,035
大　　　豆 (7)	1.0	116	-	-	0.7	73
飼 料 用 米 (8)	0.0	-	-	-	-	-
そ　　の　　他 (9)	…	3	…	-	…	-
ぬ か ・ ふ す ま 類						
小　　　　　計 (10)	…	3,599	…	5,849	…	4,305
ふ　　す　　ま (11)	98.5	3,442	137.2	5,259	100.8	3,863
米 ・ 麦 ぬ か (12)	4.5	156	16.3	590	11.1	432
そ　　の　　他 (13)	…	1	…	-	…	10
植 物 性 か す 類						
小　　　　　計 (14)	…	2,712	…	2,178	…	5,169
大 豆 油 か す (15)	14.2	1,249	22.6	1,772	12.7	1,050
ビ ー ト パ ル プ (16)	18.9	935	4.7	390	83.0	3,843
そ　　の　　他 (17)	…	528	…	16	…	276
配 合 飼 料 (18)	1,380.2	92,350	1,060.6	76,081	1,238.5	88,880
T　　M　　R (19)	30.0	2,047	29.0	2,470	23.2	1,624
牛 乳 ・ 脱 脂 乳 (20)	…	6,897	…	2,726	…	2,951
い も 類 及 び 野 菜 類 (21)	1.1	2	-	-	-	-
わ ら 類 そ の 他						
小　　　　　計 (22)	…	5,059	…	1,614	…	7,080
稲　　　わ　　ら (23)	256.5	5,030	75.8	1,614	371.0	7,080
そ　　の　　他 (24)	…	29	…	-	…	-
生　　牧　　草 (25)	13.1	240	-	-	43.7	875
乾　　牧　　草						
小　　　　　計 (26)	…	19,955	…	18,240	…	21,097
まめ科・ヘイキューブ (27)	16.4	1,279	12.0	1,061	12.0	932
そ　　の　　他 (28)	…	18,676	…	17,179	…	20,165
サ　イ　レ　ー　ジ						
小　　　　　計 (29)	…	6,449	…	1,233	…	8,727
い　　ね　　科 (30)	323.8	5,796	13.8	138	297.4	8,727
うち 稲発酵粗飼料 (31)	237.4	4,462	13.8	138	297.4	8,727
そ　　の　　他 (32)	…	653	…	1,095	…	-
そ　　の　　他 (33)	…	7,922	…	4,900	…	10,272
自 給 飼 料 費 計 (34)	…	2,967	…	11,445	…	4,101
稲　　　わ　　ら (35)	178.1	2,961	611.2	11,445	307.2	4,101
そ　　の　　他 (36)	…	6	…	-	…	-

10 ～ 20		20 ～ 50		50 頭 以 上		
数 量	価 額	数 量	価 額	数 量	価 額	
(7)	(8)	(9)	(10)	(11)	(12)	
kg	円	kg	円	kg	円	
…	163,938	…	155,925	…	144,502	(1)
…	158,777	…	154,740	…	143,643	(2)
…	3,811	…	1,671	…	1,212	(3)
27.4	1,352	2.6	120	4.4	230	(4)
-	-	22.3	1,291	5.9	281	(5)
54.6	2,400	5.5	254	7.5	384	(6)
0.4	59	0.1	6	2.8	306	(7)
-	-	-	-	-	-	(8)
…	-	…	-	…	11	(9)
…	4,944	…	2,045	…	3,451	(10)
135.4	4,926	54.6	2,002	108.5	3,319	(11)
0.4	18	1.2	43	4.7	132	(12)
…	…	…	…	…	-	(13)
…	4,848	…	972	…	2,125	(14)
23.5	2,292	2.9	274	18.4	1,521	(15)
18.1	1,138	2.6	142	10.5	432	(16)
…	1,418	…	556	…	172	(17)
1,545.6	104,206	1,494.9	100,981	1,300.6	81,716	(18)
34.6	2,728	43.3	2,466	17.1	1,294	(19)
…	3,847	…	7,588	…	10,856	(20)
-	-	3.7	8	-	-	(21)
…	6,257	…	5,286	…	3,993	(22)
355.0	6,257	240.7	5,189	201.9	3,993	(23)
…	-	…	97	…	-	(24)
17.9	305	12.8	215	-	-	(25)
…	19,231	…	17,554	…	22,679	(26)
9.3	760	15.8	1,456	24.5	1,635	(27)
…	18,471	…	16,098	…	21,044	(28)
…	3,712	…	4,813	…	9,999	(29)
106.1	2,286	231.0	3,973	636.8	9,832	(30)
35.6	672	211.2	3,478	416.1	6,943	(31)
…	1,426	…	840	…	167	(32)
…	4,888	…	11,141	…	6,318	(33)
…	5,161	…	1,185	…	859	(34)
310.6	5,161	68.5	1,164	44.4	859	(35)
…	-	…	21	…	-	(36)

2　子牛生産費（続き）

(6)　牧草の使用数量と価額（子牛1頭当たり）

区　分	平均 数量	平均 価額	2～5頭未満 数量	2～5頭未満 価額	5～10 数量	5～10 価額	10～20 数量	10～20 価額	20～50 数量	20～50 価額	50頭以上 数量	50頭以上 価額
	(1) kg	(2) 円	(3) kg	(4) 円	(5) kg	(6) 円	(7) kg	(8) 円	(9) kg	(10) 円	(11) kg	(12) 円
牧草・放牧・採草費計	…	76,505	…	105,429	…	91,726	…	79,549	…	68,047		69,436
いね科牧草	…	59,379	…	88,187	…	68,434	…	70,392	…	44,208		56,686
デントコーン	…	6,690	…	6,054	…	8,021	…	2,211	…	2,003		13,698
生牧草	45.6	…	22.4	…	231.9	…	39.6	…	17.8	…	–	…
乾牧草	3.2	…	–		23.6	…	–		–	…	…	
サイレージ	441.5	…	228.4	…	263.5	…	45.8	…	164.1	…	1,093.1	…
イタリアンライグラス	…	22,049	…	42,337	…	31,664	…	25,027	…	13,918		19,199
生牧草	239.9	…	1,012.4	…	713.5	…	358.5	…	10.6	…	1.1	…
乾牧草	176.9	…	687.9	…	299.1	…	220.4	…	115.8	…	36.0	…
サイレージ	741.0	…	157.6	…	838.8	…	802.8	…	471.5	…	1,061.9	…
ソルゴー	…	2,246	…	2,491	…	2,163	…	5,883	…	1,078		1,092
生牧草	147.6	…	464.3	…	286.4	…	379.0	…	5.0	…	7.4	…
乾牧草	6.4	…	–		4.5	…	30.6	…	–		–	…
サイレージ	49.6	…	–		2.9	…	93.2	…	49.1	…	55.0	…
稲発酵粗飼料	249.9	7,895	177.1	14,303	211.4	8,786	464.2	11,181	110.2	4,745	287.4	7,046
その他	…	20,499	…	23,002	…	17,800	…	26,090	…	22,464		15,651
まぜまき	…	13,952	…	14,134	…	21,558	…	8,809	…	16,748		11,014
いね科を主とするもの	…	13,952	…	14,134	…	21,558	…	8,809	…	16,748		11,014
生牧草	25.2	…	20.8	…	–	–	120.1	…	2.5	…	–	–
乾牧草	295.1	…	494.8	…	353.7	…	262.3	…	364.9	…	174.1	…
サイレージ	390.8	…	146.7	…	429.8	…	166.4	…	560.6	…	404.2	…
その他	–		–		–		–		–		–	
その他	…	2,063							…	6,760		116
穀類	0.7	52	–		–		5.3	388	–		–	
いも類及び野菜類	–		–		–		–		–		–	
野生草	30.6	111	187.6	897	62.5	239	35.1	52	5.6	15	1.7	3
野乾草	9.2	215	77.9	2,211	7.2	75	11.4	215	–		1.6	21
放牧場費	133.5	733	–		208.1	1,032	5.9	81	102.3	316	242.8	1,596

注：放牧場費の数量の単位は「時間」である。

(7)　敷料の使用数量と価額（子牛1頭当たり）

区　分	平均 数量	平均 価額	2～5頭未満 数量	2～5頭未満 価額	5～10 数量	5～10 価額	10～20 数量	10～20 価額	20～50 数量	20～50 価額	50頭以上 数量	50頭以上 価額
	(1) kg	(2) 円	(3) kg	(4) 円	(5) kg	(6) 円	(7) kg	(8) 円	(9) kg	(10) 円	(11) kg	(12) 円
敷料費計	…	9,196	…	12,543	…	7,633	…	6,501	…	7,575	…	12,398
稲わら	98.9	1,106	378.3	5,438	224.2	1,978	54.4	633	55.8	682	48.6	421
おがくず	553.3	4,978	583.7	5,275	258.2	2,195	414.3	4,001	531.8	4,718	785.3	7,010
その他	…	3,112	…	1,830	…	3,460	…	1,867	…	2,175	…	4,967

(8) 牧草（飼料作物）の費用価（10a当たり）

区　分	生産量	費　　用　　価						
		計	材　　　　料　　　　費					
			小　計	種子費	肥料費	自給きゅう肥	賃借料及び料金	その他
	(1)	(2)	(3)	(4)	(5)	(6)	(7)	(8)
	kg	円	円	円	円	円	円	円
デ　ン　ト　コ　ー　ン	4,599	60,298	32,428	3,918	12,690	8,803	6,066	9,754
イタリアンライグラス	3,948	47,619	25,423	2,351	10,763	8,066	3,081	9,228
ソ　ル　ゴ　ー	3,792	55,796	22,995	5,369	9,133	7,074	236	8,257
まぜまき（いね科主）	3,004	24,971	15,898	796	6,196	2,177	3,042	5,864

区　分	費　用　価（続　き）			労　働　時　間		
	労働費		固定財費	計	家　族　雇　用　別	
		家　族			家　族	雇　用
	(9)	(10)	(11)	(12)	(13)	(14)
	円	円	円	時間	時間	時間
デ　ン　ト　コ　ー　ン	13,798	12,552	14,072	9.53	8.48	1.05
イタリアンライグラス	12,068	11,861	10,128	8.52	8.34	0.18
ソ　ル　ゴ　ー	22,746	22,512	10,055	16.13	15.91	0.22
まぜまき（いね科主）	5,061	5,007	4,012	3.26	3.22	0.04

注：1　本結果は、子牛生産費の調査対象経営体のうち、該当飼料作物を栽培（作付）した経営体の平均である。
　　2　本表には、調査対象経営体が生産した飼料作物のうち主要な牧草について掲載した。
　　3　牧草の種類によっては、対象数が少ない場合もあることから、利用に当たっては留意する必要がある。
　　4　生産量は、調整前（収穫時）の10a当たりの生産量である。
　　5　賃借料及び料金には、草地費（草地開発のための費用）を含む。

(9) 野生草及び野乾草の費用価（10a当たり）

区　分	計	材料費	労働費		固定財費	労　　働　　時　　間		
				家　族		小　計	家　族　雇　用　別	
							家　族	雇　用
	(1)	(2)	(3)	(4)	(5)	(6)	(7)	(8)
	円	円	円	円	円	時間	時間	時間
野　　生　　草	33,174	2,401	29,529	29,434	1,244	24.14	24.06	0.08
野　　乾　　草	21,234	9,301	8,626	7,982	3,307	7.56	6.92	0.64

注：1　本結果は、子牛生産費の調査対象経営体のうち、該当牧草を栽培（作付）した経営体の平均である。
　　2　本表には、調査対象経営体が生産した自給飼料のうち主要な牧草について掲載した。
　　3　牧草の種類によっては、対象数が少ない場合もあることから、利用に当たっては留意する必要がある。

3　乳用雄育成牛生産費

3 乳用雄育成牛生産費
(1) 経営の概況（1経営体当たり）

区　　　　　分	集　計経営体数	世　　帯　　員　計	男	女	農　業　就　業　者　計	男	女	経　計
	(1)	(2)	(3)	(4)	(5)	(6)	(7)	(8)
	経営体	人	人	人	人	人	人	a
全　　　　　　　国　(1)	29	4.6	2.4	2.2	2.8	1.8	1.0	2,392
飼 養 頭 数 規 模 別								
5 　～　 20頭未満　(2)	1	x	x	x	x	x	x	x
20 　～　 50　(3)	6	3.7	2.0	1.7	3.0	2.0	1.0	1,507
50 　～　 100　(4)	8	3.9	2.0	1.9	3.1	2.0	1.1	3,527
100 　～　 200　(5)	10	5.2	2.4	2.8	3.7	2.0	1.7	3,323
200頭以上　(6)	4	4.2	2.4	1.8	2.6	1.8	0.8	2,028
全 国 農 業 地 域 別								
北　　海　　道　(7)	11	4.4	2.2	2.2	2.8	1.7	1.1	3,787
東　　　　北　(8)	3	3.7	1.7	2.0	2.3	1.3	1.0	579
関　東　・　東　山　(9)	3	5.4	3.7	1.7	3.3	2.3	1.0	247
東　　　　海　(10)	4	5.3	2.5	2.8	3.3	2.3	1.0	342
中　　　　国　(11)	2	x	x	x	x	x	x	x
四　　　　国　(12)	3	3.7	2.0	1.7	2.0	1.3	0.7	545
九　　　　州　(13)	3	5.0	3.3	1.7	4.0	2.7	1.3	1,119

区　　　　　分	畜舎の面積及び自動車・農機具の所有状況（10経営体当たり）畜舎面積1経営体当たり	カッター	貨物自動車	トラクター耕うん機を含む。	飼養月平均頭　数	もと牛の概要（もと牛1頭当たり）月　齢	生体重	評価額
	(18)	(19)	(20)	(21)	(22)	(23)	(24)	(25)
	㎡	台	台	台	頭	月	kg	円
全　　　　　　　国　(1)	2,119.3	1.6	30.1	26.8	226.8	0.6	50.7	110,503
飼 養 頭 数 規 模 別								
5 　～　 20頭未満　(2)	x	x	x	x	x	x	x	x
20 　～　 50　(3)	955.5	11.1	57.5	40.3	39.5	1.2	73.7	118,241
50 　～　 100　(4)	1,690.4	1.1	38.7	18.7	81.2	1.0	66.2	114,458
100 　～　 200　(5)	2,351.1	3.7	47.7	39.0	154.0	0.8	56.9	103,946
200頭以上　(6)	2,482.6	－	16.0	19.7	345.9	0.5	48.1	111,475
全 国 農 業 地 域 別								
北　　海　　道　(7)	2,043.7	0.9	27.3	30.9	219.3	0.5	49.8	111,417
東　　　　北　(8)	574.6	－	30.0	16.7	103.7	1.1	63.1	99,875
関　東　・　東　山　(9)	777.6	6.7	43.3	20.0	73.8	1.4	64.8	97,417
東　　　　海　(10)	2,923.9	－	42.5	2.5	69.8	1.2	74.9	102,092
中　　　　国　(11)	x	x	x	x	x	x	x	x
四　　　　国　(12)	910.7	6.7	63.3	23.3	29.6	1.2	76.8	94,314
九　　　　州　(13)	5,020.8	3.3	26.7	13.3	100.1	2.0	90.6	134,956

営		土	地					
耕		地		畜 産 用 地				山 林 その他
小 計	田	畑	牧草地	小 計	畜舎等	放牧地	採草地	
(9)	(10)	(11)	(12)	(13)	(14)	(15)	(16)	(17)
a	a	a	a	a	a	a	a	a
1,380	159	635	586	337	125	200	12	675	(1)
x	x	x	x	x	x	x	x	x	(2)
1,448	44	1,321	83	39	39	–	–	20	(3)
1,480	679	34	767	1,251	82	1,169	–	796	(4)
1,687	218	680	789	219	69	150	–	1,417	(5)
1,347	3	757	587	181	181	–	–	500	(6)
2,120	204	993	923	416	127	289	–	1,251	(7)
496	462	34	–	31	31	–	–	52	(8)
60	12	48	–	76	76	–	–	111	(9)
120	8	112	–	68	68	–	–	154	(10)
x	x	x	x	x	x	x	x	x	(11)
344	286	58	–	97	34	–	63	104	(12)
968	367	43	558	100	100	–	–	51	(13)

生	産	物	（1 頭 当 た り）							
主	産	物				副 産 物				
販売頭数 〔1経営体 当たり〕	月 齢	生体重	価 格	増体量	育成期間	きゅう肥		価 額 （利用分）	その他	
						数 量	利用量			
(26)	(27)	(28)	(29)	(30)	(31)	(32)	(33)	(34)	(35)
頭	月	kg	円	kg	月	kg	kg	円	円
425.2	6.8	300.4	234,811	249.7	6.2	2,186	2,057	3,717	194	(1)
x	x	x	x	x	x	x	x	x	x	(2)
81.6	6.9	297.2	237,411	223.3	5.7	1,628	1,034	2,857	393	(3)
143.2	7.3	313.3	253,722	247.2	6.3	2,341	2,054	1,822	4	(4)
317.1	6.8	303.3	228,159	246.4	6.0	2,048	1,526	4,174	161	(5)
639.4	6.8	299.1	235,041	251.0	6.3	2,213	2,179	3,754	209	(6)
412.1	6.8	302.9	235,437	253.1	6.2	2,133	2,105	4,016	291	(7)
187.0	7.4	313.8	258,173	250.7	6.3	2,301	2,057	4,617	311	(8)
127.7	8.5	322.0	215,537	257.2	7.0	2,209	1,399	2,748	–	(9)
142.5	7.1	297.9	223,262	223.2	5.9	1,964	1,633	886	506	(10)
x	x	x	x	x	x	x	x	x	x	(11)
55.0	7.0	307.5	219,205	230.4	5.9	2,873	790	1,147	–	(12)
222.0	7.2	308.4	198,358	217.6	5.2	1,524	418	1,079	15	(13)

3 乳用雄育成牛生産費（続き）

(2) 作業別労働時間（乳用雄育成牛1頭当たり）

区　　　　分	計	男	女	家　族・雇　用　別　内　訳					
				家　　族			雇　　用		
				小　計	男	女	小　計	男	女
	(1)	(2)	(3)	(4)	(5)	(6)	(7)	(8)	(9)
全　　　　　国　(1)	6.64	5.08	1.56	5.78	4.38	1.40	0.86	0.70	0.16
飼 養 頭 数 規 模 別									
5 ～ 20頭未満　(2)	x	x	x	x	x	x	x	x	x
20 ～ 50　(3)	7.65	4.45	3.20	5.26	3.30	1.96	2.39	1.15	1.24
50 ～ 100　(4)	9.27	6.43	2.84	9.27	6.43	2.84	-	-	-
100 ～ 200　(5)	7.54	5.18	2.36	6.72	4.53	2.19	0.82	0.65	0.17
200頭以上　(6)	6.25	4.98	1.27	5.37	4.25	1.12	0.88	0.73	0.15
全 国 農 業 地 域 別									
北　　海　　道　(7)	6.77	4.85	1.92	6.21	4.41	1.80	0.56	0.44	0.12
東　　　　北　(8)	10.87	7.99	2.88	10.87	7.99	2.88	-	-	-
関 東 ・ 東 山　(9)	8.37	6.93	1.44	7.12	6.26	0.86	1.25	0.67	0.58
東　　　　海　(10)	7.60	5.75	1.85	7.09	5.28	1.81	0.51	0.47	0.04
中　　　　国　(11)	x	x	x	x	x	x	x	x	x
四　　　　国　(12)	14.61	9.50	5.11	8.78	4.23	4.55	5.83	5.27	0.56
九　　　　州　(13)	7.43	4.42	3.01	6.39	3.38	3.01	1.04	1.04	-

(3) 収益性

ア　乳用雄育成牛1頭当たり

区　　　　分	粗　　収　　益			生　　産　　費　　用		
	計	主 産 物	副 産 物	生産費総額	生産費総額から家族労働費、自己資本利子、自作地地代を控除した額	生産費総額から家族労働費を控除した額
	(1)	(2)	(3)	(4)	(5)	(6)
全　　　　　国　(1)	238,722	234,811	3,911	218,649	206,734	208,538
飼 養 頭 数 規 模 別						
5 ～ 20頭未満　(2)	x	x	x	x	x	x
20 ～ 50　(3)	240,661	237,411	3,250	230,084	215,312	220,843
50 ～ 100　(4)	255,548	253,722	1,826	225,054	207,054	209,735
100 ～ 200　(5)	232,494	228,159	4,335	224,208	210,277	212,699
200頭以上　(6)	239,004	235,041	3,963	216,973	205,921	207,476
全 国 農 業 地 域 別						
北　　海　　道　(7)	239,744	235,437	4,307	224,470	211,044	213,541
東　　　　北　(8)	263,101	258,173	4,928	222,222	202,295	204,205
関 東 ・ 東 山　(9)	218,285	215,537	2,748	229,979	213,559	217,104
東　　　　海　(10)	224,654	223,262	1,392	209,300	196,000	196,967
中　　　　国　(11)	x	x	x	x	x	x
四　　　　国　(12)	220,352	219,205	1,147	208,974	191,110	194,372
九　　　　州　(13)	199,452	198,358	1,094	222,606	212,085	212,926

単位：時間

直接労働時間				間接労働時間		
小計	飼育労働時間		その他		自給牧草に係る労働時間	
	飼料の調理・給与・給水	敷料の搬入・きゅう肥の搬出				
(10)	(11)	(12)	(13)	(14)	(15)	
6.20	3.76	1.20	1.24	0.44	0.17	(1)
x	x	x	x	x	x	(2)
7.21	5.26	0.65	1.30	0.44	0.05	(3)
8.65	5.66	1.07	1.92	0.62	0.25	(4)
7.09	5.00	0.98	1.11	0.45	0.23	(5)
5.82	3.34	1.25	1.23	0.43	0.16	(6)
6.30	4.09	1.17	1.04	0.47	0.21	(7)
10.57	6.57	1.75	2.25	0.30	–	(8)
8.18	4.82	1.09	2.27	0.19	–	(9)
7.46	5.51	0.72	1.23	0.14	–	(10)
x	x	x	x	x	x	(11)
14.04	9.77	1.96	2.31	0.57	0.11	(12)
7.04	4.62	0.76	1.66	0.39	0.16	(13)

単位：円　　イ　1日当たり　　単位：円

所得	家族労働報酬	所得	家族労働報酬	
(7)	(8)	(1)	(2)	
31,988	30,184	44,274	41,777	(1)
x	x	x	x	(2)
25,349	19,818	38,554	30,141	(3)
48,494	45,813	41,850	39,537	(4)
22,217	19,795	26,449	23,565	(5)
33,083	31,528	49,286	46,969	(6)
28,700	26,203	36,973	33,756	(7)
60,806	58,896	44,751	43,346	(8)
4,726	1,181	5,310	1,327	(9)
28,654	27,687	32,332	31,241	(10)
x	x	x	x	(11)
29,242	25,980	26,644	23,672	(12)
△ 12,633	△ 13,474	nc	nc	(13)

3　乳用雄育成牛生産費（続き）
(4)　生産費（乳用雄育成牛1頭当たり）

区分	物		飼料費				敷料費		光熱水料及び動力費	
	計	もと畜費	小計	流通飼料費	購入	牧草・放牧・採草費		購入		購入
	(1)	(2)	(3)	(4)	(5)	(6)	(7)	(8)	(9)	(10)
全国 (1)	204,775	116,405	64,396	60,900	60,874	3,496	8,744	8,694	2,514	2,514
飼養頭数規模別										
5 〜 20頭未満 (2)	x	x	x	x	x	x	x	x	x	x
20 〜 50 (3)	213,031	119,570	72,603	71,952	71,948	651	3,509	2,872	2,611	2,611
50 〜 100 (4)	203,974	124,982	58,232	55,785	55,321	2,447	3,022	2,981	2,552	2,552
100 〜 200 (5)	208,420	108,584	75,167	70,872	70,872	4,295	4,027	3,775	3,290	3,290
200頭以上 (6)	204,022	117,442	62,495	59,044	59,044	3,451	10,140	10,140	2,351	2,351
全国農業地域別										
北海道 (7)	209,549	117,587	67,781	63,443	63,443	4,338	8,229	8,070	2,581	2,581
東北 (8)	202,259	113,405	68,112	68,112	67,458	-	6,929	6,788	1,811	1,811
関東・東山 (9)	212,088	98,689	89,572	89,572	89,572	-	3,635	3,635	4,295	4,295
東海 (10)	195,261	105,674	67,059	67,059	67,059	-	2,100	2,100	3,940	3,940
中国 (11)	x	x	x	x	x	x	x	x	x	x
四国 (12)	183,639	97,171	65,464	65,107	64,891	357	6,547	6,547	2,950	2,950
九州 (13)	208,737	137,793	56,858	55,000	55,000	1,858	2,424	2,424	3,207	3,207

区分	物財費（続き）				生産管理費		労働費			間接労働費	
	農機具費						計	家族	直接労働費		自給牧草に係る労働費
	小計	購入	自給	償却	償却						
	(23)	(24)	(25)	(26)	(27)	(28)	(29)	(30)	(31)	(32)	(33)
全国 (1)	2,020	1,401	-	619	180	1	11,257	10,111	10,493	764	299
飼養頭数規模別											
5 〜 20頭未満 (2)	x	x	x	x	x	x	x	x	x	x	x
20 〜 50 (3)	1,714	1,159	-	555	218	72	11,456	9,241	10,794	662	89
50 〜 100 (4)	1,093	891		202	233	-	15,319	15,319	14,310	1,009	399
100 〜 200 (5)	3,061	2,245	-	816	218	-	12,804	11,509	12,016	788	420
200頭以上 (6)	1,876	1,269	-	607	169	-	10,660	9,497	9,914	746	272
全国農業地域別											
北海道 (7)	2,127	1,581	-	546	155	-	11,638	10,929	10,798	840	371
東北 (8)	1,390	412	-	978	217	-	18,017	18,017	17,512	505	-
関東・東山 (9)	2,347	1,381	-	966	247	31	14,024	12,875	13,730	294	-
東海 (10)	2,422	592	-	1,830	261	9	13,025	12,333	12,765	260	-
中国 (11)	x	x	x	x	x	x	x	x	x	x	x
四国 (12)	991	444	-	547	403	-	21,921	14,602	21,020	901	195
九州 (13)	1,953	825	-	1,128	380	-	11,220	9,680	10,622	598	257

単位：円

	財			費								
その他の諸材料費	獣医師料及び医薬品費	賃借料及び料金	物件税及び公課諸負担	建物費				自動車費				
				小計	購入	自給	償却	小計	購入	自給	償却	
(11)	(12)	(13)	(14)	(15)	(16)	(17)	(18)	(19)	(20)	(21)	(22)	
23	5,507	828	939	2,511	1,610	-	901	708	533	-	175	(1)
x	x	x	x	x	x	x	x	x	x	x	x	(2)
2	2,651	150	1,167	6,307	1,271	-	5,036	2,529	1,825	-	704	(3)
71	6,225	2,243	1,363	1,970	955	-	1,015	1,988	1,260	-	728	(4)
10	6,669	1,060	1,094	2,976	2,056	-	920	2,264	1,805	-	459	(5)
23	5,280	701	879	2,379	1,568	-	811	287	211	-	76	(6)
20	5,927	788	946	2,589	1,369	-	1,220	819	649	-	170	(7)
4	4,603	1,572	1,065	1,986	1,157	-	829	1,165	855	-	310	(8)
14	3,846	839	1,180	5,386	2,071	-	3,315	2,038	1,493	-	545	(9)
1	9,786	1,408	995	504	266	-	238	1,111	721	-	390	(10)
x	x	x	x	x	x	x	x	x	x	x	x	(11)
4	4,402	430	989	1,911	264	-	1,647	2,377	1,213	-	1,164	(12)
8	2,332	569	363	1,966	1,208	-	758	884	579	-	305	(13)

費用合計				副産物価額	生産費（副産物価額差引）	支払利子	支払地代	支払利子・地代算入生産費	自己資本利子	自作地地代	資本利子・地代全額算入生産費（全算入生産費）	
計	購入	自給	償却									
(34)	(35)	(36)	(37)	(38)	(39)	(40)	(41)	(42)	(43)	(44)	(45)	
216,032	200,533	13,803	1,696	3,911	212,121	632	181	212,934	1,327	477	214,738	(1)
x	x	x	x	x	x	x	x	x	x	x	x	(2)
224,487	207,587	10,533	6,367	3,250	221,237	48	18	221,303	3,310	2,221	226,834	(3)
219,293	199,077	18,271	1,945	1,826	217,467	1,871	1,209	220,547	1,042	1,639	223,228	(4)
221,224	202,973	16,056	2,195	4,335	216,889	481	81	217,451	1,393	1,029	219,873	(5)
214,682	200,240	12,948	1,494	3,963	210,719	595	141	211,455	1,287	268	213,010	(6)
221,187	203,825	15,426	1,936	4,307	216,880	579	207	217,666	1,518	979	220,163	(7)
220,276	199,347	18,812	2,117	4,928	215,348	-	36	215,384	1,412	498	217,294	(8)
226,112	208,380	12,875	4,857	2,748	223,364	322	-	223,686	3,220	325	227,231	(9)
208,286	193,486	12,333	2,467	1,392	206,894	47	-	206,941	652	315	207,908	(10)
x	x	x	x	x	x	x	x	x	x	x	x	(11)
205,560	182,124	20,078	3,358	1,147	204,413	74	78	204,565	3,118	144	207,827	(12)
219,957	206,228	11,538	2,191	1,094	218,863	1,739	69	220,671	737	104	221,512	(13)

3 乳用雄育成牛生産費 (続き)
(5) 敷料の使用数量と価額 (乳用雄育成牛1頭当たり)

区　　　　　分	平　　　　均		5 ～ 20 頭 未 満		20 ～ 50	
	数　量	価　額	数　量	価　額	数　量	価　額
	(1)	(2)	(3)	(4)	(5)	(6)
	kg	円	kg	円	kg	円
敷　料　費　計	…	8,744	x	x	…	3,509
稲　　わ　　ら	0.0	0	x	x	－	－
お　が　く　ず	722.7	8,188	x	x	313.5	2,620
そ　　の　　他	…	556	x	x	…	889

50	～	100	100	～	200	200	頭	以	上
数 量		価 額	数 量		価 額	数 量		価 額	
(7)		(8)	(9)		(10)	(11)		(12)	
kg		円	kg		円	kg		円	
…		3,022	…		4,027	…		10,140	
1.1		11	－		－	－		－	
339.1		2,917	324.4		3,248	833.3		9,605	
…		94	…		779	…		535	

3 乳用雄育成牛生産費（続き）

(6) 流通飼料の使用数量と価額（乳用雄育成牛1頭当たり）

区分	平均 数量 (1) kg	平均 価額 (2) 円	5～20頭未満 数量 (3) kg	5～20頭未満 価額 (4) 円	20～50 数量 (5) kg	20～50 価額 (6) 円
流通飼料費合計 (1)	…	60,900	x	x	…	71,952
購入飼料費計 (2)	…	60,874	x	x	…	71,948
穀類 小計 (3)	…	8	x	x	…	266
大麦 (4)	–	–	x	x	–	–
その他の麦 (5)	–	–	x	x	–	–
とうもろこし (6)	0.1	3	x	x	7.3	266
大豆 (7)	–	–	x	x	–	–
飼料用米 (8)	–	–	x	x	–	–
その他 (9)	…	5	x	x	…	–
ぬか・ふすま類 小計 (10)	…	7	x	x	…	94
ふすま (11)	0.2	7	x	x	2.4	84
米・麦ぬか (12)	0.0	0	x	x	0.4	10
その他 (13)	…	–	x	x	…	–
植物性かす類 小計 (14)	…	149	x	x	…	79
大豆油かす (15)	0.2	18	x	x	1.3	78
ビートパルプ (16)	–	–	x	x	–	–
その他 (17)	…	131	x	x	…	1
配合飼料 (18)	851.4	46,496	x	x	1,092.3	59,650
TMR (19)	–	–	x	x	–	–
牛乳・脱脂乳 (20)	…	7,754	x	x	…	4,881
いも類及び野菜類 (21)	–	–	x	x	–	–
わら類その他 小計 (22)	…	70	x	x	…	145
稲わら (23)	1.3	69	x	x	2.7	82
その他 (24)	…	1	x	x	…	63
生牧草 (25)	–	–	x	x	–	–
乾牧草 小計 (26)	…	1,650	x	x	…	6,252
まめ科・ヘイキューブ (27)	0.0	0	x	x	–	–
その他 (28)	…	1,650	x	x	…	6,252
サイレージ 小計 (29)	…	922	x	x	…	–
いね科 (30)	36.8	922	x	x	…	–
うち稲発酵粗飼料 (31)	0.3	7	x	x	…	–
その他 (32)	…	–	x	x	…	–
その他 (33)	…	3,818	x	x	…	581
自給飼料費計 (34)	…	26	x	x	…	4
稲わら (35)	1.4	17	x	x	0.4	4
その他 (36)	…	9	x	x	…	–

50 ～ 100		100 ～ 200		200 頭 以 上		
数 量	価 額	数 量	価 額	数 量	価 額	
(7)	(8)	(9)	(10)	(11)	(12)	
kg	円	kg	円	kg	円	
…	55,785	…	70,872	…	59,044	(1)
…	55,321	…	70,872	…	59,044	(2)
…	−	…	−	…	7	(3)
−	−	−	−	−	−	(4)
−	−	−	−	−	−	(5)
−	−	−	−	−	−	(6)
−	−	−	−	−	−	(7)
−	−	−	−	−	−	(8)
…	−	…	−	…	7	(9)
…	−	…	35	…	−	(10)
−	−	0.9	35	−	−	(11)
−	−	−	−	−	−	(12)
…	−	…	−	…	−	(13)
…	40	…	111	…	166	(14)
−	−	1.0	111	−	−	(15)
−	−	−	−	−	−	(16)
…	40	…	−	…	166	(17)
819.7	47,264	1,074.1	56,771	805.1	44,182	(18)
−	−	−	−	−	−	(19)
…	6,781	…	7,727	…	7,876	(20)
−	−	−	−	−	−	(21)
…	161	…	385	…	−	(22)
5.0	161	6.6	385	−	−	(23)
…	−	…	−	…	−	(24)
−	−	−	−	−	−	(25)
…	663	…	4,549	…	1,038	(26)
−	−	0.0	1	−	−	(27)
…	663	…	4,548	…	1,038	(28)
…	186	…	9	…	1,168	(29)
5.5	186	0.6	9	46.7	1,168	(30)
4.5	112	0.6	9	−	−	(31)
…	−	…	−	…	−	(32)
…	226	…	1,285	…	4,607	(33)
…	**464**	…	−	…	−	**(34)**
27.6	276	−	−	−	−	(35)
…	188	…	−	…	−	(36)

4 交雑種育成牛生産費

4　交雑種育成牛生産費
(1)　経営の概況（1経営体当たり）

区　分	集計経営体数	世帯員 計	男	女	農業就業者 計	男	女	経 計
	(1)	(2)	(3)	(4)	(5)	(6)	(7)	(8)
	経営体	人	人	人	人	人	人	a
全国　(1)	44	3.8	1.8	2.0	2.4	1.4	1.0	1,523
飼養頭数規模別								
5 ～ 20頭未満　(2)	7	4.7	1.9	2.8	2.9	1.4	1.5	730
20 ～ 50　(3)	16	3.5	1.9	1.6	2.2	1.4	0.8	378
50 ～ 100　(4)	12	3.5	1.9	1.6	2.2	1.2	1.0	434
100 ～ 200　(5)	5	4.4	2.2	2.2	3.1	1.8	1.3	332
200頭以上　(6)	4	3.2	1.4	1.8	1.6	1.1	0.5	5,122
全国農業地域別								
北海道　(7)	6	4.5	2.2	2.3	2.0	1.3	0.7	5,106
東北　(8)	6	2.7	1.5	1.2	1.7	1.0	0.7	613
関東・東山　(9)	11	4.2	1.9	2.3	2.7	1.5	1.2	435
東海　(10)	4	4.1	2.3	1.8	2.3	1.3	1.0	274
四国　(11)	4	4.3	2.5	1.8	1.8	1.0	0.8	450
九州　(12)	13	4.0	2.2	1.8	2.0	1.4	0.6	387

区　分	畜舎面積1経営体当たり	カッター	貨物自動車	トラクター（耕うん機を含む。）	飼養月平均頭数	月齢	生体重	評価額
	(18)	(19)	(20)	(21)	(22)	(23)	(24)	(25)
	㎡	台	台	台	頭	月	kg	円
全国　(1)	2,033.8	4.7	34.0	19.8	106.7	1.3	67.2	252,842
飼養頭数規模別								
5 ～ 20頭未満　(2)	635.3	3.7	22.6	19.5	12.9	1.5	67.7	250,906
20 ～ 50　(3)	1,442.6	5.4	23.3	8.6	30.8	1.7	70.8	283,596
50 ～ 100　(4)	1,668.5	11.3	38.2	20.8	63.4	1.5	72.2	269,986
100 ～ 200　(5)	3,031.5	3.8	32.6	10.4	127.7	1.6	82.0	267,199
200頭以上　(6)	3,213.3	-	50.5	36.6	271.3	1.0	58.6	238,120
全国農業地域別								
北海道　(7)	2,668.2	5.0	18.8	38.3	165.3	1.0	50.7	238,370
東北　(8)	1,320.7	3.3	26.7	11.7	39.8	1.2	55.7	206,146
関東・東山　(9)	1,356.3	3.6	28.2	10.0	48.6	1.4	79.3	266,835
東海　(10)	1,464.7	12.5	40.0	20.0	58.2	2.1	95.4	294,648
四国　(11)	542.7	-	40.0	20.0	72.8	1.1	64.2	239,088
九州　(12)	2,473.1	4.6	28.5	13.8	70.1	1.6	71.5	297,838

営				土		地		
耕		地		畜 産 用 地				山林その他
小　計	田	畑	牧草地	小　計	畜舎等	放牧地	採草地	
(9)	(10)	(11)	(12)	(13)	(14)	(15)	(16)	(17)
a	a	a	a	a	a	a	a	a
1,083	101	626	356	81	78	-	3	359 (1)
440	17	287	136	68	55	-	13	222 (2)
159	35	106	18	60	60	-	-	159 (3)
255	80	86	89	34	34	-	-	145 (4)
118	3	60	55	124	124	-	-	90 (5)
3,953	333	2,302	1,318	110	110	-	-	1,059 (6)
4,129	126	2,031	1,972	320	134	-	186	657 (7)
371	40	52	279	31	31	-	-	211 (8)
134	14	52	68	57	57	-	-	244 (9)
180	92	88	-	29	29	-	-	65 (10)
276	201	16	59	15	15	-	-	159 (11)
286	81	116	89	44	44	-	-	57 (12)

生	産	物	（1 頭 当 た り）						
主	産	物				副 産 物			
販売頭数 1経営体当たり	月　齢	生体重	価　格	増体量	育成期間	きゅう肥 数量	利用量	価　額 （利用分）	その他
(26)	(27)	(28)	(29)	(30)	(31)	(32)	(33)	(34)	(35)
頭	月	kg	円	kg	月	kg	kg	円	円
182.2	8.1	300.3	371,982	232.9	6.8	2,600	1,423	3,610	84 (1)
23.8	8.1	308.5	377,227	240.9	6.5	2,073	1,369	4,794	2,255 (2)
66.0	7.3	279.8	372,775	208.7	5.6	1,922	976	1,312	- (3)
118.2	7.5	264.3	375,199	191.7	6.1	2,219	1,507	3,024	202 (4)
236.5	8.3	313.3	385,011	231.1	6.7	1,803	1,075	1,503	- (5)
426.8	8.2	304.9	364,671	246.3	7.1	3,182	1,629	4,989	- (6)
254.0	8.5	315.1	386,115	264.3	7.5	2,473	2,456	9,329	- (7)
70.5	8.0	269.0	325,137	213.1	6.8	2,926	1,121	1,667	- (8)
96.4	7.7	279.0	381,638	199.6	6.3	1,816	1,021	1,895	242 (9)
94.8	7.8	303.8	398,588	208.4	5.6	2,308	1,757	2,610	422 (10)
130.8	7.8	300.2	353,025	235.9	6.8	3,851	1,360	2,522	- (11)
132.5	7.6	279.3	386,204	207.8	6.1	1,902	773	1,986	- (12)

4 交雑種育成牛生産費（続き）

(2) 作業別労働時間（交雑種育成牛1頭当たり）

区　　　　　分	計	男	女	家　族・雇　用　別　内　訳					
				家　　族			雇　　用		
				小　計	男	女	小　計	男	女
	(1)	(2)	(3)	(4)	(5)	(6)	(7)	(8)	(9)
全　　　　　国 (1)	9.90	7.38	2.52	7.28	5.30	1.98	2.62	2.08	0.54
飼養頭数規模別									
5 ～ 20頭未満 (2)	19.15	8.14	11.01	19.15	8.14	11.01	-	-	-
20 ～ 50 (3)	14.61	10.63	3.98	14.33	10.45	3.88	0.28	0.18	0.10
50 ～ 100 (4)	10.74	7.63	3.11	10.35	7.35	3.00	0.39	0.28	0.11
100 ～ 200 (5)	9.99	8.57	1.42	8.92	7.50	1.42	1.07	1.07	-
200頭以上 (6)	8.59	6.27	2.32	4.26	2.94	1.32	4.33	3.33	1.00
全国農業地域別									
北　　海　　道 (7)	8.99	7.78	1.21	7.42	6.24	1.18	1.57	1.54	0.03
東　　　　北 (8)	13.00	8.52	4.48	11.56	8.34	3.22	1.44	0.18	1.26
関　東・東　山 (9)	12.14	8.58	3.56	12.13	8.57	3.56	0.01	0.01	-
東　　　　海 (10)	10.43	8.92	1.51	10.07	8.56	1.51	0.36	0.36	-
四　　　　国 (11)	12.48	9.11	3.37	5.42	3.76	1.66	7.06	5.35	1.71
九　　　　州 (12)	12.11	9.20	2.91	11.53	8.62	2.91	0.58	0.58	-

(3) 収益性

ア 交雑種育成牛1頭当たり

区　　　　　分	粗　　収　　益			生　　産　　費　　用		
	計	主産物	副産物	生産費総額	生産費総額から家族労働費、自己資本利子、自作地地代を控除した額	生産費総額から家族労働費を控除した額
	(1)	(2)	(3)	(4)	(5)	(6)
全　　　　　国 (1)	375,676	371,982	3,694	375,151	359,145	363,216
飼養頭数規模別						
5 ～ 20頭未満 (2)	384,276	377,227	7,049	404,171	371,840	374,653
20 ～ 50 (3)	374,087	372,775	1,312	394,713	368,678	371,136
50 ～ 100 (4)	378,425	375,199	3,226	388,167	369,072	372,439
100 ～ 200 (5)	386,514	385,011	1,503	372,866	356,034	357,640
200頭以上 (6)	369,660	364,671	4,989	369,201	356,414	362,093
全国農業地域別						
北　　海　　道 (7)	395,444	386,115	9,329	386,914	369,040	374,073
東　　　　北 (8)	326,804	325,137	1,667	328,837	308,123	312,307
関　東・東　山 (9)	383,775	381,638	2,137	379,077	355,342	357,980
東　　　　海 (10)	401,620	398,588	3,032	402,400	381,084	384,233
四　　　　国 (11)	355,547	353,025	2,522	370,496	358,183	363,100
九　　　　州 (12)	388,190	386,204	1,986	419,446	398,234	401,789

単位：時間

直　接　労　働　時　間				間　接　労　働　時　間		
小　計	飼　育　労　働　時　間		その他		自給牧草に係る労働時間	
	飼料の調理・給与・給水	敷料の搬入・きゅう肥の搬出				
(10)	(11)	(12)	(13)	(14)	(15)	
9.44	6.53	1.51	1.40	0.46	0.16	(1)
18.08	14.42	1.94	1.72	1.07	0.04	(2)
13.63	9.97	1.40	2.26	0.98	0.14	(3)
9.78	6.75	1.41	1.62	0.96	0.54	(4)
9.65	5.90	1.98	1.77	0.34	0.03	(5)
8.30	5.94	1.30	1.06	0.29	0.14	(6)
8.43	5.46	1.69	1.28	0.56	0.27	(7)
11.72	7.70	1.84	2.18	1.28	0.57	(8)
11.79	7.99	1.74	2.06	0.35	－	(9)
9.24	6.55	1.39	1.30	1.19	0.37	(10)
11.54	8.15	2.16	1.23	0.94	0.37	(11)
11.49	7.64	1.45	2.40	0.62	0.26	(12)

単位：円　イ　１日当たり　単位：円

所　得	家族労働報酬	所　得	家族労働報酬	
(7)	(8)	(1)	(2)	
16,531	12,460	18,166	13,692	(1)
12,436	9,623	5,195	4,020	(2)
5,409	2,951	3,020	1,647	(3)
9,353	5,986	7,229	4,627	(4)
30,480	28,874	27,336	25,896	(5)
13,246	7,567	24,875	14,210	(6)
26,404	21,371	28,468	23,042	(7)
18,681	14,497	12,928	10,033	(8)
28,433	25,795	18,752	17,012	(9)
20,536	17,387	16,315	13,813	(10)
△ 2,636	△ 7,553	nc	nc	(11)
△ 10,044	△ 13,599	nc	nc	(12)

4 交雑種育成牛生産費（続き）
（4） 生産費（交雑種育成牛1頭当たり）

区　　　　　分	計	もと畜費	飼料費 小計	流通飼料費	購入	牧草・放牧・採草費	敷料費	購入	光熱水料及び動力費	購入
	(1)	(2)	(3)	(4)	(5)	(6)	(7)	(8)	(9)	(10)
全　　　　国 (1)	354,754	258,486	74,167	72,554	72,390	1,613	5,327	5,315	3,692	3,692
飼養頭数規模別										
5 ～ 20頭未満 (2)	371,735	257,168	93,796	93,411	93,411	385	3,063	2,626	4,161	4,161
20 ～ 50 (3)	367,649	289,325	61,159	60,628	60,508	531	3,455	3,455	2,918	2,918
50 ～ 100 (4)	367,339	278,460	69,617	66,950	66,936	2,667	2,483	2,474	2,935	2,935
100 ～ 200 (5)	354,048	271,045	67,654	66,856	66,856	798	3,124	3,124	3,038	3,038
200頭以上 (6)	349,607	243,854	79,066	77,115	76,823	1,951	7,401	7,401	4,259	4,259
全国農業地域別										
北　海　道 (7)	365,550	245,409	89,725	83,399	83,399	6,326	7,138	7,017	3,758	3,758
東　　北 (8)	306,780	215,405	72,054	66,825	66,814	5,229	2,561	2,535	3,185	3,185
関東・東山 (9)	355,105	269,604	68,833	68,833	68,813	-	2,935	2,935	3,281	3,281
東　　海 (10)	380,023	296,980	62,646	60,704	60,704	1,942	2,304	2,304	3,423	3,423
四　　国 (11)	348,535	242,744	79,763	79,255	78,440	508	7,034	6,891	4,275	4,275
九　　州 (12)	395,235	305,963	70,243	68,697	68,629	1,546	4,212	4,212	3,150	3,150

区　　　　　分	農機具費 小計	購入	自給	償却	生産管理費	償却	労働費 計	家族	直接労働費	間接労働費	自給牧草に係る労働費
	(23)	(24)	(25)	(26)	(27)	(28)	(29)	(30)	(31)	(32)	(33)
全　　　　国 (1)	1,955	1,337	-	618	265	4	15,293	11,935	14,594	699	246
飼養頭数規模別											
5 ～ 20頭未満 (2)	1,890	837	-	1,053	732	18	29,518	29,518	28,068	1,450	63
20 ～ 50 (3)	1,602	1,046	-	556	227	-	23,912	23,577	22,279	1,633	204
50 ～ 100 (4)	2,653	1,878	-	775	192	-	16,435	15,728	14,983	1,452	872
100 ～ 200 (5)	893	796	-	97	159	-	16,374	15,226	15,824	550	52
200頭以上 (6)	2,344	1,527	-	817	317	8	12,699	7,108	12,267	432	204
全国農業地域別											
北　海　道 (7)	3,011	2,714	-	297	128	8	14,516	12,841	13,600	916	463
東　　北 (8)	2,955	2,094	-	861	426	-	17,694	16,530	16,014	1,680	810
関東・東山 (9)	1,225	903	-	322	245	3	21,104	21,097	20,494	610	-
東　　海 (10)	1,938	1,708	-	230	320	-	18,681	18,167	16,542	2,139	714
四　　国 (11)	1,487	703	-	784	395	-	16,552	7,396	15,309	1,243	521
九　　州 (12)	2,301	1,118	-	1,183	278	-	18,653	17,657	17,701	952	405

単位：円

	財			費								
その他の諸材料費	獣医師料及び医薬品費	賃借料及び料金	物件税及び公課諸負担	建物費				自動車費				
				小計	購入	自給	償却	小計	購入	自給	償却	
(11)	(12)	(13)	(14)	(15)	(16)	(17)	(18)	(19)	(20)	(21)	(22)	
42	5,417	603	813	2,661	535	-	2,126	1,326	749	-	577	(1)
84	4,387	937	936	2,794	628	-	2,166	1,787	1,076	-	711	(2)
84	3,425	277	1,000	2,361	865	-	1,496	1,816	1,090	-	726	(3)
63	5,084	369	1,129	1,897	639	-	1,258	2,457	1,066	-	1,391	(4)
6	4,547	470	551	1,835	898	-	937	726	630	-	96	(5)
47	6,217	748	832	3,265	291	-	2,974	1,257	671	-	586	(6)
119	8,111	1,613	1,178	4,973	1,518	-	3,455	387	362	-	25	(7)
89	5,565	492	1,088	1,142	362	-	780	1,818	1,056	-	762	(8)
13	3,598	112	908	2,083	666	-	1,417	2,268	880	-	1,388	(9)
42	5,444	741	877	4,009	514	-	3,495	1,299	796	-	503	(10)
177	5,506	400	1,422	2,811	512	-	2,299	2,521	1,549	-	972	(11)
11	4,351	403	662	2,049	425	-	1,624	1,612	941	-	671	(12)

費用合計				副産物価額	生産費（副産物価額差引）	支払利子	支払地代	支払利子・地代算入生産費	自己資本利子	自作地地代	資本利子・地代全額算入生産費（全算入生産費）	
計	購入	自給	償却									
(34)	(35)	(36)	(37)	(38)	(39)	(40)	(41)	(42)	(43)	(44)	(45)	
370,047	344,053	22,669	3,325	3,694	366,353	800	233	367,386	3,272	799	371,457	(1)
401,253	286,258	111,047	3,948	7,049	394,204	44	61	394,309	2,264	549	397,122	(2)
391,561	364,555	24,228	2,778	1,312	390,249	605	89	390,943	2,211	247	393,401	(3)
383,774	361,932	18,418	3,424	3,226	380,548	872	154	381,574	2,623	744	384,941	(4)
370,422	325,969	43,323	1,130	1,503	368,919	800	38	369,757	1,317	289	371,363	(5)
362,306	348,570	9,351	4,385	4,989	357,317	845	371	358,533	4,542	1,137	364,212	(6)
380,066	353,621	22,660	3,785	9,329	370,737	1,453	362	372,552	3,025	2,008	377,585	(7)
324,474	300,275	21,796	2,403	1,667	322,807	40	139	322,986	3,140	1,044	327,170	(8)
376,209	315,498	57,581	3,130	2,137	374,072	211	19	374,302	2,307	331	376,940	(9)
398,704	374,367	20,109	4,228	3,032	395,672	355	192	396,219	2,390	759	399,368	(10)
365,087	349,440	11,592	4,055	2,522	362,565	480	12	363,057	4,830	87	367,974	(11)
413,888	391,139	19,271	3,478	1,986	411,902	1,680	323	413,905	3,208	347	417,460	(12)

4 交雑種育成牛生産費（続き）

(5) 敷料の使用数量と価額（交雑種育成牛１頭当たり）

区　　　　分	平　　均		5 ～ 20 頭 未 満		20 ～ 50	
	数　量	価　額	数　量	価　額	数　量	価　額
	(1)	(2)	(3)	(4)	(5)	(6)
	kg	円	kg	円	kg	円
敷　料　費　計	…	5,327	…	3,063	…	3,455
稲　　わ　　ら	0.2	4	-	-	1.8	37
お　が　く　ず	520.8	4,081	254.0	2,626	384.0	3,150
そ　の　他	…	1,242	…	437	…	268

50 ～ 100		100 ～ 200		200 頭 以 上	
数 量	価 額	数 量	価 額	数 量	価 額
(7)	(8)	(9)	(10)	(11)	(12)
kg	円	kg	円	kg	円
…	2,483	…	3,124	…	7,401
0.6	9	－	－	－	－
394.7	2,320	251.6	2,845	709.3	5,277
…	154	…	279	…	2,124

4 交雑種育成牛生産費（続き）
(6) 流通飼料の使用数量と価額（交雑種育成牛1頭当たり）

区　分	平均 数量	平均 価額	5～20頭未満 数量	5～20頭未満 価額	20～50 数量	20～50 価額
	(1)	(2)	(3)	(4)	(5)	(6)
	kg	円	kg	円	kg	円
流 通 飼 料 費 合 計 (1)	…	72,554	…	93,411	…	60,628
購 入 飼 料 費 計 (2)	…	72,390	…	93,411	…	60,508
穀　　類						
小　　計 (3)	…	4	…	－	…	37
大　麦 (4)	－	－	－	－	－	－
その他の麦 (5)	－	－	－	－	－	－
とうもろこし (6)	0.0	1				
大　豆 (7)	－	－	－	－	－	－
飼 料 用 米 (8)	－	－	－	－	－	－
そ の 他 (9)	…	3	…	－	…	37
ぬか・ふすま類						
小　　計 (10)	…	51	…	－	…	－
ふ す ま (11)	1.5	51	－	－	－	－
米・麦ぬか (12)	－	－	－	－	－	－
そ の 他 (13)	…	－	…	－	…	－
植 物 性 か す 類						
小　　計 (14)	…	293	…	167	…	380
大 豆 油 か す (15)	2.8	153	－	－	0.2	18
ビ ー ト パ ル プ (16)	0.6	34	2.0	167	1.3	77
そ の 他 (17)	…	106	…	－	…	285
配 合 飼 料 (18)	1,007.6	52,806	1,059.0	62,487	687.8	38,237
Ｔ Ｍ Ｒ (19)	0.0	2	－	－	－	－
牛 乳 ・ 脱 脂 乳 (20)	…	6,898	…	3,212	…	12,437
い も 類 及 び 野 菜 類 (21)	－	－				
わ ら 類 そ の 他						
小　　計 (22)	…	583	…	1,215	…	1,626
稲 わ ら (23)	19.7	581	40.2	1,215	53.1	1,591
そ の 他 (24)	…	2	…	－	…	35
生 牧 草 (25)	0.0	0	－	－	0.0	1
乾 牧 草						
小　　計 (26)	…	8,393	…	22,898	…	6,613
まめ科・ヘイキューブ (27)	1.5	97	0.9	78	1.3	89
そ の 他 (28)	…	8,296	…	22,820	…	6,524
サ イ レ ー ジ						
小　　計 (29)	…	559	…	1,419	…	116
い ね 科 (30)	21.8	315	35.5	1,419	8.6	116
うち 稲発酵粗飼料 (31)	20.7	296	35.5	1,419	8.6	116
そ の 他 (32)	…	244	…	－	…	－
そ の 他 (33)	…	2,801	…	2,013	…	1,061
自 給 飼 料 費 計 (34)	…	164	…	－	…	120
稲 わ ら (35)	15.0	164	－	－	2.6	120
そ の 他 (36)	…	－	…	－	…	－

50 〜 100		100 〜 200		200 頭 以 上		
数 量	価 額	数 量	価 額	数 量	価 額	
(7)	(8)	(9)	(10)	(11)	(12)	
kg	円	kg	円	kg	円	
…	66,950	…	66,856	…	77,115	(1)
…	66,936	…	66,856	…	76,823	(2)
…	10	…	−	…	−	(3)
−	−	−	−	−	−	(4)
−	−	−	−	−	−	(5)
0.2	10	−	−	−	−	(6)
−	−	−	−	−	−	(7)
−	−	−	−	−	−	(8)
…	−	…	−	…	−	(9)
…	405	…	−	…	−	(10)
11.7	405	−	−	−	−	(11)
−	−	−	−	−	−	(12)
…	−	…	−	…	−	(13)
…	351	…	277	…	282	(14)
0.2	22	−	−	5.3	282	(15)
3.8	197	−	−	−	−	(16)
…	132	…	277	…	−	(17)
785.3	47,789	1,006.3	50,407	1,099.9	56,548	(18)
0.2	17	−	−	−	−	(19)
…	5,330	…	3,336	…	8,426	(20)
−	−	−	−	−	−	(21)
…	546	…	512	…	460	(22)
23.9	546	11.1	512	17.5	460	(23)
…	−	…	−	…	−	(24)
−	−	−	−	−	−	(25)
…	10,031	…	11,996	…	5,813	(26)
5.8	290	2.4	207	−	−	(27)
…	9,741	…	11,789	…	5,813	(28)
…	2,122	…	16	…	462	(29)
160.8	2,122	0.6	16	−	−	(30)
151.3	1,967	0.6	16	−	−	(31)
…	−	…	−	…	462	(32)
…	335	…	312	…	4,832	(33)
…	14	…	−	…	292	(34)
1.3	14	−	−	27.8	292	(35)
…	−	…	−	…	−	(36)

5　去勢若齢肥育牛生産費

5 去勢若齢肥育牛生産費
(1) 経営の概況（1経営体当たり）

区　　　　　分	集　計経営体数	世　帯　員 計	男	女	農　業　就　業　者 計	男	女	経 計
	(1)	(2)	(3)	(4)	(5)	(6)	(7)	(8)
	経営体	人	人	人	人	人	人	a
全　　　　　国 (1)	286	3.7	1.9	1.8	2.0	1.3	0.7	753
飼養頭数規模別								
1 ～ 10頭未満 (2)	56	3.2	1.5	1.7	1.6	1.0	0.6	785
10 ～ 20 (3)	45	3.7	1.8	1.9	1.8	1.0	0.8	851
20 ～ 30 (4)	37	3.4	2.0	1.4	1.8	1.2	0.6	802
30 ～ 50 (5)	46	3.8	2.0	1.8	1.9	1.2	0.7	549
50 ～ 100 (6)	55	4.4	2.3	2.1	2.5	1.5	1.0	728
100 ～ 200 (7)	32	4.9	2.5	2.4	2.4	1.6	0.8	566
200頭以上 (8)	15	3.9	2.1	1.8	2.6	1.7	0.9	932
全国農業地域別								
北　海　道 (9)	14	4.6	2.3	2.3	3.1	1.7	1.4	4,791
東　　　北 (10)	83	4.3	2.1	2.2	2.0	1.3	0.7	690
北　　　陸 (11)	4	4.8	2.0	2.8	2.3	1.5	0.8	461
関 東 ・ 東 山 (12)	41	4.1	2.0	2.1	1.9	1.3	0.6	512
東　　　海 (13)	17	3.3	1.9	1.4	1.9	1.4	0.5	492
近　　　畿 (14)	10	3.5	1.9	1.6	1.5	1.1	0.4	376
中　　　国 (15)	13	4.4	2.5	1.9	2.5	1.5	1.0	513
四　　　国 (16)	10	3.6	1.8	1.8	1.5	1.1	0.4	382
九　　　州 (17)	94	3.7	1.8	1.9	2.1	1.2	0.9	443

区　　　　分	畜舎の面積及び自動車・農機具の所有状況（10経営体当たり） 畜舎面積 (1経営体当たり)	カッター	貨物自動車	トラクター (耕うん機を含む。)	飼養月平均頭数	もと牛の概要（もと牛1頭当たり） 月　齢	生体重	評価額
	(18)	(19)	(20)	(21)	(22)	(23)	(24)	(25)
	㎡	台	台	台	頭	月	kg	円
全　　　　　国 (1)	1,049.0	4.0	27.0	18.7	72.7	9.2	296.2	765,194
飼養頭数規模別								
1 ～ 10頭未満 (2)	398.0	3.7	18.0	15.9	6.6	9.3	292.1	743,572
10 ～ 20 (3)	516.8	3.9	25.2	15.2	15.1	9.3	309.9	756,444
20 ～ 30 (4)	521.8	2.6	26.9	18.5	27.1	9.4	303.0	750,790
30 ～ 50 (5)	684.6	6.6	23.7	18.6	40.4	9.2	293.2	758,175
50 ～ 100 (6)	1,148.7	2.0	29.1	24.8	76.9	9.1	302.3	794,072
100 ～ 200 (7)	2,245.0	4.6	36.5	20.2	144.0	8.8	297.1	789,545
200頭以上 (8)	2,595.7	5.1	44.6	20.4	276.8	9.5	293.4	746,804
全国農業地域別								
北　海　道 (9)	849.6	－	35.0	45.7	28.0	10.1	306.2	680,923
東　　　北 (10)	661.0	1.9	27.3	19.1	35.9	9.4	320.5	801,402
北　　　陸 (11)	821.7	－	20.0	15.0	40.1	9.3	298.9	792,012
関 東 ・ 東 山 (12)	741.5	2.9	25.5	20.2	55.6	9.6	300.7	756,754
東　　　海 (13)	1,335.1	1.2	24.1	6.5	69.5	9.2	295.2	767,220
近　　　畿 (14)	1,786.1	2.0	27.0	24.0	67.3	8.8	288.5	846,163
中　　　国 (15)	1,083.2	4.6	31.5	19.2	40.0	8.4	272.3	697,060
四　　　国 (16)	1,248.8	6.0	26.0	15.0	53.4	8.7	290.7	764,408
九　　　州 (17)	1,121.9	6.7	28.4	18.5	72.9	8.9	288.4	791,319

	営		土		地				
耕	地			畜 産 用 地				山 林その他	
小 計	田	畑	牧草地	小 計	畜舎等	放牧地	採草地		
(9)	(10)	(11)	(12)	(13)	(14)	(15)	(16)	(17)	
a	a	a	a	a	a	a	a	a	
477	285	92	100	76	37	35	4	200	(1)
490	293	80	117	40	26	14	-	255	(2)
587	269	240	78	80	17	63	-	184	(3)
550	266	52	232	129	38	91	-	123	(4)
351	234	73	44	35	20	15	-	163	(5)
560	284	103	173	40	34	-	6	128	(6)
331	236	71	24	74	45	-	29	161	(7)
465	371	63	31	217	91	126	-	250	(8)
2,723	696	767	1,260	922	57	865	-	1,146	(9)
539	453	41	45	25	25	-	-	126	(10)
197	186	6	5	16	16	-	-	248	(11)
378	274	87	17	42	21	21	-	92	(12)
95	68	27	-	40	40	-	-	357	(13)
284	281	3	-	47	47	-	-	45	(14)
277	212	62	3	37	37	-	-	199	(15)
183	105	66	12	39	39	-	-	160	(16)
236	126	59	51	40	32	-	8	167	(17)

	生	産	物	（1 頭 当 た り）					
主		産		物		副 産 物			
販売頭数1経営体当たり	月 齢	生体重	価 格	増体量	肥育期間	きゅう 肥 数量	利用量	価 額（利用分）	その他
(26)	(27)	(28)	(29)	(30)	(31)	(32)	(33)	(34)	(35)
頭	月	kg	円	kg	月	kg	kg	円	円
42.5	29.5	782.2	1,298,384	485.9	20.3	13,906	4,763	7,924	1,662	(1)
4.1	29.4	771.3	1,260,641	479.6	20.2	14,793	8,575	19,596	-	(2)
10.3	29.0	781.7	1,224,396	471.6	19.7	13,928	8,455	22,886	984	(3)
17.1	29.0	779.7	1,164,555	476.7	19.5	13,665	8,137	21,393	707	(4)
25.0	29.9	757.6	1,271,464	464.0	20.7	14,402	5,961	14,352	4,820	(5)
45.0	29.5	786.0	1,288,169	483.9	20.4	15,281	9,306	14,459	2,935	(6)
87.5	28.9	790.6	1,291,813	493.1	20.1	12,137	4,763	7,604	1,596	(7)
154.5	29.8	780.8	1,323,017	487.4	20.4	14,248	2,443	2,692	1,077	(8)
19.1	26.7	749.0	1,075,505	439.1	16.5	11,194	9,727	30,449	-	(9)
21.3	30.5	810.7	1,303,137	490.2	21.1	14,862	8,890	16,814	771	(10)
21.8	30.5	795.1	1,365,978	497.0	21.2	12,876	3,965	9,958	308	(11)
32.1	29.6	792.7	1,267,003	492.1	20.1	13,671	6,765	12,841	-	(12)
42.4	28.8	758.9	1,341,152	463.5	19.6	13,671	2,336	1,821	-	(13)
35.8	29.7	698.4	1,491,089	409.3	20.8	13,323	5,688	14,498	4,887	(14)
27.4	27.6	744.1	1,155,458	471.5	19.3	10,712	6,017	11,602	3,654	(15)
29.9	28.6	795.5	1,323,207	504.5	20.0	9,947	2,259	6,665	-	(16)
44.5	29.0	776.5	1,288,689	488.2	20.1	15,170	4,225	6,553	2,945	(17)

5 去勢若齢肥育牛生産費（続き）

(2) 作業別労働時間（去勢若齢肥育牛1頭当たり）

区　　　　　分	計	男	女	家族・雇用別内訳 家族 小計	男	女	雇用 小計	男	女
	(1)	(2)	(3)	(4)	(5)	(6)	(7)	(8)	(9)
全　　　　　　　　国 (1)	49.82	38.08	11.74	44.59	34.23	10.36	5.23	3.85	1.38
飼養頭数規模別									
1 ～ 10頭未満 (2)	105.32	78.68	26.64	102.76	77.18	25.58	2.56	1.50	1.06
10 ～ 20 (3)	85.87	62.92	22.95	82.28	61.11	21.17	3.59	1.81	1.78
20 ～ 30 (4)	76.09	70.12	5.97	75.45	69.59	5.86	0.64	0.53	0.11
30 ～ 50 (5)	71.45	57.21	14.24	69.87	56.34	13.53	1.58	0.87	0.71
50 ～ 100 (6)	58.94	47.20	11.74	55.78	44.55	11.23	3.16	2.65	0.51
100 ～ 200 (7)	49.38	38.78	10.60	44.37	34.62	9.75	5.01	4.16	0.85
200頭以上 (8)	36.74	26.07	10.67	29.69	21.13	8.56	7.05	4.94	2.11
全国農業地域別									
北　海　道 (9)	59.45	39.91	19.54	58.18	39.22	18.96	1.27	0.69	0.58
東　　　北 (10)	66.06	53.53	12.53	61.22	48.77	12.45	4.84	4.76	0.08
北　　　陸 (11)	112.23	96.74	15.49	111.88	96.39	15.49	0.35	0.35	-
関東・東山 (12)	48.96	37.46	11.50	44.48	34.39	10.09	4.48	3.07	1.41
東　　　海 (13)	46.79	39.76	7.03	44.06	37.94	6.12	2.73	1.82	0.91
近　　　畿 (14)	46.46	35.13	11.33	35.84	28.68	7.16	10.62	6.45	4.17
中　　　国 (15)	62.55	50.46	12.09	59.89	48.94	10.95	2.66	1.52	1.14
四　　　国 (16)	55.20	45.44	9.76	50.18	40.42	9.76	5.02	5.02	-
九　　　州 (17)	58.58	43.04	15.54	52.00	38.50	13.50	6.58	4.54	2.04

(3) 収益性

ア 去勢若齢肥育牛1頭当たり

区　　　　　分	粗収益 計	主産物	副産物	生産費 生産費総額	生産費総額から家族労働費、自己資本利子、自作地地代を控除した額	生産費総額から家族労働費を控除した額
	(1)	(2)	(3)	(4)	(5)	(6)
全　　　　　　　　国 (1)	1,307,970	1,298,384	9,586	1,263,516	1,184,525	1,194,063
飼養頭数規模別						
1 ～ 10頭未満 (2)	1,280,237	1,260,641	19,596	1,369,802	1,186,219	1,219,957
10 ～ 20 (3)	1,248,266	1,224,396	23,870	1,341,274	1,197,883	1,215,978
20 ～ 30 (4)	1,186,655	1,164,555	22,100	1,323,637	1,192,566	1,205,424
30 ～ 50 (5)	1,290,636	1,271,464	19,172	1,316,536	1,195,453	1,211,417
50 ～ 100 (6)	1,305,563	1,288,169	17,394	1,310,709	1,214,215	1,224,394
100 ～ 200 (7)	1,301,013	1,291,813	9,200	1,297,134	1,218,002	1,227,328
200頭以上 (8)	1,326,786	1,323,017	3,769	1,208,406	1,154,737	1,160,931
全国農業地域別						
北　海　道 (9)	1,105,954	1,075,505	30,449	1,249,123	1,126,485	1,148,600
東　　　北 (10)	1,320,722	1,303,137	17,585	1,365,085	1,251,038	1,271,419
北　　　陸 (11)	1,376,244	1,365,978	10,266	1,489,433	1,294,458	1,310,626
関東・東山 (12)	1,279,844	1,267,003	12,841	1,237,714	1,148,835	1,162,671
東　　　海 (13)	1,342,973	1,341,152	1,821	1,273,770	1,193,568	1,200,541
近　　　畿 (14)	1,510,474	1,491,089	19,385	1,396,085	1,324,256	1,331,117
中　　　国 (15)	1,170,714	1,155,458	15,256	1,218,624	1,109,712	1,122,891
四　　　国 (16)	1,329,872	1,323,207	6,665	1,267,382	1,181,927	1,191,666
九　　　州 (17)	1,298,187	1,288,689	9,498	1,300,585	1,216,083	1,223,699

単位：時間

	直接労働時間			間接労働時間		
		飼育労働時間				自給牧草に係る労働時間
小計	飼料の調理・給与・給水	敷料の搬入・きゅう肥の搬出	その他		
(10)	(11)	(12)	(13)	(14)	(15)	
46.86	32.62	6.21	8.03	2.96	0.28	(1)
99.54	64.94	20.14	14.46	5.78	1.65	(2)
81.68	55.78	13.67	12.23	4.19	0.74	(3)
70.92	46.13	12.27	12.52	5.17	1.91	(4)
67.38	44.39	12.77	10.22	4.07	0.70	(5)
54.71	39.08	6.57	9.06	4.23	0.32	(6)
45.11	31.13	6.16	7.82	4.27	0.15	(7)
35.41	25.37	3.49	6.55	1.33	0.06	(8)
55.42	31.96	13.97	9.49	4.03	2.86	(9)
61.92	40.90	10.22	10.80	4.14	0.56	(10)
106.80	72.63	9.14	25.03	5.43	0.12	(11)
45.72	33.30	6.67	5.75	3.24	0.21	(12)
45.24	30.68	8.02	6.54	1.55	－	(13)
44.62	37.03	2.70	4.89	1.84	0.11	(14)
57.01	42.99	6.85	7.17	5.54	0.50	(15)
51.44	35.25	8.41	7.78	3.76	0.82	(16)
54.78	39.92	5.32	9.54	3.80	0.43	(17)

イ 1日当たり

単位：円　　　　　単位：円

所得	家族労働報酬	所得	家族労働報酬	
(7)	(8)	(1)	(2)	
123,445	113,907	22,148	20,436	(1)
94,018	60,280	7,319	4,693	(2)
50,383	32,288	4,899	3,139	(3)
△5,911	△18,769	nc	nc	(4)
95,183	79,219	10,898	9,070	(5)
91,348	81,169	13,101	11,641	(6)
83,011	73,685	14,967	13,286	(7)
172,049	165,855	46,359	44,690	(8)
△20,531	△42,646	nc	nc	(9)
69,684	49,303	9,106	6,443	(10)
81,786	65,618	5,848	4,692	(11)
131,009	117,173	23,563	21,074	(12)
149,405	142,432	27,128	25,861	(13)
186,218	179,357	41,567	40,035	(14)
61,002	47,823	8,149	6,388	(15)
147,945	138,206	23,586	22,034	(16)
82,104	74,488	12,631	11,460	(17)

5　去勢若齢肥育牛生産費（続き）

(4)　生産費

ア　去勢若齢肥育牛1頭当たり

区分	物財費 計	もと畜費	飼料費 小計	飼料費 流通飼料費	飼料費 流通飼料費 購入	飼料費 牧草・放牧・採草費	敷料費	敷料費 購入	光熱水料及び動力費	光熱水料及び動力費 購入
	(1)	(2)	(3)	(4)	(5)	(6)	(7)	(8)	(9)	(10)
全　国 (1)	1,165,338	780,702	306,403	304,695	302,697	1,708	11,991	11,588	12,272	12,272
飼養頭数規模別										
1 ～ 10頭未満 (2)	1,178,523	762,263	319,022	314,531	307,276	4,491	12,362	10,508	13,172	13,172
10 ～ 20 (3)	1,186,600	783,378	315,147	304,889	297,556	10,258	12,809	10,675	11,702	11,702
20 ～ 30 (4)	1,184,629	767,158	333,228	314,710	309,219	18,518	18,505	17,141	9,922	9,922
30 ～ 50 (5)	1,182,664	783,517	321,880	318,231	316,389	3,649	12,630	11,756	10,414	10,414
50 ～ 100 (6)	1,199,427	811,545	306,501	304,857	302,561	1,644	13,939	12,959	9,851	9,851
100 ～ 200 (7)	1,201,934	806,185	313,709	312,969	311,945	740	14,050	13,844	12,019	12,019
200頭以上 (8)	1,129,752	759,008	297,640	297,286	295,723	354	9,752	9,750	13,542	13,542
全国農業地域別										
北海道 (9)	1,117,509	711,525	330,814	296,289	295,331	34,525	21,797	13,608	8,270	8,270
東北 (10)	1,236,328	816,369	324,801	321,570	316,214	3,231	12,140	11,163	12,003	12,003
北陸 (11)	1,279,251	819,323	383,189	382,987	375,027	202	7,960	7,815	12,675	12,675
関東・東山 (12)	1,141,361	768,247	302,700	302,503	298,100	197	8,731	8,148	11,148	11,148
東海 (13)	1,182,085	778,942	331,456	331,456	330,828	－	14,533	14,533	8,720	8,720
近畿 (14)	1,280,841	876,890	313,693	313,137	311,837	556	11,793	11,741	14,142	14,142
中国 (15)	1,100,234	720,490	290,528	288,773	287,638	1,755	13,786	13,360	8,937	8,937
四国 (16)	1,164,641	792,530	286,968	284,273	283,202	2,695	5,957	5,954	22,734	22,734
九州 (17)	1,193,098	804,933	309,013	306,736	305,727	2,277	15,026	15,016	12,799	12,799

区分	物財費（続き） 農機具費 小計	購入	自給	償却	生産管理費	償却	労働費 計	家族	直接労働費	間接労働費	自給牧草に係る労働費
	(23)	(24)	(25)	(26)	(27)	(28)	(29)	(30)	(31)	(32)	(33)
全　国 (1)	10,484	4,827	－	5,657	1,981	16	76,059	69,453	71,501	4,558	421
飼養頭数規模別											
1 ～ 10頭未満 (2)	10,883	5,307	－	5,576	1,665	12	152,381	149,845	143,979	8,402	2,362
10 ～ 20 (3)	11,919	7,536	－	4,383	2,599	20	131,530	125,296	125,083	6,447	1,253
20 ～ 30 (4)	6,868	3,307	－	3,561	2,112	5	119,500	118,213	111,041	8,459	3,330
30 ～ 50 (5)	10,332	5,864	－	4,468	2,547	3	107,589	105,119	101,642	5,947	968
50 ～ 100 (6)	9,550	5,307	－	4,243	1,758	69	90,320	86,315	83,906	6,414	446
100 ～ 200 (7)	9,013	6,100	－	2,913	2,226	2	76,468	69,806	69,714	6,754	228
200頭以上 (8)	11,682	3,794	－	7,888	1,839	8	56,077	47,475	54,056	2,021	86
全国農業地域別											
北海道 (9)	9,121	4,332	－	4,789	1,062	15	101,895	100,523	94,836	7,059	5,053
東北 (10)	12,864	5,598	－	7,266	1,782	8	99,032	93,666	92,703	6,329	815
北陸 (11)	9,675	4,957	－	4,718	1,475	－	179,119	178,807	170,290	8,829	196
関東・東山 (12)	11,877	4,295	－	7,582	2,485	－	80,239	75,043	74,830	5,409	286
東海 (13)	7,494	4,287	－	3,207	2,155	36	76,247	73,229	73,643	2,604	－
近畿 (14)	11,590	6,258	－	5,332	1,857	87	85,833	64,968	82,356	3,477	216
中国 (15)	10,220	5,352	－	4,868	2,473	90	99,970	95,733	91,565	8,405	774
四国 (16)	5,411	3,668	－	1,743	5,126	33	87,964	75,716	82,416	5,548	1,085
九州 (17)	9,102	4,978	－	4,124	2,208	47	84,416	76,886	78,866	5,550	605

単位：円

	財					費							
その他の諸材料費	獣医師料及び医薬品費	賃借料及び料金	物件税及び公課諸負担	建　物　費				自　動　車　費					
				小　計	購　入	自　給	償　却	小　計	購　入	自　給	償　却		
(11)	(12)	(13)	(14)	(15)	(16)	(17)	(18)	(19)	(20)	(21)	(22)		
200	10,754	5,491	5,628	12,702	3,755	−	8,947	6,730	3,707	−	3,023	(1)
622	13,871	6,909	10,450	12,816	4,806	−	8,010	14,488	6,265	−	8,223	(2)
453	11,448	3,829	12,200	10,229	4,085	−	6,144	10,887	7,834	−	3,053	(3)
833	16,082	3,696	8,230	9,343	3,144	−	6,199	8,652	7,386	−	1,266	(4)
152	12,058	4,461	6,902	12,338	3,419	−	8,919	5,433	4,248	−	1,185	(5)
263	12,422	4,189	6,705	13,608	6,656	−	6,952	9,096	4,530	−	4,566	(6)
158	12,605	4,900	5,728	13,754	6,348	−	7,406	7,587	4,524	−	3,063	(7)
126	8,501	6,444	4,217	12,219	1,443	−	10,776	4,782	2,331	−	2,451	(8)
133	6,107	2,371	6,404	13,725	5,656	−	8,069	6,180	2,877	−	3,303	(9)
261	13,405	5,766	8,294	17,796	6,674	−	11,122	10,847	5,249	−	5,598	(10)
300	13,905	5,330	5,247	12,234	3,465	−	8,769	7,938	2,633	−	5,305	(11)
247	8,174	5,179	5,172	10,561	2,395	−	8,166	6,840	4,790	−	2,050	(12)
233	7,733	11,988	3,367	10,064	1,187	−	8,877	5,400	4,678	−	722	(13)
524	13,822	7,475	6,529	15,606	11,034	−	4,572	6,920	3,954	−	2,966	(14)
409	15,825	9,912	6,316	15,355	5,912	−	9,443	5,983	4,530	−	1,453	(15)
337	13,585	4,085	9,382	12,607	4,165	−	8,442	5,919	4,325	−	1,594	(16)
253	11,053	3,363	6,012	12,493	3,657	−	8,836	6,843	3,862	−	2,981	(17)

費　用　合　計				副産物価額	生産費（副産物価額差引）	支払利子	支払地代	支払利子・地代算入生産費	自己資本利子	自作地地代	資本利子・地代全額算入生産費（全算入生産費）	
計	購　入	自　給	償　却									
(34)	(35)	(36)	(37)	(38)	(39)	(40)	(41)	(42)	(43)	(44)	(45)	
1,241,397	1,131,946	91,808	17,643	9,586	1,231,811	12,120	461	1,244,392	6,886	2,652	1,253,930	(1)
1,330,904	977,941	331,142	21,821	19,596	1,311,308	4,173	987	1,316,468	26,048	7,690	1,350,206	(2)
1,318,130	1,052,386	252,144	13,600	23,870	1,294,260	4,378	671	1,299,309	14,224	3,871	1,317,404	(3)
1,304,129	1,093,017	200,081	11,031	22,100	1,282,029	4,923	1,727	1,288,679	9,925	2,933	1,301,537	(4)
1,290,253	1,137,359	138,319	14,575	19,172	1,271,081	9,713	606	1,281,400	12,789	3,175	1,297,364	(5)
1,289,747	1,152,455	121,462	15,830	17,394	1,272,353	10,408	375	1,283,136	8,008	2,171	1,293,315	(6)
1,278,402	1,183,795	81,223	13,384	9,200	1,269,202	9,350	56	1,278,608	6,991	2,335	1,287,934	(7)
1,185,829	1,115,312	49,394	21,123	3,769	1,182,060	15,827	556	1,198,443	3,735	2,459	1,204,637	(8)
1,219,404	663,457	539,771	16,176	30,449	1,188,955	2,936	4,668	1,196,559	17,202	4,913	1,218,674	(9)
1,335,360	1,181,616	129,750	23,994	17,585	1,317,775	8,692	652	1,327,119	14,721	5,660	1,347,500	(10)
1,458,370	1,242,809	196,769	18,792	10,266	1,448,104	13,688	1,207	1,462,999	13,425	2,743	1,479,167	(11)
1,221,600	1,098,698	105,104	17,798	12,841	1,208,759	1,980	298	1,211,037	11,592	2,244	1,224,873	(12)
1,258,332	1,093,212	152,278	12,842	1,821	1,256,511	7,769	696	1,264,976	6,062	911	1,271,949	(13)
1,366,674	1,266,070	87,647	12,957	19,385	1,347,289	19,299	3,251	1,369,839	5,682	1,179	1,376,700	(14)
1,200,204	1,072,049	112,301	15,854	15,256	1,184,948	5,109	132	1,190,189	12,290	889	1,203,368	(15)
1,252,605	1,047,892	192,901	11,812	6,665	1,245,940	3,807	1,231	1,250,978	7,090	2,649	1,260,717	(16)
1,277,514	1,175,836	85,690	15,988	9,498	1,268,016	15,281	174	1,283,471	5,751	1,865	1,291,087	(17)

5 去勢若齢肥育牛生産費（続き）
（4） 生産費（続き）

イ 去勢若齢肥育牛生体100kg当たり

区分	物財費 計	もと畜費	飼料費 小計	飼料費 流通飼料費	飼料費 流通飼料費 購入	飼料費 牧草・放牧・採草費	敷料費	敷料費 購入	光熱水料及び動力費	光熱水料及び動力費 購入
	(1)	(2)	(3)	(4)	(5)	(6)	(7)	(8)	(9)	(10)
全 国 (1)	148,977	99,805	39,170	38,952	38,697	218	1,533	1,481	1,569	1,569
飼養頭数規模別										
1 ～ 10頭未満 (2)	152,802	98,832	41,363	40,781	39,840	582	1,602	1,362	1,708	1,708
10 ～ 20 (3)	151,788	100,208	40,313	39,001	38,063	1,312	1,639	1,366	1,497	1,497
20 ～ 30 (4)	151,942	98,397	42,740	40,365	39,661	2,375	2,373	2,198	1,273	1,273
30 ～ 50 (5)	156,116	103,427	42,490	42,008	41,765	482	1,667	1,552	1,375	1,375
50 ～ 100 (6)	152,592	103,245	38,993	38,784	38,492	209	1,774	1,649	1,253	1,253
100 ～ 200 (7)	152,026	101,970	39,680	39,586	39,456	94	1,777	1,751	1,520	1,520
200頭以上 (8)	144,684	97,204	38,118	38,073	37,873	45	1,249	1,249	1,734	1,734
全国農業地域別										
北 海 道 (9)	149,206	95,001	44,170	39,560	39,432	4,610	2,910	1,817	1,104	1,104
東 北 (10)	152,494	100,696	40,063	39,665	39,004	398	1,498	1,377	1,480	1,480
北 陸 (11)	160,886	103,043	48,192	48,167	47,166	25	1,001	983	1,594	1,594
関 東 ・ 東 山 (12)	143,980	96,912	38,185	38,160	37,605	25	1,102	1,028	1,406	1,406
東 海 (13)	155,774	102,647	43,679	43,679	43,596	-	1,915	1,915	1,149	1,149
近 畿 (14)	183,404	125,563	44,918	44,838	44,652	80	1,688	1,681	2,025	2,025
中 国 (15)	147,870	96,833	39,047	38,811	38,658	236	1,853	1,796	1,201	1,201
四 国 (16)	146,397	99,623	36,073	35,734	35,599	339	748	748	2,858	2,858
九 州 (17)	153,646	103,659	39,795	39,502	39,372	293	1,935	1,934	1,648	1,648

区分	農機具費 小計	農機具費 購入	農機具費 自給	農機具費 償却	生産管理費	生産管理費 償却	労働費 計	労働費 家族	直接労働費	間接労働費	間接労働費 自給牧草に係る労働費
	(23)	(24)	(25)	(26)	(27)	(28)	(29)	(30)	(31)	(32)	(33)
全 国 (1)	1,340	617	-	723	253	2	9,723	8,879	9,141	582	54
飼養頭数規模別											
1 ～ 10頭未満 (2)	1,411	688	-	723	216	2	19,757	19,428	18,668	1,089	306
10 ～ 20 (3)	1,525	964	-	561	333	3	16,824	16,027	16,000	824	160
20 ～ 30 (4)	881	424	-	457	271	1	15,328	15,163	14,243	1,085	427
30 ～ 50 (5)	1,364	774	-	590	336	0	14,202	13,876	13,417	785	128
50 ～ 100 (6)	1,215	675	-	540	224	9	11,491	10,981	10,675	816	57
100 ～ 200 (7)	1,140	772	-	368	281	0	9,671	8,829	8,817	854	29
200頭以上 (8)	1,496	486	-	1,010	235	1	7,182	6,080	6,923	259	11
全国農業地域別											
北 海 道 (9)	1,217	578	-	639	142	2	13,604	13,421	12,662	942	675
東 北 (10)	1,586	690	-	896	220	1	12,215	11,553	11,434	781	101
北 陸 (11)	1,216	623	-	593	186	-	22,527	22,488	21,417	1,110	25
関 東 ・ 東 山 (12)	1,499	542	-	957	314	-	10,123	9,467	9,440	683	36
東 海 (13)	988	565	-	423	284	5	10,049	9,651	9,705	344	-
近 畿 (14)	1,660	896	-	764	265	12	12,291	9,303	11,793	498	31
中 国 (15)	1,373	719	-	654	332	12	13,435	12,866	12,306	1,129	104
四 国 (16)	680	461	-	219	644	4	11,057	9,518	10,360	697	136
九 州 (17)	1,172	641	-	531	284	6	10,872	9,902	10,157	715	78

単位：円

	財					費					
その他の諸材料費	獣医師料及び医薬品費	賃借料及び料金	物件税及び公課諸負担	建　物　費				自　動　車　費			
				小　計	購　入	自　給	償　却	小　計	購　入	自　給	償　却
(11)	(12)	(13)	(14)	(15)	(16)	(17)	(18)	(19)	(20)	(21)	(22)
26	1,375	702	720	1,624	480	–	1,144	860	474	–	386	(1)
81	1,798	896	1,355	1,662	623	–	1,039	1,878	812	–	1,066	(2)
58	1,464	490	1,561	1,308	522	–	786	1,392	1,002	–	390	(3)
107	2,063	474	1,056	1,198	403	–	795	1,109	947	–	162	(4)
20	1,592	589	911	1,628	451	–	1,177	717	561	–	156	(5)
33	1,580	533	853	1,732	847	–	885	1,157	576	–	581	(6)
20	1,594	620	725	1,740	803	–	937	959	572	–	387	(7)
16	1,089	825	540	1,565	185	–	1,380	613	299	–	314	(8)
18	815	317	855	1,832	755	–	1,077	825	384	–	441	(9)
32	1,653	711	1,023	2,195	823	–	1,372	1,337	647	–	690	(10)
38	1,749	670	660	1,539	436	–	1,103	998	331	–	667	(11)
31	1,031	653	652	1,332	302	–	1,030	863	604	–	259	(12)
31	1,019	1,580	444	1,326	156	–	1,170	712	617	–	95	(13)
75	1,979	1,070	935	2,235	1,580	–	655	991	566	–	425	(14)
55	2,127	1,332	849	2,064	795	–	1,269	804	609	–	195	(15)
42	1,708	513	1,179	1,585	524	–	1,061	744	544	–	200	(16)
33	1,423	433	774	1,609	471	–	1,138	881	497	–	384	(17)

費　用　合　計				副産物価額	生産費（副産物価額差引）	支払利子	支払地代	支払利子・地代算入生産費	自己資本利子	自作地地代	資本利子・地代全額算入生産費（全算入生産費）
計	購　入	自　給	償　却								
(34)	(35)	(36)	(37)	(38)	(39)	(40)	(41)	(42)	(43)	(44)	(45)
158,700	144,708	11,737	2,255	1,225	157,475	1,549	59	159,083	880	339	160,302	(1)
172,559	126,795	42,934	2,830	2,541	170,018	541	128	170,687	3,377	997	175,061	(2)
168,612	134,619	32,253	1,740	3,053	165,559	560	86	166,205	1,820	495	168,520	(3)
167,270	140,192	25,663	1,415	2,834	164,436	631	222	165,289	1,273	376	166,938	(4)
170,318	150,137	18,258	1,923	2,531	167,787	1,282	80	169,149	1,688	419	171,256	(5)
164,083	146,616	15,452	2,015	2,213	161,870	1,324	48	163,242	1,019	276	164,537	(6)
161,697	149,731	10,274	1,692	1,164	160,533	1,183	7	161,723	884	295	162,902	(7)
151,866	142,836	6,325	2,705	483	151,383	2,027	71	153,481	478	315	154,274	(8)
162,810	88,583	72,068	2,159	4,065	158,745	392	623	159,760	2,297	656	162,713	(9)
164,709	145,746	16,004	2,959	2,169	162,540	1,072	80	163,692	1,816	698	166,206	(10)
183,413	156,304	24,746	2,363	1,291	182,122	1,722	152	183,996	1,688	345	186,029	(11)
154,103	138,598	13,259	2,246	1,620	152,483	250	37	152,770	1,462	283	154,515	(12)
165,823	144,062	20,068	1,693	240	165,583	1,024	92	166,699	799	120	167,618	(13)
195,695	181,289	12,550	1,856	2,776	192,919	2,763	466	196,148	814	169	197,131	(14)
161,305	144,082	15,093	2,130	2,050	159,255	687	18	159,960	1,652	119	161,731	(15)
157,454	131,721	24,249	1,484	838	156,616	479	155	157,250	891	333	158,474	(16)
164,518	151,424	11,035	2,059	1,223	163,295	1,968	23	165,286	741	240	166,267	(17)

5　去勢若齢肥育牛生産費（続き）

(5)　敷料の使用数量と価額（去勢若齢肥育牛１頭当たり）

区　　　　　　分	平　　均		1 ～ 10 頭 未 満		10　　～　　20		20　　～　　30	
	数　量	価　額	数　量	価　額	数　量	価　額	数　量	価　額
	(1)	(2)	(3)	(4)	(5)	(6)	(7)	(8)
	kg	円	kg	円	kg	円	kg	円
敷　料　費　計	…	11,991	…	12,362	…	12,809	…	18,505
稲　わ　ら	52.8	755	150.8	1,762	42.4	601	451.9	8,080
お　が　く　ず	1,329.2	10,556	1,541.8	9,154	1,390.3	9,441	953.0	9,666
そ　の　他	…	680	…	1,446	…	2,767	…	759

30 ～ 50		50 ～ 100		100 ～ 200		200 頭 以 上	
数 量	価 額	数 量	価 額	数 量	価 額	数 量	価 額
(9)	(10)	(11)	(12)	(13)	(14)	(15)	(16)
kg	円	kg	円	kg	円	kg	円
…	12,630	…	13,939	…	14,050	…	9,752
35.0	547	133.7	1,350	49.4	929	-	-
1,479.4	11,057	1,454.3	10,429	1,591.1	12,680	1,136.3	9,646
…	1,026	…	2,160	…	441	…	106

5 去勢若齢肥育牛生産費（続き）

(6) 流通飼料の使用数量と価額（去勢若齢肥育牛1頭当たり）

区　　　　　　分		平　均		1 ～ 10 頭 未 満		10 ～ 20		20 ～ 30	
		数　量	価　額	数　量	価　額	数　量	価　額	数　量	価　額
		(1)	(2)	(3)	(4)	(5)	(6)	(7)	(8)
		kg	円	kg	円	kg	円	kg	円
流 通 飼 料 費 合 計	(1)	…	304,695	…	314,531	…	304,889	…	314,710
購 入 飼 料 費 計	(2)	…	302,697	…	307,276	…	297,556	…	309,219
穀　　　　類									
小　　　　計	(3)	…	10,643	…	9,626	…	37,432	…	12,091
大　　麦	(4)	155.1	6,681	106.6	5,446	514.5	25,942	130.6	6,275
そ の 他 の 麦	(5)	2.8	134	11.1	574	83.1	3,935	2.1	113
と う も ろ こ し	(6)	66.4	3,109	62.3	3,145	139.4	6,292	111.8	5,231
大　　豆	(7)	3.4	404	4.5	404	11.2	907	4.0	355
飼 料 用 米	(8)	5.4	185	－	－	3.8	178	0.3	34
そ の 他	(9)	…	130	…	57	…	178	…	83
ぬ か ・ ふ す ま 類									
小　　　　計	(10)	…	4,977	…	5,168	…	8,671	…	5,525
ふ す ま	(11)	134.1	4,548	111.7	4,421	217.4	8,018	123.9	4,564
米 ・ 麦 ぬ か	(12)	11.0	391	14.3	747	13.2	631	22.9	961
そ の 他	(13)	…	38	…	－	…	22	…	－
植 物 性 か す 類									
小　　　　計	(14)	…	10,288	…	4,619	…	4,629	…	14,098
大 豆 油 か す	(15)	41.4	3,268	32.4	2,776	38.7	3,371	86.3	7,578
ビ ー ト パ ル プ	(16)	4.8	249	5.8	354	－	－	0.2	12
そ の 他	(17)	…	6,771	…	1,489	…	1,258	…	6,508
配 合 飼 料	(18)	4,507.9	230,714	4,303.2	244,984	3,710.4	207,678	4,129.8	237,266
T M R	(19)	23.5	1,730	228.3	10,494	0.5	51	－	－
牛 乳 ・ 脱 脂 乳	(20)	…	－	…	－	…	－	…	－
い も 類 及 び 野 菜 類	(21)	－	－	－	－	－	－	－	－
わ ら 類 そ の 他									
小　　　　計	(22)	…	22,251	…	14,641	…	10,966	…	10,079
稲　　わ　　ら	(23)	675.4	22,145	561.4	14,641	383.0	9,417	366.9	10,054
そ の 他	(24)	…	106	…	－	…	1,549	…	25
生 牧 草	(25)	－	－	－	－	－	－	－	－
乾 牧 草									
小　　　　計	(26)	…	13,404	…	10,480	…	16,571	…	23,537
まめ科・ヘイキューブ	(27)	21.2	1,393	31.0	1,309	79.6	7,927	8.8	758
そ の 他	(28)	…	12,011	…	9,171	…	8,644	…	22,779
サ イ レ ー ジ									
小　　　　計	(29)	…	2,505	…	2,750	…	1,022	…	132
い　　ね　　科	(30)	193.8	2,467	69.3	2,750	3.1	60	11.4	117
うち 稲発酵粗飼料	(31)	191.2	2,375	69.3	2,750	0.8	17	11.4	117
そ の 他	(32)	…	38	…	－	…	962	…	15
そ の 他	(33)	…	6,185	…	4,514	…	10,536	…	6,491
自 給 飼 料 費 計	(34)	…	1,998	…	7,255	…	7,333	…	5,491
稲　　わ　　ら	(35)	95.9	1,970	524.6	7,255	534.7	7,333	234.7	5,343
そ の 他	(36)	…	28	…	－	…	－	…	148

30 ～ 50		50 ～ 100		100 ～ 200		200 頭 以 上		
数 量	価 額	数 量	価 額	数 量	価 額	数 量	価 額	
(9)	(10)	(11)	(12)	(13)	(14)	(15)	(16)	
kg	円	kg	円	kg	円	kg	円	
…	318,231	…	304,857	…	312,969	…	297,286	(1)
…	316,389	…	302,561	…	311,945	…	295,723	(2)
…	15,260	…	17,423	…	16,546	…	3,393	(3)
178.7	7,947	177.8	7,900	273.7	10,953	70.2	3,048	(4)
4.9	232	0.1	3	0.4	19	-	-	(5)
94.6	5,511	176.1	7,608	95.3	4,636	5.6	236	(6)
1.2	164	8.6	790	4.9	809	0.6	76	(7)
3.3	143	33.5	1,122	0.0	1	-	-	(8)
…	1,263	…	-	…	128	…	33	(9)
…	5,356	…	7,079	…	8,101	…	2,387	(10)
126.2	4,810	170.0	6,222	226.1	7,272	73.8	2,387	(11)
5.5	294	27.1	710	21.4	829	-	-	(12)
…	252	…	147	…	-			(13)
…	5,935	…	9,903	…	13,934	…	9,577	(14)
47.3	3,884	46.6	4,061	68.3	5,219	23.1	1,695	(15)
4.3	169	0.3	19	9.6	558	4.3	195	(16)
…	1,882	…	5,823	…	8,157	…	7,687	(17)
4,507.0	242,033	4,192.2	226,905	4,310.8	225,490	4,791.6	232,926	(18)
17.7	897	31.9	1,950	27.3	1,191	7.1	1,586	(19)
…	-	…	-	…	-	…	-	(20)
-	-	-	-	-	-	-	-	(21)
…	26,476	…	19,868	…	15,862	…	27,634	(22)
758.3	25,747	705.7	19,814	580.9	15,790	744.6	27,634	(23)
…	729	…	54	…	72	…	-	(24)
-	-	-	-	-	-	-	-	(25)
…	14,836	…	11,822	…	19,281	…	10,162	(26)
10.6	792	14.8	1,082	30.2	1,851	17.2	1,050	(27)
…	14,044	…	10,740	…	17,430	…	9,112	(28)
…	465	…	757	…	2,940	…	3,319	(29)
23.7	282	38.7	730	227.9	2,940	279.0	3,319	(30)
23.7	282	25.7	281	225.6	2,844	279.0	3,319	(31)
…	183	…	27	…	-	…	-	(32)
…	5,131	…	6,854	…	8,600	…	4,739	(33)
…	1,842	…	2,296	…	1,024	…	1,563	(34)
88.3	1,842	108.3	2,138	52.1	1,024	53.6	1,563	(35)
…	-	…	158	…	-	…	-	(36)

6 乳用雄肥育牛生産費

6 乳用雄肥育牛生産費
(1) 経営の概況（1経営体当たり）

区　　　　分	集　計経営体数	世　帯　員 計	男	女	農　業　就　業　者 計	男	女	経 計
	(1)	(2)	(3)	(4)	(5)	(6)	(7)	(8)
	経営体	人	人	人	人	人	人	a
全　　　　　　　　国　(1)	65	4.2	2.4	1.8	2.6	1.8	0.8	526
飼　養　頭　数　規　模　別								
1 ～ 10頭未満　(2)	0	－	－	－	－	－	－	－
10 ～ 20　(3)	7	4.0	2.6	1.4	2.9	2.0	0.9	281
20 ～ 30　(4)	7	3.1	2.2	0.9	2.0	1.9	0.1	365
30 ～ 50　(5)	11	3.7	2.0	1.7	2.2	1.4	0.8	1,204
50 ～ 100　(6)	17	3.7	1.9	1.8	2.2	1.7	0.5	497
100 ～ 200　(7)	12	3.8	1.5	2.3	2.0	1.4	0.6	374
200頭以上　(8)	11	5.3	2.6	2.7	2.8	1.8	1.0	889
全　国　農　業　地　域　別								
北　　海　　道　(9)	9	3.9	1.9	2.0	2.7	1.7	1.0	4,130
東　　　　北　(10)	7	3.3	1.9	1.4	2.0	1.3	0.7	1,121
北　　　　陸　(11)	1	x	x	x	x	x	x	x
関　東　・　東　山　(12)	16	3.9	2.0	1.9	2.3	1.5	0.8	213
東　　　　海　(13)	6	5.0	2.3	2.7	3.2	2.0	1.2	408
近　　　　畿　(14)	1	x	x	x	x	x	x	x
中　　　　国　(15)	2	x	x	x	x	x	x	x
四　　　　国　(16)	6	3.7	2.0	1.7	1.8	1.5	0.3	434
九　　　　州　(17)	17	3.7	2.1	1.6	2.4	1.6	0.8	400

区　　　　分	畜舎の面積及び自動車・農機具の所有状況（10経営体当たり） 畜舎面積（1経営体当たり）	カッター	貨物自動車	トラクター（耕うん機を含む。）	飼養月平均頭数	もと牛の概要（もと牛1頭当たり） 月　齢	生体重	評価額
	(18)	(19)	(20)	(21)	(22)	(23)	(24)	(25)
	㎡	台	台	台	頭	月	kg	円
全　　　　　　　　国　(1)	1,858.1	3.0	30.0	12.7	136.0	7.1	293.3	239,221
飼　養　頭　数　規　模　別								
1 ～ 10頭未満　(2)	－	－	－	－	－	－	－	－
10 ～ 20　(3)	793.1	3.8	26.1	9.2	14.2	7.1	270.1	201,699
20 ～ 30　(4)	1,331.7	－	34.5	14.8	23.6	7.2	263.8	184,008
30 ～ 50　(5)	1,351.7	0.5	29.9	21.9	42.4	7.5	319.3	264,564
50 ～ 100　(6)	2,038.7	3.0	33.2	23.5	78.5	7.0	282.8	223,459
100 ～ 200　(7)	2,081.6	2.9	28.0	12.3	155.9	7.3	287.7	213,432
200頭以上　(8)	4,215.2	3.1	37.4	12.2	459.6	7.1	295.5	246,412
全　国　農　業　地　域　別								
北　　海　　道　(9)	1,631.4	1.1	31.4	41.1	187.9	6.9	300.6	224,641
東　　　　北　(10)	929.0	2.9	24.3	21.4	33.9	7.1	293.5	184,769
北　　　　陸　(11)	x	x	x	x	x	x	x	x
関　東　・　東　山　(12)	1,580.9	1.9	33.8	11.9	155.7	7.6	301.2	241,548
東　　　　海　(13)	2,578.4	1.7	41.7	5.0	180.6	7.2	298.7	240,851
近　　　　畿　(14)	x	x	x	x	x	x	x	x
中　　　　国　(15)	x	x	x	x	x	x	x	x
四　　　　国　(16)	1,802.7	6.7	55.0	10.0	94.7	6.7	292.4	243,683
九　　　　州　(17)	2,494.1	2.4	27.6	14.7	133.1	7.0	277.1	223,039

経営土地								山林その他
耕地				畜産用地				
小計	田	畑	牧草地	小計	畜舎等	放牧地	採草地	山林その他
(9)	(10)	(11)	(12)	(13)	(14)	(15)	(16)	(17)
a	a	a	a	a	a	a	a	a
324	142	89	93	74	58	16	-	128	(1)
-	-	-	-	-	-	-	-	-	(2)
233	192	41	-	26	26			22	(3)
285	263	16	6	40	40	-	-	40	(4)
710	272	239	199	216	40	176	-	278	(5)
349	35	271	43	52	49	3	-	96	(6)
267	78	75	114	56	56	-	-	51	(7)
393	38	89	266	141	141	-	-	355	(8)
2,934	134	1,938	862	364	107	257	-	832	(9)
675	576	37	62	25	25	-	-	421	(10)
x	x	x	x	x	x	x	x	x	(11)
93	41	42	10	64	64	-	-	56	(12)
230	133	97	-	62	62	-	-	116	(13)
x	x	x	x	x	x	x	x	x	(14)
x	x	x	x	x	x	x	x	x	(15)
202	164	38	-	36	36	-	-	196	(16)
255	126	16	113	66	66	-	-	79	(17)

生産物（1頭当たり）									
主産物						副産物			
						きゅう肥			
販売頭数(1経営体当たり)	月齢	生体重	価格	増体量	肥育期間	数量	利用量	価額(利用分)	その他
(26)	(27)	(28)	(29)	(30)	(31)	(32)	(33)	(34)	(35)
頭	月	kg	円	kg	月	kg	kg	円	円
120.5	20.4	775.9	492,924	482.5	13.3	8,795	5,450	3,934	336	(1)
-	-	-	-	-	-	-	-	-	-	(2)
10.0	24.2	735.3	442,667	464.2	17.1	13,647	4,763	8,111	-	(3)
16.7	20.5	690.9	403,575	426.8	13.3	10,514	7,649	9,083	1,009	(4)
41.3	21.0	762.2	501,955	442.6	13.5	8,838	5,451	9,623	-	(5)
82.9	20.8	779.4	496,195	496.5	13.8	10,854	5,297	6,230	588	(6)
139.4	21.0	728.9	489,166	441.6	13.7	8,929	3,955	8,467	26	(7)
406.8	20.1	787.7	496,195	492.2	13.0	8,360	5,759	2,435	403	(8)
176.3	19.3	784.1	473,331	483.6	12.4	7,416	6,887	13,736	1,322	(9)
30.9	19.8	686.1	382,574	392.6	12.8	9,519	3,809	6,933	-	(10)
x	x	x	x	x	x	x	x	x	x	(11)
140.6	21.2	763.4	468,022	462.2	13.6	8,957	3,928	3,818	69	(12)
152.8	19.9	770.3	517,895	471.5	12.7	9,962	8,644	3,792	150	(13)
x	x	x	x	x	x	x	x	x	x	(14)
x	x	x	x	x	x	x	x	x	x	(15)
78.0	21.7	800.2	616,126	508.0	14.9	9,612	3,141	5,882	-	(16)
116.6	21.0	786.0	515,080	508.7	13.9	10,273	3,494	5,671	1,159	(17)

6 乳用雄肥育牛生産費（続き）

(2) 作業別労働時間（乳用雄肥育牛1頭当たり）

区　　　　分	計	男	女	家　族・雇　用　別　内　訳					
				家　　族			雇　　用		
				小　計	男	女	小　計	男	女
	(1)	(2)	(3)	(4)	(5)	(6)	(7)	(8)	(9)
全　　　　　　国　(1)	15.37	12.75	2.62	12.84	10.27	2.57	2.53	2.48	0.05
飼　養　頭　数　規　模　別									
1　～　10頭未満　(2)	-	-	-	-	-	-	-	-	-
10　～　20　(3)	59.18	48.33	10.85	58.18	47.33	10.85	1.00	1.00	-
20　～　30　(4)	31.11	29.00	2.11	28.73	26.62	2.11	2.38	2.38	-
30　～　50　(5)	27.77	19.82	7.95	26.56	19.12	7.44	1.21	0.70	0.51
50　～　100　(6)	24.83	22.65	2.18	15.15	12.97	2.18	9.68	9.68	-
100　～　200　(7)	23.14	19.50	3.64	16.23	12.77	3.46	6.91	6.73	0.18
200頭以上　(8)	10.33	8.53	1.80	8.99	7.21	1.78	1.34	1.32	0.02
全　国　農　業　地　域　別									
北　　海　　道　(9)	11.42	9.41	2.01	9.05	7.04	2.01	2.37	2.37	-
東　　　北　(10)	29.15	22.84	6.31	28.29	21.98	6.31	0.86	0.86	-
北　　　陸　(11)	x	x	x	x	x	x	x	x	x
関　東・東　山　(12)	18.02	14.09	3.93	15.25	11.79	3.46	2.77	2.30	0.47
東　　　海　(13)	13.59	9.61	3.98	13.33	9.41	3.92	0.26	0.20	0.06
近　　　畿　(14)	x	x	x	x	x	x	x	x	x
中　　　国　(15)	x	x	x	x	x	x	x	x	x
四　　　国　(16)	24.08	20.13	3.95	21.39	17.87	3.52	2.69	2.26	0.43
九　　　州　(17)	17.42	15.36	2.06	12.51	10.45	2.06	4.91	4.91	-

(3) 収益性

ア　乳用雄肥育牛1頭当たり

区　　　　分	粗　　収　　益			生　　産　　費　　用		
	計	主　産　物	副　産　物	生産費総額	生産費総額から家族労働費、自己資本利子、自作地地代を控除した額	生産費総額から家族労働費を控除した額
	(1)	(2)	(3)	(4)	(5)	(6)
全　　　　　　国　(1)	497,194	492,924	4,270	535,783	507,886	514,855
飼　養　頭　数　規　模　別						
1　～　10頭未満　(2)	-	-	-	-	-	-
10　～　20　(3)	450,778	442,667	8,111	633,767	526,994	537,103
20　～　30　(4)	413,667	403,575	10,092	550,812	488,798	506,485
30　～　50　(5)	511,578	501,955	9,623	585,977	541,180	546,953
50　～　100　(6)	503,013	496,195	6,818	565,865	537,475	541,990
100　～　200　(7)	497,659	489,166	8,493	543,419	505,510	517,075
200頭以上　(8)	499,033	496,195	2,838	524,901	503,925	510,034
全　国　農　業　地　域　別						
北　　海　　道　(9)	488,389	473,331	15,058	521,759	495,196	505,957
東　　　北　(10)	389,507	382,574	6,933	516,972	470,020	479,761
北　　　陸　(11)	x	x	x	x	x	x
関　東・東　山　(12)	471,909	468,022	3,887	533,719	497,688	508,236
東　　　海　(13)	521,837	517,895	3,942	517,128	490,334	493,803
近　　　畿　(14)	x	x	x	x	x	x
中　　　国　(15)	x	x	x	x	x	x
四　　　国　(16)	622,008	616,126	5,882	610,885	570,106	579,901
九　　　州　(17)	521,910	515,080	6,830	558,947	536,553	539,857

単位：時間

直接労働時間				間接労働時間		
小　計	飼育労働時間		その他		自給牧草に係る労働時間	
	飼料の調理・給与・給水	敷料の搬入・きゅう肥の搬出				
(10)	(11)	(12)	(13)	(14)	(15)	
14.53	8.95	2.13	3.45	0.84	0.16	(1)
-	-	-	-	-	-	(2)
56.32	35.65	8.44	12.23	2.86	0.50	(3)
28.27	19.06	2.61	6.60	2.84	-	(4)
25.73	17.90	3.78	4.05	2.04	0.13	(5)
23.84	17.04	2.65	4.15	0.99	0.09	(6)
22.11	13.70	3.13	5.28	1.03	0.28	(7)
9.72	5.65	1.50	2.57	0.61	0.12	(8)
10.39	6.02	2.57	1.80	1.03	0.61	(9)
27.43	19.30	5.45	2.68	1.72	1.04	(10)
x	x	x	x	x	x	(11)
16.66	10.01	2.12	4.53	1.36	0.05	(12)
13.42	9.25	1.49	2.68	0.17	0.03	(13)
x	x	x	x	x	x	(14)
x	x	x	x	x	x	(15)
22.50	16.64	2.73	3.13	1.58	0.26	(16)
16.25	10.40	1.96	3.89	1.17	0.17	(17)

単位：円　イ　1日当たり　単位：円

所　得	家族労働報酬	所　得	家族労働報酬	
(7)	(8)	(1)	(2)	
△ 10,692	△ 17,661	nc	nc	(1)
-	-	-	-	(2)
△ 76,216	△ 86,325	nc	nc	(3)
△ 75,131	△ 92,818	nc	nc	(4)
△ 29,602	△ 35,375	nc	nc	(5)
△ 34,462	△ 38,977	nc	nc	(6)
△ 7,851	△ 19,416	nc	nc	(7)
△ 4,892	△ 11,001	nc	nc	(8)
△ 6,807	△ 17,568	nc	nc	(9)
△ 80,513	△ 90,254	nc	nc	(10)
x	x	x	x	(11)
△ 25,779	△ 36,327	nc	nc	(12)
31,503	28,034	18,907	16,825	(13)
x	x	x	x	(14)
x	x	x	x	(15)
51,902	42,107	19,412	15,748	(16)
△ 14,643	△ 17,947	nc	nc	(17)

6 乳用雄肥育牛生産費（続き）
（4） 生産費
ア 乳用雄肥育牛1頭当たり

区　分		物 計	もと畜費	飼　料　費 小　計	流通飼料費	購　入	牧草・放牧・採草費	敷　料　費	購　入	光熱水料及び動力費	購　入
		(1)	(2)	(3)	(4)	(5)	(6)	(7)	(8)	(9)	(10)
全　　　　国	(1)	503,803	246,398	221,695	218,373	218,211	3,322	7,592	7,500	7,871	7,871
飼養頭数規模別											
1 ～ 10頭未満	(2)	-	-	-	-	-	-	-	-	-	-
10 ～ 20	(3)	523,615	221,428	242,235	238,690	236,672	3,545	9,685	9,685	10,138	10,138
20 ～ 30	(4)	481,773	190,517	240,477	240,477	231,587	-	6,579	6,559	6,973	6,973
30 ～ 50	(5)	536,421	270,594	225,803	224,191	223,930	1,612	10,922	8,474	7,936	7,936
50 ～ 100	(6)	523,987	231,518	245,796	244,526	244,465	1,270	7,452	7,182	11,004	11,004
100 ～ 200	(7)	496,318	216,355	248,239	245,495	245,280	2,744	4,387	4,387	6,465	6,465
200頭以上	(8)	501,469	253,648	213,691	210,031	210,031	3,660	7,952	7,952	7,796	7,796
全国農業地域別											
北　海　道	(9)	491,735	232,143	206,608	190,174	190,174	16,434	19,006	17,066	6,382	6,382
東　　北	(10)	465,546	192,468	231,086	222,220	220,710	8,866	7,582	6,602	4,928	4,928
北　　陸	(11)	x	x	x	x	x	x	x	x	x	x
関東・東山	(12)	494,520	249,062	211,724	211,228	211,116	496	4,324	4,324	7,564	7,564
東　　海	(13)	489,234	247,680	215,195	214,962	214,894	233	4,698	4,698	7,234	7,234
近　　畿	(14)	x	x	x	x	x	x	x	x	x	x
中　　国	(15)	x	x	x	x	x	x	x	x	x	x
四　　国	(16)	565,566	250,451	260,579	259,323	259,296	1,256	10,212	10,212	11,818	11,818
九　　州	(17)	523,627	229,341	255,248	253,375	253,105	1,873	8,497	8,497	10,276	10,276

区　分		物財費（続き） 農機具費 小　計	購　入	自　給	償　却	生産管理費	償　却	労働費 計	家　族	直接労働費	間接労働費	自給牧草に係る労働費
		(23)	(24)	(25)	(26)	(27)	(28)	(29)	(30)	(31)	(32)	(33)
全　　　　国	(1)	3,422	1,709	-	1,713	498	15	23,926	20,928	22,611	1,315	239
飼養頭数規模別												
1 ～ 10頭未満	(2)	-	-	-	-	-	-	-	-	-	-	-
10 ～ 20	(3)	6,680	6,639	-	41	985	13	98,397	96,664	93,572	4,825	791
20 ～ 30	(4)	9,570	8,512	-	1,058	4,064	20	50,128	44,327	45,681	4,447	-
30 ～ 50	(5)	5,164	2,448	-	2,716	693	-	40,301	39,024	37,703	2,598	214
50 ～ 100	(6)	5,739	4,326	-	1,413	893	-	32,951	23,875	31,548	1,403	133
100 ～ 200	(7)	2,862	2,184	-	678	972	106	34,006	26,344	32,393	1,613	455
200頭以上	(8)	3,075	1,102	-	1,973	324	-	16,690	14,867	15,694	996	180
全国農業地域別												
北　海　道	(9)	6,070	3,623	-	2,447	414	-	18,336	15,802	16,586	1,750	1,050
東　　北	(10)	10,899	3,530	-	7,369	309	8	37,975	37,211	35,714	2,261	1,378
北　　陸	(11)	x	x	x	x	x	x	x	x	x	x	x
関東・東山	(12)	2,588	1,531	-	1,057	608	28	28,366	25,483	26,276	2,090	74
東　　海	(13)	3,883	1,756	-	2,127	437	2	23,819	23,325	23,498	321	52
近　　畿	(14)	x	x	x	x	x	x	x	x	x	x	x
中　　国	(15)	x	x	x	x	x	x	x	x	x	x	x
四　　国	(16)	4,460	1,954	-	2,506	893	10	34,343	30,984	31,998	2,345	388
九　　州	(17)	4,984	2,785	-	2,199	744	-	26,284	19,090	24,607	1,677	259

単位：円

その他の諸材料費	獣医師料及び医薬品費	賃借料及び料金	物件税及び公課諸負担	建物費 小計	購入	自給	償却	自動車費 小計	購入	自給	償却	
(11)	(12)	(13)	(14)	(15)	(16)	(17)	(18)	(19)	(20)	(21)	(22)	
433	2,999	2,537	2,014	6,506	2,011	-	4,495	1,838	1,385	-	453	(1)
-	-	-	-	-	-	-	-	-	-	-	-	(2)
796	4,797	5,840	3,434	8,284	2,621	-	5,663	9,313	8,815	-	498	(3)
266	7,174	818	2,678	10,185	904	-	9,281	2,472	2,318	-	154	(4)
92	3,471	2,374	1,866	5,068	1,836	-	3,232	2,438	1,594	-	844	(5)
164	6,233	2,045	3,406	7,361	1,299	-	6,062	2,376	1,671	-	705	(6)
1,443	1,517	2,329	2,585	7,226	784	-	6,442	1,938	1,469	-	469	(7)
263	2,902	2,459	1,737	6,256	2,273	-	3,983	1,366	950	-	416	(8)
319	5,565	2,073	2,463	8,938	4,396	-	4,542	1,754	1,110	-	644	(9)
195	2,350	2,089	1,783	6,188	2,166	-	4,022	5,669	3,304	-	2,365	(10)
x	x	x	x	x	x	x	x	x	x	x	x	(11)
630	3,252	1,602	2,170	8,703	1,599	-	7,104	2,293	1,897	-	396	(12)
35	1,278	1,754	1,772	3,171	520	-	2,651	2,097	1,031	-	1,066	(13)
x	x	x	x	x	x	x	x	x	x	x	x	(14)
x	x	x	x	x	x	x	x	x	x	x	x	(15)
66	3,753	6,084	3,354	8,256	1,893	-	6,363	5,640	3,126	-	2,514	(16)
68	3,696	1,238	2,240	5,380	1,619	-	3,761	1,915	1,411	-	504	(17)

費用合計 計	購入	自給	償却	副産物価額	生産費（副産物価額差引）	支払利子	支払地代	支払利子・地代算入生産費	自己資本利子	自作地地代	資本利子・地代全額算入生産費（全算入生産費）	
(34)	(35)	(36)	(37)	(38)	(39)	(40)	(41)	(42)	(43)	(44)	(45)	
527,729	496,523	24,530	6,676	4,270	523,459	960	125	524,544	5,817	1,152	531,513	(1)
-	-	-	-	-	-	-	-	-	-	-	-	(2)
622,012	513,570	102,227	6,215	8,111	613,901	1,633	13	615,547	6,833	3,276	625,656	(3)
531,901	462,980	58,408	10,513	10,092	521,809	953	271	523,033	15,279	2,408	540,720	(4)
576,722	526,585	43,345	6,792	9,623	567,099	3,087	395	570,581	4,839	934	576,354	(5)
556,938	523,282	25,476	8,180	6,818	550,120	3,954	458	554,532	3,758	757	559,047	(6)
530,324	493,326	29,303	7,695	8,493	521,831	1,411	119	523,361	9,609	1,956	534,926	(7)
518,159	493,260	18,527	6,372	2,838	515,321	537	96	515,954	5,187	922	522,063	(8)
510,071	468,262	34,176	7,633	15,058	495,013	728	199	495,940	7,567	3,194	506,701	(9)
503,521	441,190	48,567	13,764	6,933	496,588	2,458	1,252	500,298	8,750	991	510,039	(10)
x	x	x	x	x	x	x	x	x	x	x	x	(11)
522,886	488,210	26,091	8,585	3,887	518,999	121	164	519,284	9,332	1,216	529,832	(12)
513,053	483,581	23,626	5,846	3,942	509,111	586	20	509,717	2,536	933	513,186	(13)
x	x	x	x	x	x	x	x	x	x	x	x	(14)
x	x	x	x	x	x	x	x	x	x	x	x	(15)
599,909	556,249	32,267	11,393	5,882	594,027	1,033	148	595,208	8,558	1,237	605,003	(16)
549,911	522,214	21,233	6,464	6,830	543,081	5,553	179	548,813	2,740	564	552,117	(17)

6 乳用雄肥育牛生産費（続き）
（4） 生産費（続き）
イ 乳用雄肥育牛生体100kg当たり

区分	物財費 計	もと畜費	飼料費 小計	流通飼料費	購入	牧草・放牧・採草費	敷料費	敷料費 購入	光熱水料及び動力費	購入
	(1)	(2)	(3)	(4)	(5)	(6)	(7)	(8)	(9)	(10)
全　　　　　　国　(1)	64,929	31,755	28,572	28,144	28,123	428	979	967	1,015	1,015
飼養頭数規模別										
1 ～ 10頭未満 (2)	-	-	-	-	-	-	-	-	-	-
10 ～ 20 (3)	71,214	30,115	32,946	32,464	32,189	482	1,317	1,317	1,379	1,379
20 ～ 30 (4)	69,726	27,573	34,805	34,805	33,518	-	952	949	1,009	1,009
30 ～ 50 (5)	70,382	35,504	29,627	29,415	29,381	212	1,433	1,112	1,041	1,041
50 ～ 100 (6)	67,232	29,706	31,538	31,375	31,367	163	956	921	1,412	1,412
100 ～ 200 (7)	68,093	29,683	34,056	33,680	33,651	376	602	602	887	887
200頭以上 (8)	63,667	32,203	27,130	26,665	26,665	465	1,010	1,010	990	990
全国農業地域別										
北　海　道 (9)	62,711	29,605	26,349	24,253	24,253	2,096	2,423	2,176	814	814
東　　　北 (10)	67,852	28,052	33,680	32,388	32,168	1,292	1,105	962	718	718
北　　　陸 (11)	x	x	x	x	x	x	x	x	x	x
関東・東山 (12)	64,777	32,625	27,734	27,669	27,654	65	566	566	991	991
東　　　海 (13)	63,513	32,155	27,937	27,907	27,898	30	610	610	939	939
近　　　畿 (14)	x	x	x	x	x	x	x	x	x	x
中　　　国 (15)	x	x	x	x	x	x	x	x	x	x
四　　　国 (16)	70,675	31,298	32,563	32,406	32,403	157	1,276	1,276	1,477	1,477
九　　　州 (17)	66,621	29,180	32,475	32,237	32,203	238	1,081	1,081	1,307	1,307

区分	農機具費 小計	購入	自給	償却	生産管理費	償却	労働費 計	家族	直接労働費	間接労働費	自給牧草に係る労働費
	(23)	(24)	(25)	(26)	(27)	(28)	(29)	(30)	(31)	(32)	(33)
全　　　　　　国　(1)	441	220	-	221	64	2	3,083	2,697	2,914	169	31
飼養頭数規模別											
1 ～ 10頭未満 (2)	-	-	-	-	-	-	-	-	-	-	-
10 ～ 20 (3)	909	903	-	6	134	2	13,382	13,146	12,726	656	108
20 ～ 30 (4)	1,385	1,232	-	153	588	3	7,256	6,416	6,612	644	-
30 ～ 50 (5)	677	321	-	356	91	-	5,288	5,120	4,947	341	28
50 ～ 100 (6)	736	555	-	181	115	-	4,228	3,064	4,048	180	17
100 ～ 200 (7)	393	300	-	93	134	15	4,665	3,614	4,444	221	62
200頭以上 (8)	391	140	-	251	41	-	2,118	1,887	1,992	126	23
全国農業地域別											
北　海　道 (9)	774	462	-	312	53	-	2,339	2,016	2,116	223	134
東　　　北 (10)	1,588	514	-	1,074	45	1	5,534	5,423	5,205	329	201
北　　　陸 (11)	x	x	x	x	x	x	x	x	x	x	x
関東・東山 (12)	338	200	-	138	80	4	3,716	3,338	3,442	274	10
東　　　海 (13)	504	228	-	276	56	0	3,093	3,029	3,051	42	7
近　　　畿 (14)	x	x	x	x	x	x	x	x	x	x	x
中　　　国 (15)	x	x	x	x	x	x	x	x	x	x	x
四　　　国 (16)	557	244	-	313	111	1	4,292	3,872	3,999	293	49
九　　　州 (17)	634	354	-	280	95	-	3,343	2,428	3,130	213	33

単位：円

	財					費						
その他の諸材料費	獣医師料及び医薬品費	賃借料及び料金	物件税及び公課諸負担	建　物　費				自　動　車　費			
				小　計	購　入	自　給	償　却	小　計	購　入	自　給	償　却
(11)	(12)	(13)	(14)	(15)	(16)	(17)	(18)	(19)	(20)	(21)	(22)	
56	387	327	259	838	259	－	579	236	178	－	58	(1)
－	－	－	－	－	－		－	－	－	－	－	(2)
108	652	794	467	1,126	356	－	770	1,267	1,199	－	68	(3)
39	1,038	118	388	1,474	131	－	1,343	357	335	－	22	(4)
12	455	312	245	665	241	－	424	320	209	－	111	(5)
21	800	262	437	945	167	－	778	304	214	－	90	(6)
198	208	319	355	992	108	－	884	266	202	－	64	(7)
33	368	312	220	795	289	－	506	174	121	－	53	(8)
41	710	264	314	1,140	561	－	579	224	142	－	82	(9)
28	343	304	260	902	316	－	586	827	482	－	345	(10)
x	x	x	x	x	x	x	x	x	x	x	x	(11)
83	426	210	284	1,140	209	－	931	300	248	－	52	(12)
5	166	228	230	411	67	－	344	272	134	－	138	(13)
x	x	x	x	x	x	x	x	x	x	x	x	(14)
x	x	x	x	x	x	x	x	x	x	x	x	(15)
8	469	760	419	1,032	237	－	795	705	391	－	314	(16)
9	470	157	285	684	206	－	478	244	180	－	64	(17)

費　用　合　計				副産物価額	生産費（副産物価額差引）	支払利子	支払地代	支払利子・地代算入生産費	自己資本利子	自作地地代	資本利子・地代全額算入生産費（全算入生産費）
計	購　入	自　給	償　却								
(34)	(35)	(36)	(37)	(38)	(39)	(40)	(41)	(42)	(43)	(44)	(45)	
68,012	63,991	3,161	860	550	67,462	124	16	67,602	750	148	68,500	(1)
－	－	－	－	－	－	－	－	－	－	－	－	(2)
84,596	69,847	13,903	846	1,103	83,493	222	2	83,717	929	446	85,092	(3)
76,982	67,007	8,454	1,521	1,461	75,521	138	39	75,698	2,211	348	78,257	(4)
75,670	69,092	5,687	891	1,263	74,407	405	52	74,864	635	123	75,622	(5)
71,460	67,141	3,270	1,049	875	70,585	507	59	71,151	482	97	71,730	(6)
72,758	67,683	4,019	1,056	1,165	71,593	194	16	71,803	1,318	268	73,389	(7)
65,785	62,623	2,352	810	360	65,425	68	12	65,505	659	117	66,281	(8)
65,050	59,718	4,359	973	1,920	63,130	93	25	63,248	965	407	64,620	(9)
73,386	64,302	7,078	2,006	1,011	72,375	358	182	72,915	1,275	144	74,334	(10)
x	x	x	x	x	x	x	x	x	x	x	x	(11)
68,493	63,950	3,418	1,125	509	67,984	16	22	68,022	1,222	159	69,403	(12)
66,606	62,780	3,068	758	512	66,094	76	3	66,173	329	121	66,623	(13)
x	x	x	x	x	x	x	x	x	x	x	x	(14)
x	x	x	x	x	x	x	x	x	x	x	x	(15)
74,967	69,512	4,032	1,423	735	74,232	129	18	74,379	1,069	155	75,603	(16)
69,964	66,442	2,700	822	869	69,095	706	23	69,824	349	72	70,245	(17)

6 乳用雄肥育牛生産費（続き）

(5) 敷料の使用数量と価額（乳用雄肥育牛1頭当たり）

区　　　　　分	平　均		1 ～ 10 頭 未 満		10 ～ 20		20 ～ 30	
	数　量	価　額	数　量	価　額	数　量	価　額	数　量	価　額
	(1)	(2)	(3)	(4)	(5)	(6)	(7)	(8)
	kg	円	kg	円	kg	円	kg	円
敷　料　費　計	…	7,592	…	－	…	9,685	…	6,579
稲　　わ　　ら	－	－	－	－	－	－	－	－
お　が　く　ず	636.7	7,238	－	－	970.3	9,579	563.6	2,239
そ　の　他	…	354	…	－	…	106	…	4,340

30 ～ 50		50 ～ 100		100 ～ 200		200 頭 以 上	
数 量	価 額	数 量	価 額	数 量	価 額	数 量	価 額
(9)	(10)	(11)	(12)	(13)	(14)	(15)	(16)
kg	円	kg	円	kg	円	kg	円
…	10,922	…	7,452	…	4,387	…	7,952
－	－	－	－	－	－		－
487.6	5,862	654.9	6,588	579.1	4,091	635.8	7,841
…	5,060	…	864	…	296	…	111

6 乳用雄肥育牛生産費（続き）

(6) 流通飼料の使用数量と価額（乳用雄肥育牛1頭当たり）

区分	平均 数量	平均 価額	1～10頭未満 数量	1～10頭未満 価額	10～20 数量	10～20 価額	20～30 数量	20～30 価額
	(1)	(2)	(3)	(4)	(5)	(6)	(7)	(8)
	kg	円	kg	円	kg	円	kg	円
流通飼料費合計 (1)	…	218,373	…	−	…	238,690	…	240,477
購入飼料費計 (2)	…	218,211	…	−	…	236,672	…	231,587
穀類								
小計 (3)	…	2,335	…	−	…	41,271	…	1,177
大麦 (4)	54.9	1,749	−	−	632.6	28,916	11.7	618
その他の麦 (5)	−	−	−	−	−	−	−	−
とうもろこし (6)	12.9	529	−	−	300.0	12,355	11.7	559
大豆 (7)	−	−	−	−	−	−	−	−
飼料用米 (8)	0.9	35	−	−	−	−	−	−
その他 (9)	…	22	…	−	…	−	…	−
ぬか・ふすま類								
小計 (10)	…	284	…	−	…	2,386	…	10,092
ふすま (11)	8.4	272	−	−	71.6	2,384	255.8	10,092
米・麦ぬか (12)	0.7	12	−	−	0.2	2	−	−
その他 (13)	…	−	…	−	…	−	…	−
植物性かす類								
小計 (14)	…	2,747	…	−	…	19,769	…	4,633
大豆油かす (15)	9.1	611	−	−	0.3	20	−	−
ビートパルプ (16)	3.6	196	−	−	95.5	5,120	−	−
その他 (17)	…	1,940	…	−	…	14,629	…	4,633
配合飼料 (18)	4,140.3	189,146	−	−	2,384.5	139,177	3,574.4	198,364
TMR (19)	0.0	1	−	−	−	−	1.8	188
牛乳・脱脂乳 (20)	…	1	…	−	…	−	…	−
いも類及び野菜類 (21)	0.8	1	−	−	−	−	155.4	155
わら類その他								
小計 (22)	…	9,597	…	−	…	496	…	1,194
稲わら (23)	188.7	7,877	−	−	23.0	386	57.8	1,194
その他 (24)	…	1,720	…	−	…	110	…	−
生牧草 (25)	−	−			−	−	−	−
乾牧草								
小計 (26)	…	10,519	…	−	…	21,300	…	14,999
まめ科・ヘイキューブ (27)	1.5	99	−	−	−	−	1.3	90
その他 (28)	…	10,420	…	−	…	21,300	…	14,909
サイレージ								
小計 (29)	…	879	…	−	…	11,197	…	559
いね科 (30)	68.9	879	−	−	1,104.0	11,197	46.6	559
うち稲発酵粗飼料 (31)	67.6	851	−	−	1,104.0	11,197	46.6	559
その他 (32)	…	−	…	−	…	−	…	−
その他 (33)	…	2,701			…	1,076	…	226
自給飼料費計 (34)	…	162	…	−	…	2,018	…	8,890
稲わら (35)	10.4	147	−	−	100.6	2,018	299.7	5,933
その他 (36)	…	15			…	−	…	2,957

30 ～ 50		50 ～ 100		100 ～ 200		200 頭 以 上		
数 量	価 額	数 量	価 額	数 量	価 額	数 量	価 額	
(9)	(10)	(11)	(12)	(13)	(14)	(15)	(16)	
kg	円	kg	円	kg	円	kg	円	
…	224,191	…	244,526	…	245,495	…	210,031	(1)
…	223,930	…	244,465	…	245,280	…	210,031	(2)
…	58	…	2,040	…	258	…	838	(3)
30.7	58	29.6	964	–	–	38.4	808	(4)
–	–	–	–	–	–	–	–	(5)
–	–	28.1	1,076	–	–	–	–	(6)
–	–	–	–	–	–	–	–	(7)
–	–	–	–	6.8	258	–	–	(8)
…	–	…	–	…	–	…	30	(9)
…	539	…	1,012	…	534	…	–	(10)
27.5	539	28.0	830	14.9	519	–	–	(11)
–	–	11.4	182	0.7	15	–	–	(12)
…	–	…	–	…	–	…	–	(13)
…	203	…	820	…	5,266	…	1,635	(14)
–	–	5.3	386	–	–	12.0	801	(15)
0.5	39	–	–	–	–	–	–	(16)
…	164	…	434	…	5,266	…	834	(17)
4,049.6	206,663	4,040.3	212,456	4,671.6	220,771	4,147.2	183,384	(18)
							–	(19)
…	28	…	–	…	–	…	–	(20)
–	–	–	–	–	–	–	–	(21)
…	8,769	…	16,975	…	9,468	…	9,657	(22)
306.8	8,769	475.1	16,975	241.0	5,564	163.0	8,051	(23)
…	–	…	–	…	3,904	…	1,606	(24)
–	–	–	–	–	–	–	–	(25)
…	4,805	…	4,060	…	7,950	…	11,114	(26)
3.6	220	26.5	1,748	0.0	0	–	–	(27)
…	4,585	…	2,312	…	7,950	…	11,114	(28)
…	296	…	4,333	…	48	…	282	(29)
13.8	296	191.7	4,333	3.0	48	21.5	282	(30)
12.8	256	168.4	3,821	3.0	48	21.5	282	(31)
…	–	…	–	…	–	…	–	(32)
…	2,569	…	2,769	…	985	…	3,121	(33)
…	261	…	61	…	215	…	–	(34)
15.3	261	6.6	61	31.1	215	–	–	(35)
…	–	…	–	…	–	…	–	(36)

7 交雑種肥育牛生産費

7 交雑種肥育牛生産費
(1) 経営の概況（1経営体当たり）

区　　　　　分		集　計 経営体数	世　帯　員			農　業　就　業　者			経 計
			計	男	女	計	男	女	
		(1)	(2)	(3)	(4)	(5)	(6)	(7)	(8)
		経営体	人	人	人	人	人	人	a
全　　　　　　国	(1)	93	3.4	1.8	1.6	1.9	1.2	0.7	474
飼 養 頭 数 規 模 別									
1 ～ 10頭未満	(2)	8	3.0	1.5	1.5	1.6	1.1	0.5	234
10 ～ 20	(3)	7	3.1	1.7	1.4	1.5	0.6	0.9	372
20 ～ 30	(4)	3	1.1	1.0	0.1	1.0	0.9	0.1	593
30 ～ 50	(5)	12	4.4	1.9	2.5	2.0	1.2	0.8	571
50 ～ 100	(6)	18	2.8	1.4	1.4	1.8	1.1	0.7	279
100 ～ 200	(7)	28	3.8	1.9	1.9	2.3	1.4	0.9	399
200頭以上	(8)	17	4.1	2.4	1.7	2.4	1.4	1.0	767
全 国 農 業 地 域 別									
北　　海　　道	(9)	3	4.0	1.0	3.0	2.0	1.0	1.0	5,071
東　　　　　北	(10)	12	4.1	2.3	1.8	2.1	1.3	0.8	1,045
北　　　　　陸	(11)	1	x	x	x	x	x	x	x
関　東　・　東　山	(12)	29	3.5	1.7	1.8	2.1	1.3	0.8	439
東　　　　　海	(13)	14	4.0	2.0	2.0	2.0	1.1	0.9	264
近　　　　　畿	(14)	3	4.0	2.3	1.7	2.3	1.3	1.0	673
中　　　　　国	(15)	4	5.1	3.3	1.8	2.8	2.0	0.8	384
四　　　　　国	(16)	7	3.0	1.6	1.4	2.2	1.3	0.9	570
九　　　　　州	(17)	20	4.2	2.1	2.1	2.3	1.4	0.9	399

区　　　　　分		畜舎の面積及び自動車・農機具の所有状況（10経営体当たり）				飼養月 平　均 頭　数	もと牛の概要（もと牛1頭当たり）		
		畜舎面積 （1経営体 当たり）	カッター	貨　物 自動車	トラクター （耕うん機 を含む。）		月　齢	生体重	評価額
		(18)	(19)	(20)	(21)	(22)	(23)	(24)	(25)
		m²	台	台	台	頭	月	kg	円
全　　　　　　国	(1)	2,109.3	1.9	28.0	13.4	141.3	7.8	292.5	407,614
飼 養 頭 数 規 模 別									
1 ～ 10頭未満	(2)	375.3	0.7	21.7	10.0	6.2	8.6	294.9	354,714
10 ～ 20	(3)	888.8	-	17.6	17.6	17.9	7.9	293.2	421,606
20 ～ 30	(4)	16.6	-	29.9	17.3	25.8	8.4	290.9	372,736
30 ～ 50	(5)	1,063.0	1.1	26.2	15.2	39.6	7.6	287.6	403,669
50 ～ 100	(6)	1,340.5	4.2	27.4	5.3	76.0	7.8	294.8	394,937
100 ～ 200	(7)	1,824.0	6.1	28.6	14.8	154.3	7.6	281.0	374,240
200頭以上	(8)	5,160.3	0.6	35.1	16.6	358.6	7.9	295.4	420,007
全 国 農 業 地 域 別									
北　　海　　道	(9)	3,192.9	-	26.7	53.3	246.4	8.7	297.7	371,528
東　　　　　北	(10)	873.1	3.3	35.0	22.5	69.0	8.0	269.5	333,281
北　　　　　陸	(11)	x	x	x	x	x	x	x	x
関　東　・　東　山	(12)	1,330.2	1.7	28.1	15.7	110.3	7.8	296.2	405,818
東　　　　　海	(13)	1,726.8	1.4	23.6	7.9	102.8	7.8	295.9	409,490
近　　　　　畿	(14)	4,098.4	6.7	33.3	36.7	81.3	7.6	292.6	369,128
中　　　　　国	(15)	1,839.3	7.5	30.0	17.5	135.1	8.1	279.5	319,007
四　　　　　国	(16)	559.1	-	34.3	11.4	93.3	7.4	282.0	340,610
九　　　　　州	(17)	2,457.4	4.5	28.5	13.0	172.5	7.6	278.5	403,454

営 土 地								山林その他	
耕 地				畜 産 用 地					
小 計	田	畑	牧草地	小 計	畜舎等	放牧地	採草地	山林 その他	
(9)	(10)	(11)	(12)	(13)	(14)	(15)	(16)	(17)	
a	a	a	a	a	a	a	a	a	
293	183	59	51	52	52	0	-	129	(1)
182	44	75	63	16	16	-	-	36	(2)
267	200	63	4	30	30	-	-	75	(3)
190	189	1	-	15	15	-	-	388	(4)
366	56	44	266	27	25	2	-	178	(5)
121	36	46	39	53	53	-	-	105	(6)
231	170	40	21	45	45	-	-	123	(7)
524	393	90	41	106	106	-	-	137	(8)
3,727	-	2,167	1,560	185	135	50	-	1,159	(9)
814	419	58	337	27	27	-	-	204	(10)
x	x	x	x	x	x	x	x	x	(11)
266	158	61	47	46	46	-	-	127	(12)
186	126	44	16	40	40	-	-	38	(13)
554	554	-	-	97	97	-	-	22	(14)
285	120	19	146	38	38	-	-	61	(15)
248	171	77	-	25	25	-	-	297	(16)
177	71	42	64	66	66	-	-	156	(17)

生 産 物 （1 頭 当 たり）									
主 産 物						副 産 物			
販売頭数 1経営体 当たり	月 齢	生体重	価 格	増体量	肥育期間	きゅう肥 数 量	利用量	価 額 (利用分)	その他
(26)	(27)	(28)	(29)	(30)	(31)	(32)	(33)	(34)	(35)
頭	月	kg	円	kg	月	kg	kg	円	円
83.5	26.4	826.6	768,503	534.0	18.6	12,675	5,732	5,004	757	(1)
5.1	28.6	784.8	729,723	489.3	19.9	12,473	6,270	10,718	3,143	(2)
8.7	27.5	852.0	833,770	558.4	19.6	12,883	10,501	14,404	-	(3)
23.1	25.4	695.5	582,360	404.6	17.0	14,400	12,688	3,145	-	(4)
26.5	26.3	799.1	735,468	511.6	18.7	13,007	5,342	8,589	837	(5)
44.5	25.3	782.9	690,633	488.4	17.5	12,755	6,975	6,389	390	(6)
95.8	26.4	817.9	746,946	536.4	18.8	13,653	5,716	5,703	2,505	(7)
205.8	26.5	839.6	790,318	544.2	18.7	12,337	5,311	4,416	323	(8)
191.0	26.4	758.9	563,184	461.3	17.7	11,030	11,030	15,655	-	(9)
43.0	27.7	738.8	588,822	469.4	19.7	13,323	5,520	10,099	1,372	(10)
x	x	x	x	x	x	x	x	x	x	(11)
65.2	26.8	833.3	764,838	537.3	19.0	11,921	6,364	6,766	117	(12)
67.9	26.0	823.6	806,514	527.7	18.2	12,417	3,567	1,955	-	(13)
58.3	25.3	718.5	686,219	425.3	17.7	14,794	9,109	19,134	-	(14)
77.3	25.2	756.9	658,704	477.2	17.0	14,370	1,845	2,626	1,728	(15)
60.6	24.9	768.9	693,901	487.0	17.5	13,659	5,548	9,584	-	(16)
111.3	25.7	814.6	741,842	536.0	18.1	12,117	5,750	6,264	1,524	(17)

7 交雑種肥育牛生産費（続き）
（2） 作業別労働時間（交雑種肥育牛1頭当たり）

区　　　　　　分	計	男	女	家　族・雇　用　別　内　訳					
				家　　族			雇　　用		
				小　計	男	女	小　計	男	女
	(1)	(2)	(3)	(4)	(5)	(6)	(7)	(8)	(9)
全　　　　　　国 (1)	25.16	17.37	7.79	19.60	14.36	5.24	5.56	3.01	2.55
飼養頭数規模別									
1　～　10頭未満 (2)	96.33	83.10	13.23	95.46	82.23	13.23	0.87	0.87	-
10　～　20 (3)	49.97	35.44	14.53	49.97	35.44	14.53	-	-	-
20　～　30 (4)	69.25	55.81	13.44	67.01	54.68	12.33	2.24	1.13	1.11
30　～　50 (5)	48.10	42.32	5.78	41.56	35.78	5.78	6.54	6.54	-
50　～　100 (6)	42.20	29.64	12.56	41.59	29.03	12.56	0.61	0.61	-
100　～　200 (7)	28.19	19.32	8.87	25.74	16.88	8.86	2.45	2.44	0.01
200頭以上 (8)	18.66	11.99	6.67	11.50	8.52	2.98	7.16	3.47	3.69
全国農業地域別									
北　　海　　道 (9)	23.88	15.09	8.79	20.83	12.04	8.79	3.05	3.05	-
東　　　　北 (10)	35.08	28.03	7.05	29.83	23.10	6.73	5.25	4.93	0.32
北　　　　陸 (11)	x	x	x	x	x	x	x	x	x
関　東・東　山 (12)	32.12	24.62	7.50	27.58	20.08	7.50	4.54	4.54	-
東　　　　海 (13)	33.89	21.23	12.66	30.17	20.47	9.70	3.72	0.76	2.96
近　　　　畿 (14)	38.43	21.92	16.51	38.43	21.92	16.51	-	-	-
中　　　　国 (15)	23.60	21.90	1.70	22.55	20.85	1.70	1.05	1.05	-
四　　　　国 (16)	39.92	29.08	10.84	34.32	25.85	8.47	5.60	3.23	2.37
九　　　　州 (17)	26.83	19.79	7.04	23.29	16.25	7.04	3.54	3.54	-

（3） 収益性
ア　交雑種肥育牛1頭当たり

区　　　　　　分	粗　　収　　益			生　　産　　費　　用		
	計	主産物	副産物	生産費総額	生産費総額から家族労働費、自己資本利子、自作地地代を控除した額	生産費総額から家族労働費を控除した額
	(1)	(2)	(3)	(4)	(5)	(6)
全　　　　　　国 (1)	774,264	768,503	5,761	824,217	779,423	792,997
飼養頭数規模別						
1　～　10頭未満 (2)	743,584	729,723	13,861	926,517	757,647	791,228
10　～　20 (3)	848,174	833,770	14,404	929,156	820,908	838,913
20　～　30 (4)	585,505	582,360	3,145	906,506	771,762	799,827
30　～　50 (5)	744,894	735,468	9,426	891,393	808,934	821,851
50　～　100 (6)	697,412	690,633	6,779	843,866	765,144	776,575
100　～　200 (7)	755,154	746,946	8,208	806,819	751,016	765,011
200頭以上 (8)	795,057	790,318	4,739	818,706	787,828	800,624
全国農業地域別						
北　　海　　道 (9)	578,839	563,184	15,655	803,196	754,084	766,988
東　　　　北 (10)	600,293	588,822	11,471	745,012	680,634	700,026
北　　　　陸 (11)	x	x	x	x	x	x
関　東・東　山 (12)	771,721	764,838	6,883	807,456	745,750	760,510
東　　　　海 (13)	808,469	806,514	1,955	845,640	770,691	789,102
近　　　　畿 (14)	705,353	686,219	19,134	788,322	707,069	716,520
中　　　　国 (15)	663,058	658,704	4,354	712,197	670,428	678,128
四　　　　国 (16)	703,485	693,901	9,584	725,271	671,266	678,650
九　　　　州 (17)	749,630	741,842	7,788	814,828	774,966	780,022

単位：時間

	直　接　労　働　時　間				間　接　労　働　時　間		
	小　計	飼　育　労　働　時　間		その他		自給牧草に係る労働時間	
		飼料の調理・給与・給水	敷料の搬入・きゅう肥の搬出				
	(10)	(11)	(12)	(13)	(14)	(15)	
	23.52	**17.11**	**2.71**	**3.70**	**1.64**	**0.22**	(1)
	93.43	68.76	13.69	10.98	2.90	0.15	(2)
	47.41	36.67	5.09	5.65	2.56	0.43	(3)
	58.21	48.77	7.50	1.94	11.04	5.89	(4)
	45.93	35.17	5.98	4.78	2.17	0.50	(5)
	39.72	28.11	3.73	7.88	2.48	0.03	(6)
	26.49	18.91	2.74	4.84	1.70	0.17	(7)
	17.48	12.59	2.08	2.81	1.18	0.05	(8)
	23.01	15.77	3.75	3.49	0.87	0.67	(9)
	32.81	25.27	4.37	3.17	2.27	1.21	(10)
	x	x	x	x	x	x	(11)
	30.29	21.82	2.98	5.49	1.83	0.11	(12)
	31.84	24.41	3.42	4.01	2.05	0.18	(13)
	36.43	29.03	2.61	4.79	2.00	-	(14)
	21.61	16.00	2.54	3.07	1.99	0.74	(15)
	35.89	23.83	5.02	7.04	4.03	0.79	(16)
	25.05	19.01	2.48	3.56	1.78	0.25	(17)

単位：円　　イ　　１日当たり　　単位：円

	所　得	家族労働報酬	所　得	家族労働報酬	
	(7)	(8)	(1)	(2)	
	△ 5,159	△ 18,733	nc	nc	(1)
	△ 14,063	△ 47,644	nc	nc	(2)
	27,266	9,261	4,365	1,483	(3)
	△ 186,257	△ 214,322	nc	nc	(4)
	△ 64,040	△ 76,957	nc	nc	(5)
	△ 67,732	△ 79,163	nc	nc	(6)
	4,138	△ 9,857	1,286	nc	(7)
	7,229	△ 5,567	5,029	nc	(8)
	△ 175,245	△ 188,149	nc	nc	(9)
	△ 80,341	△ 99,733	nc	nc	(10)
	x	x	x	x	(11)
	25,971	11,211	7,533	3,252	(12)
	37,778	19,367	10,017	5,135	(13)
	△ 1,716	△ 11,167	nc	nc	(14)
	△ 7,370	△ 15,070	nc	nc	(15)
	32,219	24,835	7,510	5,789	(16)
	△ 25,336	△ 30,392	nc	nc	(17)

7 交雑種肥育牛生産費（続き）

(4) 生産費

ア 交雑種肥育牛１頭当たり

区　　　　　　分	物									
	計	もと畜費	飼　料　費				敷　料　費		光熱水料及び動力費	
			小　計	流　通　飼　料　費		牧草・放牧・採草費		購　入		購　入
					購　入					
	(1)	(2)	(3)	(4)	(5)	(6)	(7)	(8)	(9)	(10)
全　　　　国　(1)	767,256	416,488	298,304	297,136	295,871	1,168	7,629	7,557	9,788	9,788
飼養頭数規模別										
1　〜　10頭未満　(2)	755,329	362,089	298,998	295,954	293,471	3,044	18,390	18,254	19,245	19,245
10　〜　20　(3)	820,226	423,464	341,113	340,558	328,777	555	5,710	5,699	6,676	6,676
20　〜　30　(4)	768,516	372,736	309,656	295,772	292,594	13,884	4,577	4,299	9,869	9,869
30　〜　50　(5)	798,115	410,857	320,029	318,892	318,310	1,137	7,878	7,799	11,638	11,638
50　〜　100　(6)	761,568	402,316	306,259	306,188	305,835	71	6,438	5,737	11,595	11,595
100　〜　200　(7)	743,995	383,818	305,662	304,250	303,579	1,412	7,712	7,710	10,737	10,737
200頭以上　(8)	772,706	429,319	293,970	293,214	291,866	756	7,651	7,638	9,131	9,131
全国農業地域別										
北　海　道　(9)	742,479	374,121	308,804	281,835	281,570	26,969	21,140	21,109	9,773	9,773
東　　北　(10)	670,622	346,845	264,674	255,714	253,810	8,960	9,103	9,012	9,630	9,630
北　　陸　(11)	x	x	x	x	x	x	x	x	x	x
関　東　・　東　山　(12)	738,503	414,612	275,377	274,682	272,710	695	6,122	5,782	8,137	8,137
東　　海　(13)	764,834	414,662	296,833	295,343	294,346	1,490	3,752	3,700	11,672	11,672
近　　畿　(14)	706,519	377,566	235,346	235,346	234,735	−	7,701	7,701	7,058	7,058
中　　国　(15)	668,024	323,137	302,201	298,289	298,255	3,912	8,604	8,604	7,858	7,858
四　　国　(16)	663,432	347,036	275,320	272,305	271,940	3,015	4,963	3,905	8,056	8,056
九　　州　(17)	760,794	412,339	300,274	298,539	298,264	1,735	9,374	9,327	9,867	9,867

区　　　　　　分	物　財　費（続き）						労　　働　　費				
	農　機　具　費				生産管理費		計	家　族	直　接労働費	間接労働費	
	小　計	購　入	自　給	償　却		償　却					自給牧草に係る労働費
	(23)	(24)	(25)	(26)	(27)	(28)	(29)	(30)	(31)	(32)	(33)
全　　　　国　(1)	6,194	3,663	−	2,531	1,010	2	39,235	31,220	36,632	2,603	300
飼養頭数規模別											
1　〜　10頭未満　(2)	3,574	3,442	−	132	4,683	−	136,059	135,289	132,367	3,692	267
10　〜　20　(3)	6,569	4,980	−	1,589	2,067	−	90,243	90,243	85,695	4,548	709
20　〜　30　(4)	4,108	3,942	−	166	1,351	−	108,572	106,679	93,767	14,805	7,346
30　〜　50　(5)	7,048	5,490	−	1,558	1,973	9	77,729	69,542	74,222	3,507	775
50　〜　100　(6)	9,133	3,586	−	5,547	774	12	68,277	67,291	64,311	3,966	40
100　〜　200　(7)	7,039	4,092	−	2,947	998	3	44,758	41,808	41,952	2,806	285
200頭以上　(8)	5,738	3,482	−	2,256	917	1	28,631	18,082	26,723	1,908	70
全国農業地域別											
北　海　道　(9)	7,210	4,842	−	2,368	688	74	40,709	36,208	39,154	1,555	1,192
東　　北　(10)	11,508	7,938	−	3,570	1,437	53	51,007	44,986	47,651	3,356	1,766
北　　陸　(11)	x	x	x	x	x	x	x	x	x	x	x
関　東　・　東　山　(12)	5,848	3,302	−	2,546	1,098	4	53,530	46,946	50,447	3,083	186
東　　海　(13)	5,860	2,506	−	3,354	1,284	24	60,872	56,538	57,204	3,668	334
近　　畿　(14)	9,232	3,001	−	6,231	1,797	−	71,802	71,802	68,100	3,702	−
中　　国　(15)	2,968	2,501	−	467	743	−	35,519	34,069	32,526	2,993	1,099
四　　国　(16)	5,183	1,812	−	3,371	683	−	52,124	46,621	46,748	5,376	1,014
九　　州　(17)	7,131	4,107	−	3,024	842	−	39,436	34,806	36,747	2,689	341

単位：円

その他の諸材料費	獣医師料及び医薬品費	賃借料及び料金	物件税及び公課諸負担	建物費				自動車費				
				小計	購入	自給	償却	小計	購入	自給	償却	
(11)	(12)	(13)	(14)	(15)	(16)	(17)	(18)	(19)	(20)	(21)	(22)	
263	4,515	2,831	2,606	13,980	2,837	-	11,143	3,648	2,047	-	1,601	(1)
483	5,155	177	14,811	11,760	1,915	-	9,845	15,964	8,798	-	7,166	(2)
87	3,666	2,393	10,607	9,689	2,346	-	7,343	8,185	8,102	-	83	(3)
938	8,695	10,468	7,743	17,141	3,772	-	13,369	21,234	8,738	-	12,496	(4)
983	6,474	1,752	5,010	19,060	13,030	-	6,030	5,413	4,792	-	621	(5)
243	5,928	1,103	3,754	7,110	2,436	-	4,674	6,915	3,309	-	3,606	(6)
89	6,861	2,905	3,645	9,459	4,170	-	5,289	5,070	2,438	-	2,632	(7)
263	3,531	2,826	1,642	15,747	2,200	-	13,547	1,971	1,299	-	672	(8)
58	2,302	1,627	2,251	12,858	1,375	-	11,483	1,647	1,449	-	198	(9)
368	4,589	1,447	3,324	11,756	3,491	-	8,265	5,941	4,659	-	1,282	(10)
x	x	x	x	x	x	x	x	x	x	x	x	(11)
191	2,916	2,164	4,642	12,075	2,492	-	9,583	5,321	2,424	-	2,897	(12)
553	6,314	3,232	2,943	13,572	3,918	-	9,654	4,157	2,802	-	1,355	(13)
1,014	8,419	1,241	4,773	48,193	39,944	-	8,249	4,179	3,733	-	446	(14)
144	7,301	1,258	3,806	6,558	1,343	-	5,215	3,446	2,952	-	494	(15)
110	5,463	864	4,194	6,887	2,940	-	3,947	4,673	3,453	-	1,220	(16)
45	4,916	2,019	2,168	7,106	2,958	-	4,148	4,713	2,314	-	2,399	(17)

費用合計				副産物価額	生産費（副産物価額差引）	支払利子	支払地代	支払利子・地代算入生産費	自己資本利子	自作地地代	資本利子・地代全額算入生産費（全算入生産費）	
計	購入	自給	償却									
(34)	(35)	(36)	(37)	(38)	(39)	(40)	(41)	(42)	(43)	(44)	(45)	
806,491	756,519	34,695	15,277	5,761	800,730	4,006	146	804,882	11,992	1,582	818,456	(1)
891,388	676,374	197,871	17,143	13,861	877,527	1,444	104	879,075	22,407	11,174	912,656	(2)
910,469	798,864	102,590	9,015	14,404	896,065	642	40	896,747	12,559	5,446	914,752	(3)
877,088	727,038	124,019	26,031	3,145	873,943	446	907	875,296	24,889	3,176	903,361	(4)
875,844	796,286	71,340	8,218	9,426	866,418	2,496	136	869,050	9,512	3,405	881,967	(5)
829,845	747,590	68,416	13,839	6,779	823,066	2,558	32	825,656	10,196	1,235	837,087	(6)
788,753	732,664	45,218	10,871	8,208	780,545	3,658	413	784,616	12,910	1,085	798,611	(7)
801,337	764,662	20,199	16,476	4,739	796,598	4,510	63	801,171	11,376	1,420	813,967	(8)
783,188	705,592	63,473	14,123	15,655	767,533	6,000	1,104	774,637	9,890	3,014	787,541	(9)
721,629	652,518	55,941	13,170	11,471	710,158	363	3,628	714,149	15,366	4,026	733,541	(10)
x	x	x	x	x	x	x	x	x	x	x	x	(11)
792,033	727,050	49,953	15,030	6,883	785,150	563	100	785,813	12,718	2,042	800,573	(12)
825,706	727,658	83,661	14,387	1,955	823,751	1,162	361	825,274	16,754	1,657	843,685	(13)
778,321	690,982	72,413	14,926	19,134	759,187	550	-	759,737	8,800	651	769,188	(14)
703,543	659,352	38,015	6,176	4,354	699,189	469	485	700,143	7,358	342	707,843	(15)
715,556	655,959	51,059	8,538	9,584	705,972	2,003	328	708,303	5,780	1,604	715,687	(16)
800,230	752,566	38,093	9,571	7,788	792,442	9,387	155	801,984	3,844	1,212	807,040	(17)

7　交雑種肥育牛生産費（続き）
（4）　生産費（続き）

イ　交雑種肥育牛生体100kg当たり

区分	物									
	計	もと畜費	飼料費				敷料費		光熱水料及び動力費	
			小計	流通飼料費		牧草・放牧・採草費		購入		購入
				小計	購入					
	(1)	(2)	(3)	(4)	(5)	(6)	(7)	(8)	(9)	(10)
全　国 (1)	92,820	50,386	36,088	35,947	35,794	141	923	914	1,184	1,184
飼養頭数規模別										
1 ～ 10頭未満 (2)	96,247	46,139	38,100	37,712	37,396	388	2,343	2,326	2,452	2,452
10 ～ 20 (3)	96,266	49,700	40,035	39,970	38,587	65	670	669	783	783
20 ～ 30 (4)	110,493	53,590	44,521	42,525	42,068	1,996	658	618	1,419	1,419
30 ～ 50 (5)	99,884	51,418	40,051	39,909	39,836	142	986	976	1,457	1,457
50 ～ 100 (6)	97,272	51,386	39,117	39,108	39,063	9	823	733	1,481	1,481
100 ～ 200 (7)	90,963	46,926	37,371	37,198	37,116	173	943	943	1,313	1,313
200頭以上 (8)	92,034	51,133	35,013	34,923	34,762	90	912	910	1,088	1,088
全国農業地域別										
北　海　道 (9)	97,839	49,299	40,692	37,138	37,103	3,554	2,786	2,782	1,288	1,288
東　北 (10)	90,769	46,946	35,824	34,611	34,353	1,213	1,232	1,220	1,303	1,303
北　陸 (11)	x	x	x	x	x	x	x	x	x	x
関　東・東　山 (12)	88,629	49,758	33,048	32,965	32,728	83	735	694	977	977
東　海 (13)	92,866	50,349	36,042	35,861	35,740	181	455	449	1,417	1,417
近　畿 (14)	98,327	52,546	32,753	32,753	32,668	-	1,072	1,072	982	982
中　国 (15)	88,250	42,689	39,923	39,406	39,402	517	1,137	1,137	1,038	1,038
四　国 (16)	86,287	45,136	35,808	35,416	35,369	392	646	508	1,048	1,048
九　州 (17)	93,392	50,618	36,861	36,648	36,614	213	1,151	1,145	1,211	1,211

区分	物財費（続き）				生産管理費		労　働　費			間接労働費	
	農　機　具　費						計	家族	直接労働費		自給牧草に係る労働費
	小計	購入	自給	償却		償却					
	(23)	(24)	(25)	(26)	(27)	(28)	(29)	(30)	(31)	(32)	(33)
全　国 (1)	749	443	-	306	122	0	4,746	3,777	4,432	314	36
飼養頭数規模別											
1 ～ 10頭未満 (2)	456	439	-	17	597	-	17,337	17,239	16,867	470	34
10 ～ 20 (3)	771	584	-	187	243	-	10,592	10,592	10,058	534	83
20 ～ 30 (4)	591	567	-	24	194	-	15,609	15,337	13,480	2,129	1,056
30 ～ 50 (5)	882	687	-	195	247	1	9,728	8,703	9,289	439	97
50 ～ 100 (6)	1,166	458	-	708	99	2	8,721	8,595	8,214	507	5
100 ～ 200 (7)	860	500	-	360	122	0	5,472	5,111	5,129	343	35
200頭以上 (8)	684	415	-	269	109	0	3,410	2,154	3,183	227	8
全国農業地域別											
北　海　道 (9)	950	638	-	312	91	10	5,364	4,771	5,159	205	157
東　北 (10)	1,557	1,074	-	483	194	7	6,904	6,089	6,450	454	239
北　陸 (11)	x	x	x	x	x	x	x	x	x	x	x
関　東・東　山 (12)	701	396	-	305	132	1	6,424	5,634	6,054	370	22
東　海 (13)	711	304	-	407	156	3	7,391	6,865	6,946	445	41
近　畿 (14)	1,285	418	-	867	250	-	9,993	9,993	9,478	515	-
中　国 (15)	392	330	-	62	98	-	4,693	4,501	4,297	396	145
四　国 (16)	674	236	-	438	89	-	6,779	6,063	6,080	699	132
九　州 (17)	875	504	-	371	103	-	4,841	4,272	4,511	330	42

単位：円

財				費								
その他の諸材料費	獣医師料及び医薬品費	賃借料及び料金	物件税及び公課諸負担	建 物 費				自 動 車 費				
				小 計	購 入	自 給	償 却	小 計	購 入	自 給	償 却	
(11)	(12)	(13)	(14)	(15)	(16)	(17)	(18)	(19)	(20)	(21)	(22)	
32	546	342	315	1,691	343	–	1,348	442	248	–	194	(1)
61	657	23	1,887	1,498	244	–	1,254	2,034	1,121	–	913	(2)
10	430	281	1,245	1,137	275	–	862	961	951	–	10	(3)
135	1,250	1,505	1,113	2,464	542	–	1,922	3,053	1,256	–	1,797	(4)
123	810	219	627	2,386	1,631	–	755	678	600	–	78	(5)
31	757	141	479	908	311	–	597	884	423	–	461	(6)
11	839	355	446	1,157	510	–	647	620	298	–	322	(7)
31	421	337	196	1,875	262	–	1,613	235	155	–	80	(8)
8	303	214	297	1,694	181	–	1,513	217	191	–	26	(9)
50	621	196	450	1,591	472	–	1,119	805	631	–	174	(10)
x	x	x	x	x	x	x	x	x	x	x	x	(11)
23	350	260	557	1,449	299	–	1,150	639	291	–	348	(12)
67	767	392	357	1,648	476	–	1,172	505	340	–	165	(13)
141	1,172	173	664	6,707	5,559	–	1,148	582	520	–	62	(14)
19	964	166	503	866	177	–	689	455	390	–	65	(15)
14	711	112	546	895	382	–	513	608	449	–	159	(16)
6	603	248	266	872	363	–	509	578	284	–	294	(17)

費 用 合 計				副産物価額	生産費（副産物価額差引）	支払利子	支払地代	支払利子・地代算入生産費	自己資本利子	自作地地代	資本利子・地代全額算入生産費（全算入生産費）	
計	購 入	自 給	償 却									
(34)	(35)	(36)	(37)	(38)	(39)	(40)	(41)	(42)	(43)	(44)	(45)	
97,566	91,521	4,197	1,848	697	96,869	485	18	97,372	1,451	191	99,014	(1)
113,584	86,187	25,213	2,184	1,766	111,818	184	13	112,015	2,855	1,424	116,294	(2)
106,858	93,758	12,041	1,059	1,690	105,168	75	5	105,248	1,474	639	107,361	(3)
126,102	104,529	17,830	3,743	452	125,650	64	130	125,844	3,578	457	129,879	(4)
109,612	99,655	8,928	1,029	1,180	108,432	312	17	108,761	1,190	426	110,377	(5)
105,993	95,486	8,739	1,768	866	105,127	327	4	105,458	1,302	158	106,918	(6)
96,435	89,578	5,528	1,329	1,004	95,431	447	51	95,929	1,578	133	97,640	(7)
95,444	91,075	2,407	1,962	564	94,880	537	8	95,425	1,355	169	96,949	(8)
103,203	92,978	8,364	1,861	2,063	101,140	791	145	102,076	1,303	397	103,776	(9)
97,673	88,318	7,572	1,783	1,553	96,120	49	491	96,660	2,080	545	99,285	(10)
x	x	x	x	x	x	x	x	x	x	x	x	(11)
95,053	87,254	5,995	1,804	826	94,227	68	12	94,307	1,526	245	96,078	(12)
100,257	88,352	10,158	1,747	237	100,020	141	44	100,205	2,034	201	102,440	(13)
108,320	96,165	10,078	2,077	2,663	105,657	76	–	105,733	1,225	91	107,049	(14)
92,943	87,105	5,022	816	575	92,368	62	64	92,494	972	45	93,511	(15)
93,066	85,316	6,640	1,110	1,246	91,820	261	43	92,124	752	209	93,085	(16)
98,233	92,383	4,676	1,174	956	97,277	1,152	19	98,448	472	149	99,069	(17)

7 交雑種肥育牛生産費（続き）

(5) 敷料の使用数量と価額（交雑種肥育牛1頭当たり）

区　　　　　分	平　　均		1 ～ 10 頭 未 満		10　～　20		20　～　30	
	数　量	価　額	数　量	価　額	数　量	価　額	数　量	価　額
	(1)	(2)	(3)	(4)	(5)	(6)	(7)	(8)
	kg	円	kg	円	kg	円	kg	円
敷　料　費　計	…	7,629	…	18,390	…	5,710	…	4,577
稲　　わ　　ら	3.2	357	36.7	733	－	－	－	－
お　が　く　ず	1,005.1	6,906	1,768.9	16,255	998.3	4,783	1,192.0	4,291
そ　の　他	…	366	…	1,402	…	927	…	286

30 ～ 50		50 ～ 100		100 ～ 200		200 頭 以 上	
数 量	価 額	数 量	価 額	数 量	価 額	数 量	価 額
(9)	(10)	(11)	(12)	(13)	(14)	(15)	(16)
kg	円	kg	円	kg	円	kg	円
…	7,878	…	6,438	…	7,712	…	7,651
-	-	24.9	499	-	-	1.1	455
863.0	7,444	959.9	5,098	1,104.5	7,277	967.5	6,925
…	434	…	841	…	435	…	271

7 交雑種肥育牛生産費（続き）

(6) 流通飼料の使用数量と価額（交雑種肥育牛1頭当たり）

区　　　　　　分	平　　均 数量	平　　均 価額	1 〜 10 頭未満 数量	1 〜 10 頭未満 価額	10 〜 20 数量	10 〜 20 価額	20 〜 30 数量	20 〜 30 価額
	(1)	(2)	(3)	(4)	(5)	(6)	(7)	(8)
	kg	円	kg	円	kg	円	kg	円
流 通 飼 料 費 合 計 (1)	…	297,136	…	295,954	…	340,558	…	295,772
購 入 飼 料 費 計 (2)	…	295,871	…	293,471	…	328,777	…	292,594
穀　　　　　　類								
小　　　　計 (3)	…	4,090	…	27,124	…	1,255	…	214
大　　麦 (4)	21.1	1,031	358.1	17,921	12.2	640	−	−
そ の 他 の 麦 (5)	−	−	−	−	−	−	−	−
と う も ろ こ し (6)	72.6	2,947	115.3	6,534	11.9	615	3.6	165
大　　豆 (7)	1.3	98	22.9	2,253	−	−	−	−
飼 料 用 米 (8)	0.1	5	10.4	416	−	−	−	−
そ　の　他 (9)	…	9	…	−	…	−	…	49
ぬ か ・ ふ す ま 類								
小　　　　計 (10)	…	1,127	…	15,177	…	1,690	…	336
ふ　す　ま (11)	23.5	765	347.7	14,032	41.5	1,418	9.6	336
米 ・ 麦 ぬ か (12)	4.3	110	2.9	110	−	−	0.2	0
そ　の　他 (13)	…	252	…	1,035	…	272	…	−
植 物 性 か す 類								
小　　　　計 (14)	…	6,870	…	3,769	…	3,151	…	2,104
大 豆 油 か す (15)	6.5	545	5.7	551	31.4	2,712	27.5	2,089
ビ ー ト パ ル プ (16)	0.3	17	−	−	−	−	−	−
そ　の　他 (17)	…	6,308	…	3,218	…	439	…	15
配 合 飼 料 (18)	4,943.9	243,571	3,883.5	211,083	5,401.5	294,955	4,316.6	237,360
T　　M　　R (19)	0.0	3	−	−	−	−	−	−
牛 乳 ・ 脱 脂 乳 (20)	…	184	…	−	…	−	…	4
い も 類 及 び 野 菜 類 (21)								
わ ら 類 そ の 他								
小　　　　計 (22)	…	12,088	…	10,875	…	4,978	…	4,003
稲　　わ　ら (23)	349.8	12,068	543.3	10,875	309.7	4,978	255.9	4,003
そ　の　他 (24)	…	20	…	−	…	−	…	−
生　　牧　　草 (25)	0.1	7	9.2	582	−	−	−	−
乾　　牧　　草								
小　　　　計 (26)	…	24,123	…	20,771	…	17,880	…	40,400
まめ科・ヘイキューブ (27)	2.4	155	0.4	37	−	−	4.1	103
そ　の　他 (28)	…	23,968	…	20,734	…	17,880	…	40,297
サ　イ　レ　ー　ジ								
小　　　　計 (29)	…	714	…	−	…	1,293	…	−
い　ね　科 (30)	33.2	393	−	−	51.7	1,293	−	−
うち 稲発酵粗飼料 (31)	25.5	308	−	−	51.7	1,293	−	−
そ　の　他 (32)	…	321	…	−	…	−	…	−
そ　　の　　他 (33)	…	3,094	…	4,090	…	3,575	…	8,173
自 給 飼 料 費 計 (34)	…	1,265	…	2,483	…	11,781	…	3,178
稲　　　　わ　　　　ら (35)	53.0	1,186	143.1	2,483	596.9	11,781	−	−
そ　　　の　　　他 (36)	…	79	…	−	…	−	…	3,178

30 ～ 50		50 ～ 100		100 ～ 200		200 頭 以 上		
数 量	価 額	数 量	価 額	数 量	価 額	数 量	価 額	
(9)	(10)	(11)	(12)	(13)	(14)	(15)	(16)	
kg	円	kg	円	kg	円	kg	円	
…	318,892	…	306,188	…	304,250	…	293,214	(1)
…	318,310	…	305,835	…	303,579	…	291,866	(2)
…	506	…	2,122	…	2,462	…	4,575	(3)
2.8	123	25.5	1,165	38.2	1,900	11.2	536	(4)
							–	(5)
8.6	383	1.0	44	14.7	518	100.0	4,039	(6)
–	–	12.9	885	0.1	14	–	–	(7)
							–	(8)
…		…	28	…	30	…	0	(9)
…	1,610	…	3,367	…	305	…	838	(10)
31.1	1,193	6.5	208	8.6	291	23.2	696	(11)
29.0	417	0.1	2	1.0	14	5.1	142	(12)
…	–	…	3,157	…	–	…	–	(13)
…	1,170	…	4,176	…	4,518	…	8,227	(14)
13.9	1,142	6.9	647	17.5	1,536	2.3	178	(15)
–	–	1.2	74	0.9	53	0.0	3	(16)
…	28	…	3,455	…	2,929	…	8,046	(17)
4,993.5	265,040	4,649.8	254,111	4,828.2	245,302	5,042.4	241,593	(18)
–	–	–	–	0.1	17	–	–	(19)
…	8,558	…		…	–	…	2	(20)
–		–	–	–	–	–		(21)
…	14,281	…	17,960	…	21,290	…	9,318	(22)
536.1	14,281	503.8	17,863	527.2	21,290	280.2	9,300	(23)
…	–	…	97	…	–	…	18	(24)
–	–	–	–	–	–	–	–	(25)
…	23,267	…	18,441	…	23,972	…	24,378	(26)
–	–	1.2	86	1.9	127	2.7	180	(27)
…	23,267	…	18,355	…	23,845	…	24,198	(28)
…	–	…	397	…	572	…	843	(29)
–	–	25.2	397	43.6	517	34.0	385	(30)
–	–	25.2	397	12.7	204	30.8	342	(31)
–	–	…	–	…	55	…	458	(32)
…	3,878	…	5,261	…	5,141	…	2,092	(33)
…	582	…	353	…	671	…	1,348	(34)
34.1	582	20.6	353	22.0	671	60.1	1,342	(35)
…		…	–	…	–	…	6	(36)

8 肥育豚生産費

8 肥育豚生産費
(1) 経営の概況（1経営体当たり）

区　　　　　　　　　分	集　計経営体数	世帯員 計	世帯員 男	世帯員 女	農業就業者 計	農業就業者 男	農業就業者 女	経 計	経 耕 小計
	(1)	(2)	(3)	(4)	(5)	(6)	(7)	(8)	(9)
	経営体	人	人	人	人	人	人	a	a
全　　　　　　国 (1)	160	3.9	2.0	1.9	2.2	1.4	0.8	327	144
飼養頭数規模別									
1 ～ 100頭未満 (2)	3	2.4	1.3	1.1	1.4	1.0	0.4	160	66
100 ～ 300 (3)	16	4.0	1.9	2.1	1.9	1.2	0.7	394	264
300 ～ 500 (4)	15	3.3	1.8	1.5	1.9	1.3	0.6	282	140
500 ～ 1,000 (5)	53	3.8	2.0	1.8	2.1	1.3	0.8	356	118
1,000 ～ 2,000 (6)	47	5.1	2.6	2.5	3.2	1.9	1.3	361	150
2,000頭以上 (7)	26	4.8	2.8	2.0	2.9	1.7	1.2	402	95
全国農業地域別									
北　海　道 (8)	4	4.5	2.7	1.8	3.0	1.9	1.1	1,101	601
東　　北 (9)	16	4.4	2.1	2.3	2.0	1.4	0.6	650	291
北　　陸 (10)	6	4.3	2.1	2.2	2.4	1.2	1.2	397	251
関東・東山 (11)	64	4.3	2.3	2.0	2.3	1.5	0.8	308	115
東　　海 (12)	19	5.0	2.4	2.6	2.5	1.5	1.0	191	74
近　　畿 (13)	1	x	x	x	x	x	x	x	x
中　　国 (14)	1	x	x	x	x	x	x	x	x
四　　国 (15)	7	3.4	1.8	1.6	3.1	1.8	1.3	521	81
九　　州 (16)	40	3.3	1.6	1.7	2.1	1.2	0.9	218	80
沖　　縄 (17)	2	x	x	x	x	x	x	x	x

区　　　　　　　　　分	建物等（1経営体当たり）畜舎	建物等（1経営体当たり）たい肥舎	建物等（1経営体当たり）ふん乾燥施設	自動車（10経営体当たり）貨物自動車	農機具（10経営体当たり）バキュームカー	農機具（10経営体当たり）動力噴霧機	農機具（10経営体当たり）トラクター
	(17)	(18)	(19)	(20)	(21)	(22)	(23)
	m²	m²	基	台	台	台	台
全　　　　　　国 (1)	1,525.3	166.6	3.3	23.5	2.8	5.0	10.2
飼養頭数規模別							
1 ～ 100頭未満 (2)	333.3	14.6	－	10.0	1.5	－	12.9
100 ～ 300 (3)	778.9	136.0	0.1	22.4	0.5	1.8	11.1
300 ～ 500 (4)	1,059.0	111.9	0.0	19.6	2.0	5.6	6.0
500 ～ 1,000 (5)	1,572.8	179.2	0.6	24.2	3.5	5.9	8.9
1,000 ～ 2,000 (6)	2,229.3	233.6	0.2	30.0	4.5	7.9	11.8
2,000頭以上 (7)	4,511.5	428.7	37.7	42.2	5.2	11.9	9.6
全国農業地域別							
北　海　道 (8)	1,584.0	150.9	－	24.0	3.7	－	33.3
東　　北 (9)	1,045.0	244.2	0.0	21.7	3.0	1.7	13.7
北　　陸 (10)	1,288.1	215.5	0.2	23.6	－	6.3	10.0
関東・東山 (11)	1,625.0	149.5	0.2	25.6	3.9	4.9	10.7
東　　海 (12)	1,913.3	188.4	0.4	30.7	0.4	6.3	6.9
近　　畿 (13)	x	x	x	x	x	x	x
中　　国 (14)	x	x	x	x	x	x	x
四　　国 (15)	1,446.0	151.1	6.8	27.6	0.9	4.1	7.9
九　　州 (16)	1,310.2	155.6	8.1	22.3	3.2	7.9	9.4
沖　　縄 (17)	x	x	x	x	x	x	x

	営		土			地		肉　豚 飼養月平均 頭　　数	繁　殖　雌　豚 飼　養　月　平　均 頭　　　数	
	地		畜　産　用　地			山　林 その他				
田		畑	小　計		畜舎等					
(10)		(11)	(12)		(13)	(14)		(15)	(16)	
a		a	a		a	a		頭	頭	
93		49	49		49	134		882.0	87.8	(1)
44		22	12		12	82		66.4	9.8	(2)
208		56	23		23	107		234.1	29.2	(3)
121		19	30		30	112		420.2	48.4	(4)
56		54	53		53	185		787.7	80.3	(5)
72		78	83		83	128		1574.2	150.6	(6)
51		44	122		122	185		3363.6	312.0	(7)
147		342	85		85	415		953.6	86.0	(8)
232		58	27		27	332		530.7	55.9	(9)
234		17	39		39	107		732.0	76.0	(10)
61		54	55		55	138		1016.1	100.7	(11)
32		42	64		64	53		1299.8	126.9	(12)
x		x	x		x	x		x	x	(13)
x		x	x		x	x		x	x	(14)
67		14	28		28	412		958.9	74.1	(15)
32		48	46		46	92		679.7	67.9	(16)
x		x	x		x	x		x	x	(17)

生	産	物	（ 1	頭	当	た り ）			
主	産	物		副	産	物			
				き	ゅ	う 肥		その他	
販売頭数 (1経営体 当たり)	生 体 重	販売価格	販売月齢	数 量	利用量	価 額 （利用分）			
(24)	(25)	(26)	(27)	(28)	(29)	(30)		(31)	
頭	kg	円	月	kg	kg	円		円	
1,580.8	114.2	39,387	6.3	596.1	99.9	136		747	(1)
97.3	117.8	42,009	7.7	1,020.1	167.8	776		2,620	(2)
365.2	114.4	41,873	6.9	674.5	186.6	805		1,120	(3)
667.5	114.1	38,996	6.5	678.8	244.8	463		853	(4)
1,456.4	113.1	39,674	6.3	639.6	104.2	86		694	(5)
2,910.6	114.8	38,507	6.2	614.2	126.4	103		701	(6)
5,992.7	114.1	39,781	6.2	506.3	28.7	40		705	(7)
1,787.6	115.4	41,626	6.5	527.4	145.1	123		336	(8)
1,030.8	115.9	38,845	6.1	493.4	202.3	293		704	(9)
1,438.8	114.5	38,582	5.8	523.1	168.8	321		492	(10)
1,847.6	114.6	38,775	6.2	665.6	105.9	127		860	(11)
2,365.4	114.3	39,898	6.3	555.3	42.8	29		1,222	(12)
x	x	x	x	x	x	x		x	(13)
x	x	x	x	x	x	x		x	(14)
1,466.3	113.8	40,386	5.9	433.1	87.5	175		396	(15)
1,121.2	112.1	40,481	6.6	603.8	40.6	40		565	(16)
x	x	x	x	x	x	x		x	(17)

8　肥育豚生産費（続き）

(2)　作業別労働時間

ア　肥育豚1頭当たり

区　分		計	直接労働時間				間接労働時間	家 家 小計
			小計	飼料の調理・給与・給水	敷料の搬入・きゅう肥の搬出	その他		
		(1)	(2)	(3)	(4)	(5)	(6)	(7)
全　　　　　国	(1)	2.71	2.60	0.77	0.60	1.23	0.11	2.07
飼養頭数規模別								
1　～　100頭未満	(2)	9.48	8.83	4.29	2.47	2.07	0.65	9.48
100　～　300	(3)	5.73	5.38	1.85	1.71	1.82	0.35	5.54
300　～　500	(4)	3.92	3.77	1.31	1.09	1.37	0.15	3.33
500　～　1,000	(5)	3.32	3.21	1.02	0.82	1.37	0.11	2.78
1,000　～　2,000	(6)	2.29	2.22	0.65	0.42	1.15	0.07	1.85
2,000頭以上	(7)	1.85	1.76	0.38	0.30	1.08	0.09	0.85
全国農業地域別								
北　　海　　道	(8)	4.07	3.76	1.07	1.53	1.16	0.31	3.74
東　　　　北	(9)	2.85	2.72	0.82	0.84	1.06	0.13	2.75
北　　　　陸	(10)	2.86	2.58	0.58	0.53	1.47	0.28	2.79
関　東　・　東　山	(11)	2.62	2.52	0.71	0.57	1.24	0.10	1.90
東　　　　海	(12)	2.32	2.25	0.56	0.31	1.38	0.07	1.91
近　　　　畿	(13)	x	x	x	x	x	x	x
中　　　　国	(14)	x	x	x	x	x	x	x
四　　　　国	(15)	2.71	2.63	0.80	0.98	0.85	0.08	2.49
九　　　　州	(16)	3.57	3.43	1.23	0.68	1.52	0.14	2.94
沖　　　　縄	(17)	x	x	x	x	x	x	x

単位：時間

区　分		間接労働時間	家族・雇用別労働時間					
			家族			雇用		
			小計	男	女	小計	男	女
		(6)	(7)	(8)	(9)	(10)	(11)	(12)
全　　　　　国	(1)	0.09	1.81	1.32	0.49	0.56	0.52	0.04
飼養頭数規模別								
1　～　100頭未満	(2)	0.55	8.06	6.94	1.12	-	-	-
100　～　300	(3)	0.31	4.85	3.99	0.86	0.16	0.16	-
300　～　500	(4)	0.13	2.93	2.11	0.82	0.52	0.40	0.12
500　～　1,000	(5)	0.10	2.47	1.72	0.75	0.47	0.45	0.02
1,000　～　2,000	(6)	0.06	1.60	1.14	0.46	0.39	0.37	0.02
2,000頭以上	(7)	0.08	0.75	0.54	0.21	0.87	0.80	0.07
全国農業地域別								
北　　海　　道	(8)	0.27	3.26	2.33	0.93	0.28	0.28	-
東　　　　北	(9)	0.12	2.38	1.84	0.54	0.09	0.08	0.01
北　　　　陸	(10)	0.24	2.43	1.53	0.90	0.06	0.06	-
関　東　・　東　山	(11)	0.09	1.65	1.23	0.42	0.63	0.58	0.05
東　　　　海	(12)	0.07	1.69	1.17	0.52	0.36	0.31	0.05
近　　　　畿	(13)	x	x	x	x	x	x	x
中　　　　国	(14)	x	x	x	x	x	x	x
四　　　　国	(15)	0.06	2.18	1.39	0.79	0.20	0.07	0.13
九　　　　州	(16)	0.14	2.63	1.69	0.94	0.57	0.54	0.03
沖　　　　縄	(17)	x	x	x	x	x	x	x

単位：時間　イ　肥育豚生体100kg当たり　単位：時間

族・雇用別労働時間					計	直接労働時間				
族		雇用				小計	飼料の調理・給与・給水	敷料の搬入・きゅう肥の搬出	その他	
男	女	小計	男	女						
(8)	(9)	(10)	(11)	(12)	(1)	(2)	(3)	(4)	(5)	
1.51	0.56	0.64	0.59	0.05	2.37	2.28	0.68	0.52	1.08	(1)
8.17	1.31	-	-	-	8.06	7.51	3.65	2.10	1.76	(2)
4.57	0.97	0.19	0.19	-	5.01	4.70	1.61	1.50	1.59	(3)
2.40	0.93	0.59	0.45	0.14	3.45	3.32	1.16	0.96	1.20	(4)
1.94	0.84	0.54	0.51	0.03	2.94	2.84	0.88	0.74	1.22	(5)
1.32	0.53	0.44	0.43	0.01	1.99	1.93	0.56	0.36	1.01	(6)
0.61	0.24	1.00	0.91	0.09	1.62	1.54	0.32	0.27	0.95	(7)
2.67	1.07	0.33	0.33	-	3.54	3.27	0.93	1.33	1.01	(8)
2.12	0.63	0.10	0.09	0.01	2.47	2.35	0.71	0.72	0.92	(9)
1.76	1.03	0.07	0.07	-	2.49	2.25	0.51	0.46	1.28	(10)
1.41	0.49	0.72	0.66	0.06	2.28	2.19	0.61	0.50	1.08	(11)
1.32	0.59	0.41	0.35	0.06	2.05	1.98	0.49	0.28	1.21	(12)
x	x	x	x	x	x	x	x	x	x	(13)
x	x	x	x	x	x	x	x	x	x	(14)
1.59	0.90	0.22	0.08	0.14	2.38	2.32	0.70	0.87	0.75	(15)
1.89	1.05	0.63	0.60	0.03	3.20	3.06	1.09	0.61	1.36	(16)
x	x	x	x	x	x	x	x	x	x	(17)

(3)　収益性

ア　肥育豚1頭当たり　　　　　　　　　　　　イ　1日当たり

単位：円　　　単位：円

粗収益 計	主産物	副産物	生産費総額	生産費総額から家族労働費、自己資本利子、自作地地代を控除した額	生産費総額から家族労働費を控除した額	所得	家族労働報酬	所得	家族労働報酬	
(1)	(2)	(3)	(4)	(5)	(6)	(7)	(8)	(1)	(2)	
40,270	39,387	883	33,643	29,541	30,220	10,729	10,050	41,465	38,841	(1)
45,405	42,009	3,396	49,228	34,343	35,470	11,062	9,935	9,335	8,384	(2)
43,798	41,873	1,925	39,300	29,813	30,675	13,985	13,123	20,195	18,950	(3)
40,312	38,996	1,316	38,554	32,198	33,044	8,114	7,268	19,493	17,461	(4)
40,454	39,674	780	36,459	31,230	31,868	9,224	8,586	26,544	24,708	(5)
39,311	38,507	804	32,872	29,146	29,750	10,165	9,561	43,957	41,345	(6)
40,526	39,781	745	30,315	28,084	28,807	12,442	11,719	117,101	110,296	(7)
42,085	41,626	459	39,436	32,362	32,961	9,723	9,124	20,798	19,517	(8)
39,842	38,845	997	35,097	30,324	30,938	9,518	8,904	27,689	25,903	(9)
39,395	38,582	813	31,990	26,989	27,510	12,406	11,885	35,573	34,079	(10)
39,762	38,775	987	32,271	28,247	28,997	11,515	10,765	48,484	45,326	(11)
41,149	39,898	1,251	32,189	28,064	28,573	13,085	12,576	54,806	52,674	(12)
x	x	x	x	x	x	x	x	x	x	(13)
x	x	x	x	x	x	x	x	x	x	(14)
40,957	40,386	571	27,757	23,644	24,102	17,313	16,855	55,624	54,153	(15)
41,086	40,481	605	35,835	30,677	31,506	10,409	9,580	28,324	26,068	(16)
x	x	x	x	x	x	x	x	x	x	(17)

8　肥育豚生産費（続き）

（4）　生産費

ア　肥育豚1頭当たり

区分		計	種付料	もと畜費	飼料費 小計	流通飼料費	購入	牧草・放牧・採草費	敷料費	購入	光熱水料及び動力費	その他の諸材料費
		(1)	(2)	(3)	(4)	(5)	(6)	(7)	(8)	(9)	(10)	(11)
全　　　　　国	(1)	28,619	143	31	20,541	20,539	20,536	2	113	108	1,592	54
飼養頭数規模別												
1　～　100頭未満	(2)	34,327	－	219	28,237	28,237	28,237	－	178	－	1,540	6
100　～　300	(3)	29,564	19	－	20,942	20,902	20,843	40	306	250	2,216	19
300　～　500	(4)	31,119	3	129	23,794	23,794	23,794	－	117	99	2,145	93
500　～　1,000	(5)	30,458	124	62	22,594	22,593	22,593	1	121	120	1,549	27
1,000　～　2,000	(6)	28,520	217	21	20,385	20,385	20,385	－	91	91	1,702	62
2,000頭以上	(7)	26,639	123	2	18,343	18,343	18,343	－	103	103	1,321	66
全国農業地域別												
北　　海　　道	(8)	31,541	7	－	23,914	23,914	23,914	－	275	267	1,573	41
東　　　　北	(9)	30,111	219	296	21,930	21,918	21,918	12	135	111	1,835	24
北　　　　陸	(10)	26,661	145	－	20,070	20,070	20,019	－	42	41	1,659	58
関　東　・　東　山	(11)	27,244	151	18	19,197	19,197	19,197	0	101	97	1,401	53
東　　　　海	(12)	27,189	240	－	18,078	18,078	18,078	－	53	53	1,653	49
近　　　　畿	(13)	x	x	x	x	x	x	x	x	x	x	x
中　　　　国	(14)	x	x	x	x	x	x	x	x	x	x	x
四　　　　国	(15)	23,160	50	－	17,085	17,085	17,085	－	110	110	1,345	100
九　　　　州	(16)	29,678	152	60	21,415	21,415	21,415	－	95	91	1,712	46
沖　　　　縄	(17)	x	x	x	x	x	x	x	x	x	x	x

区分		物財費（続き）農機具費（続き）購入	償却	生産管理費 償却	労働費 計	家族	直接労働費	間接労働費	費用 計	購入
		(24)	(25)	(26)	(27)	(28)	(29)	(30)	(31)	(32)	(33)
全　　　　　国	(1)	572	270	140	2	4,265	3,423	4,094	171	32,884	28,200
飼養頭数規模別											
1　～　100頭未満	(2)	228	191	109	－	13,758	13,758	12,795	963	48,085	33,784
100　～　300	(3)	743	425	111	7	8,823	8,625	8,264	559	38,387	28,508
300　～　500	(4)	460	190	142	－	6,566	5,510	6,310	256	37,685	30,880
500　～　1,000	(5)	477	234	119	1	5,235	4,591	5,059	176	35,693	30,151
1,000　～　2,000	(6)	479	235	144	3	3,701	3,122	3,592	109	32,221	28,190
2,000頭以上	(7)	748	325	156	2	2,855	1,508	2,713	142	29,494	26,098
全国農業地域別											
北　　海　　道	(8)	839	359	211	－	6,918	6,475	6,399	519	38,459	30,479
東　　　　北	(9)	471	218	108	2	4,258	4,159	4,043	215	34,369	28,929
北　　　　陸	(10)	535	112	95	－	4,615	4,480	4,176	439	31,276	26,003
関　東　・　東　山	(11)	571	406	152	2	4,235	3,274	4,064	171	31,479	26,752
東　　　　海	(12)	778	376	142	3	4,433	3,616	4,279	154	31,622	26,689
近　　　　畿	(13)	x	x	x	x	x	x	x	x	x	x
中　　　　国	(14)	x	x	x	x	x	x	x	x	x	x
四　　　　国	(15)	245	167	147	2	3,948	3,655	3,841	107	27,108	22,603
九　　　　州	(16)	495	309	118	3	5,198	4,329	4,968	230	34,876	28,946
沖　　　　縄	(17)	x	x	x	x	x	x	x	x	x	x

単位：円

	財					費						
獣医師料及び医薬品費	賃借料及び料金	物件税及び公課諸負担	繁殖雌豚費	種雄豚費	建物費 小計	購入	償却	自動車費 小計	購入	償却	農機具費 小計	
(12)	(13)	(14)	(15)	(16)	(17)	(18)	(19)	(20)	(21)	(22)	(23)	
2,116	288	173	811	126	1,392	506	886	257	164	93	842	(1)
1,097	23	375	308	–	1,463	1,289	174	353	353	–	419	(2)
1,483	274	263	1,018	287	1,077	490	587	381	301	80	1,168	(3)
972	189	266	853	173	1,366	319	1,047	227	188	39	650	(4)
2,288	223	184	814	147	1,221	590	631	274	191	83	711	(5)
2,218	447	190	908	118	1,046	477	569	257	155	102	714	(6)
2,196	189	112	686	95	1,942	487	1,455	232	126	106	1,073	(7)
1,191	193	314	890	164	1,328	295	1,033	242	137	105	1,198	(8)
1,529	601	149	888	87	1,291	378	913	330	218	112	689	(9)
1,104	77	309	1,126	167	794	296	498	368	240	128	647	(10)
2,199	184	171	809	118	1,421	509	912	292	163	129	977	(11)
2,580	552	182	662	111	1,420	624	796	313	171	142	1,154	(12)
x	x	x	x	x	x	x	x	x	x	x	x	(13)
x	x	x	x	x	x	x	x	x	x	x	x	(14)
1,467	175	123	1,023	198	714	141	573	211	103	108	412	(15)
1,989	169	179	839	121	1,748	541	1,207	231	153	78	804	(16)
x	x	x	x	x	x	x	x	x	x	x	x	(17)

合計 自給	償却	副産物価額	生産費（副産物価額差引）	支払利子	支払地代	支払利子・地代算入生産費	自己資本利子	自作地地代	資本利子・地代全額算入生産費（全算入生産費）	
(34)	(35)	(36)	(37)	(38)	(39)	(40)	(41)	(42)	(43)	
3,433	1,251	883	32,001	69	11	32,081	588	91	32,760	(1)
13,936	365	3,396	44,689	–	16	44,705	653	474	45,832	(2)
8,780	1,099	1,925	36,462	51	–	36,513	680	182	37,375	(3)
5,529	1,276	1,316	36,369	19	4	36,392	696	150	37,238	(4)
4,593	949	780	34,913	111	17	35,041	552	86	35,679	(5)
3,122	909	804	31,417	42	5	31,464	521	83	32,068	(6)
1,508	1,888	745	28,749	82	16	28,847	655	68	29,570	(7)
6,483	1,497	459	38,000	378	–	38,378	523	76	38,977	(8)
4,195	1,245	997	33,372	102	12	33,486	504	110	34,100	(9)
4,535	738	813	30,463	188	5	30,656	353	168	31,177	(10)
3,278	1,449	987	30,492	26	16	30,534	648	102	31,284	(11)
3,616	1,317	1,251	30,371	40	18	30,429	422	87	30,938	(12)
x	x	x	x	x	x	x	x	x	x	(13)
x	x	x	x	x	x	x	x	x	x	(14)
3,655	850	571	26,537	191	–	26,728	400	58	27,186	(15)
4,333	1,597	605	34,271	123	7	34,401	746	83	35,230	(16)
x	x	x	x	x	x	x	x	x	x	(17)

8 肥育豚生産費（続き）

（4） 生産費（続き）

イ 肥育豚生体100kg当たり

区分	物計	種付料	もと畜費	飼料費 小計	流通飼料費	流通飼料費 購入	牧草・放牧・採草費	敷料費	敷料費 購入	光熱水料及び動力費	その他の諸材料費
	(1)	(2)	(3)	(4)	(5)	(6)	(7)	(8)	(9)	(10)	(11)
全　　　　国 (1)	25,069	125	27	17,992	17,990	17,988	2	99	94	1,394	48
飼養頭数規模別											
1 ～ 100頭未満 (2)	29,150	-	186	23,979	23,979	23,979	-	151	-	1,308	5
100 ～ 300 (3)	25,840	17	-	18,303	18,268	18,216	35	267	218	1,937	17
300 ～ 500 (4)	27,276	3	113	20,857	20,857	20,857	-	102	87	1,879	81
500 ～ 1,000 (5)	26,940	109	55	19,984	19,984	19,984	0	107	106	1,371	24
1,000 ～ 2,000 (6)	24,846	189	18	17,759	17,759	17,759	-	79	79	1,482	54
2,000頭以上 (7)	23,338	108	1	16,071	16,071	16,071	-	90	90	1,158	58
全国農業地域別											
北　海　道 (8)	27,325	6	-	20,717	20,717	20,717	-	237	231	1,363	36
東　　北 (9)	25,987	189	255	18,928	18,918	18,918	10	117	96	1,583	20
北　　陸 (10)	23,290	127	-	17,531	17,531	17,486	-	37	36	1,449	50
関東・東山 (11)	23,773	131	15	16,751	16,751	16,751	0	88	85	1,223	46
東　　海 (12)	23,797	210	-	15,822	15,822	15,822	-	46	46	1,446	43
近　　畿 (13)	x	x	x	x	x	x	x	x	x	x	x
中　　国 (14)	x	x	x	x	x	x	x	x	x	x	x
四　　国 (15)	20,343	44	-	15,008	15,008	15,008	-	97	97	1,181	88
九　　州 (16)	26,470	135	54	19,100	19,100	19,100	-	85	82	1,527	41
沖　　縄 (17)	x	x	x	x	x	x	x	x	x	x	x

区分	農機具費（続き） 購入	農機具費（続き） 償却	生産管理費 償却	労働費 計	労働費 家族	直接労働費	間接労働費	費用 計	費用 購入
	(24)	(25)	(26)	(27)	(28)	(29)	(30)	(31)	(32)	(33)
全　　　　国 (1)	501	235	123	2	3,736	2,998	3,586	150	28,805	24,702
飼養頭数規模別										
1 ～ 100頭未満 (2)	193	163	93	-	11,684	11,684	10,866	818	40,834	28,688
100 ～ 300 (3)	650	372	98	7	7,711	7,538	7,222	489	33,551	24,915
300 ～ 500 (4)	403	167	124	-	5,743	4,817	5,519	224	33,019	27,067
500 ～ 1,000 (5)	422	206	105	1	4,631	4,061	4,475	156	31,571	26,671
1,000 ～ 2,000 (6)	417	206	126	3	3,223	2,719	3,128	95	28,069	24,557
2,000頭以上 (7)	656	285	137	2	2,502	1,321	2,378	124	25,840	22,865
全国農業地域別										
北　海　道 (8)	727	311	183	-	5,993	5,609	5,544	449	33,318	26,406
東　　北 (9)	407	187	93	1	3,674	3,589	3,489	185	29,661	24,967
北　　陸 (10)	467	98	83	-	4,032	3,914	3,648	384	27,322	22,714
関東・東山 (11)	498	355	133	2	3,692	2,855	3,543	149	27,465	23,341
東　　海 (12)	681	329	125	3	3,880	3,166	3,745	135	27,677	23,357
近　　畿 (13)	x	x	x	x	x	x	x	x	x	x
中　　国 (14)	x	x	x	x	x	x	x	x	x	x
四　　国 (15)	215	147	129	2	3,467	3,210	3,372	95	23,810	19,853
九　　州 (16)	441	277	105	2	4,637	3,862	4,432	205	31,107	25,817
沖　　縄 (17)	x	x	x	x	x	x	x	x	x	x

単位：円

獣医師料及び医薬品費	賃借料及び料金	物件税及び公課諸負担	繁殖雌豚費	種雄豚費	建物費 小計	建物費 購入	建物費 償却	自動車費 小計	自動車費 購入	自動車費 償却	農機具費 小計	
(12)	(13)	(14)	(15)	(16)	(17)	(18)	(19)	(20)	(21)	(22)	(23)	
1,853	252	151	711	111	1,221	444	777	226	144	82	736	(1)
931	19	318	261	–	1,243	1,095	148	300	300	–	356	(2)
1,296	239	230	890	250	941	428	513	333	263	70	1,022	(3)
852	166	234	748	151	1,196	279	917	200	165	35	570	(4)
2,024	198	163	720	130	1,080	522	558	242	169	73	628	(5)
1,932	390	165	791	103	911	416	495	224	135	89	623	(6)
1,924	165	98	601	83	1,700	426	1,274	203	110	93	941	(7)
1,032	167	272	771	142	1,151	256	895	210	119	91	1,038	(8)
1,320	518	128	767	75	1,116	326	790	284	188	96	594	(9)
965	68	270	983	146	694	258	436	322	210	112	565	(10)
1,919	161	149	706	103	1,240	444	796	255	142	113	853	(11)
2,258	483	159	580	97	1,244	546	698	274	150	124	1,010	(12)
x	x	x	x	x	x	x	x	x	x	x	x	(13)
x	x	x	x	x	x	x	x	x	x	x	x	(14)
1,288	154	108	898	174	627	124	503	185	90	95	362	(15)
1,774	151	160	748	108	1,558	482	1,076	206	136	70	718	(16)
x	x	x	x	x	x	x	x	x	x	x	x	(17)

合計 自給	合計 償却	副産物価額	生産費（副産物価額差引）	支払利子	支払地代	支払利子・地代算入生産費	自己資本利子	自作地地代	資本利子・地代全額算入生産費（全算入生産費）	
(34)	(35)	(36)	(37)	(38)	(39)	(40)	(41)	(42)	(43)	
3,007	1,096	773	28,032	61	10	28,103	515	80	28,698	(1)
11,835	311	2,884	37,950	–	13	37,963	555	402	38,920	(2)
7,674	962	1,683	31,868	44	–	31,912	594	160	32,666	(3)
4,833	1,119	1,154	31,865	17	3	31,885	610	131	32,626	(4)
4,062	838	690	30,881	98	15	30,994	488	76	31,558	(5)
2,719	793	701	27,368	36	4	27,408	454	72	27,934	(6)
1,321	1,654	653	25,187	71	14	25,272	574	60	25,906	(7)
5,615	1,297	397	32,921	328	–	33,249	453	66	33,768	(8)
3,620	1,074	861	28,800	88	10	28,898	435	95	29,428	(9)
3,962	646	710	26,612	165	5	26,782	309	147	27,238	(10)
2,858	1,266	860	26,605	23	14	26,642	566	89	27,297	(11)
3,166	1,154	1,095	26,582	35	16	26,633	370	76	27,079	(12)
x	x	x	x	x	x	x	x	x	x	(13)
x	x	x	x	x	x	x	x	x	x	(14)
3,210	747	502	23,308	168	–	23,476	352	51	23,879	(15)
3,865	1,425	542	30,565	110	6	30,681	666	74	31,421	(16)
x	x	x	x	x	x	x	x	x	x	(17)

8 肥育豚生産費（続き）
（5） 敷料の使用数量と価額（肥育豚1頭当たり）

区　　　　　　　　分	平　　　均		1　〜　100　頭　未満		100　　〜　　300	
	数　量	価　額	数　量	価　額	数　量	価　額
	(1)	(2)	(3)	(4)	(5)	(6)
	kg	円	kg	円	kg	円
敷　料　費　計	…	113	…	178	…	306
稲　　わ　　ら	0.4	8	11.9	176	3.8	97
お　が　く　ず	14.4	87	-	-	32.0	193
そ　の　他	…	18	…	2	…	16

（6） 流通飼料の使用数量と価額（肥育豚1頭当たり）

区　　　　　　　　分		平　　　均		1　〜　100　頭　未　満		100　　〜　　300	
		数　量	価　額	数　量	価　額	数　量	価　額
		(1)	(2)	(3)	(4)	(5)	(6)
		kg	円	kg	円	kg	円
流　通　飼　料　費　計	(1)	…	20,539	…	28,237	…	20,902
購　入　飼　料　費　計	(2)	…	20,536	…	28,237	…	20,843
穀　　　　類　小　　計	(3)	…	106	…	-	…	1
大　　麦	(4)	0.3	13	-	-	0.0	1
そ　の　他　の　麦　類	(5)	0.2	5	-	-	-	-
と　う　も　ろ　こ　し	(6)	2.4	71	-	-	-	-
飼　料　用　米	(7)	0.0	1	-	-	-	-
そ　の　他	(8)	…	16	…	-	…	-
ぬ　か・ふ　す　ま　類　小　計	(9)	…	5	…	50	…	37
ふ　　す　　ま	(10)	0.1	4	-	-	0.8	34
そ　の　他	(11)	…	1	…	50	…	3
植　物　性　か　す　類	(12)	…	82	…	-	…	-
配　合　飼　料	(13)	361.0	18,423	488.9	27,234	368.5	18,526
脱　脂　乳	(14)	…	1,425	…	949	…	1,584
エ　コ　フ　ィ　ー　ド	(15)	1.5	17	-	-	-	-
い　も　類　及　び　野　菜　類	(16)	0.1	0	-	-	1.5	1
そ　の　他	(17)	…	478	…	4	…	694
自　給　飼　料　費　計	(18)	…	3	-	-	…	59

300 ～ 500		500 ～ 1,000		1,000 ～ 2,000		2,000 頭 以 上	
数 量	価 額	数 量	価 額	数 量	価 額	数 量	価 額
(7)	(8)	(9)	(10)	(11)	(12)	(13)	(14)
kg	円	kg	円	kg	円	kg	円
···	117	···	121	···	91	···	103
1.6	20	0.2	4	0.0	0	−	−
33.1	48	16.4	90	8.8	70	13.8	98
···	49	···	27	···	21	···	5

300 ～ 500		500 ～ 1,000		1,000 ～ 2,000		2,000 頭 以 上		
数 量	価 額	数 量	価 額	数 量	価 額	数 量	価 額	
(7)	(8)	(9)	(10)	(11)	(12)	(13)	(14)	
kg	円	kg	円	kg	円	kg	円	
···	23,794	···	22,593	···	20,385	···	18,343	(1)
···	23,794	···	22,593	···	20,385	···	18,343	(2)
···	−	···	77	···	230	···	27	(3)
−	−	1.3	55	−	−	−	−	(4)
−	−	−	−	0.0	0	0.5	16	(5)
−	−	−	−	7.1	206	−	−	(6)
−	−	−	−	0.1	3	−	−	(7)
···	−	···	22	···	21	···	11	(8)
···	−	···	4	···	3	···	1	(9)
−	−	0.1	4	0.1	3	0.0	1	(10)
···	−	···	0	···	−	···	−	(11)
···	−	···	93	···	99	···	82	(12)
396.5	20,901	384.5	20,060	364.6	18,368	328.6	16,566	(13)
···	2,887	···	1,813	···	1,331	···	981	(14)
−	−	6.3	63	0.0	2	0.2	6	(15)
−	−	0.2	0	−	−	−	−	(16)
···	6	···	483	···	352	···	680	(17)
···	−	···	0	···	0	···	−	(18)

累 年 統 計 表

累年統計表

1 牛乳生産費（全国）

区　　　分	単位	平成2年	7	10	11	平成11年度	12	13	14	15	16
		(1)	(2)	(3)	(4)	(5)	(6)	(7)	(8)	(9)	(10)
搾乳牛1頭当たり											
物　　財　　費 (1)	円	417,120	403,221	439,772	435,734	436,741	441,626	450,048	473,484	488,090	502,089
種　　付　　料 (2)	〃	8,188	9,686	10,132	10,033	10,323	10,403	10,347	10,578	10,811	10,726
飼　　料　　費 (3)	〃	298,171	234,451	269,032	257,491	255,066	258,163	266,757	277,129	285,141	294,268
流 通 飼 料 費 (4)	〃	189,303	177,456	214,892	201,857	196,247	197,981	206,071	215,778	223,453	230,646
牧草・放牧・採草費 (5)	〃	108,868	56,995	54,140	55,634	58,819	60,182	60,686	61,351	61,688	63,622
敷　　料　　費 (6)	〃	5,343	4,944	5,078	5,269	5,305	5,794	5,694	5,754	5,979	6,201
光熱水料及び動力費 (7)	〃	11,776	12,360	13,228	13,480	13,486	14,504	14,298	14,867	15,528	16,831
その他の諸材料費 (8)	〃	…	1,574	1,449	1,473	1,390	1,351	1,326	1,335	1,322	1,611
獣医師料及び医薬品費 (9)	〃	14,736	15,701	16,448	18,188	18,812	19,501	19,440	19,428	20,423	21,590
賃 借 料 及 び 料 金 (10)	〃	4,830	8,056	8,961	8,936	9,248	9,788	9,873	10,890	11,861	13,016
物件税及び公課諸負担 (11)	〃	…	8,663	9,307	9,536	9,699	9,797	9,638	9,912	10,057	10,373
乳　牛　償　却　費 (12)	〃	39,701	76,675	72,692	76,874	77,970	74,349	74,484	84,366	86,862	84,130
建　　物　　費 (13)	〃	12,023	11,364	11,660	12,006	12,694	13,338	13,656	13,879	15,017	16,179
自　動　車　費 (14)	〃	…	…	…	…	…	…	…	…	…	3,562
農　機　具　費 (15)	〃	22,352	18,471	20,048	20,825	21,031	22,852	22,692	23,394	23,101	21,732
生　産　管　理　費 (16)	〃	…	1,276	1,737	1,623	1,717	1,786	1,843	1,952	1,988	1,870
労　　　働　　　費 (17)	〃	154,166	187,307	208,534	203,377	197,174	196,566	193,011	186,503	181,520	179,683
う　ち　家　族 (18)	〃	152,893	182,420	201,041	196,025	189,268	186,576	182,967	175,337	170,278	168,460
費　　用　　合　　計 (19)	〃	571,286	590,528	648,306	639,111	633,915	638,192	643,059	659,987	669,610	681,772
副　産　物　価　額 (20)	〃	124,808	52,019	48,450	43,483	43,221	53,802	49,427	59,581	61,392	64,339
生産費（副産物価額差引） (21)	〃	446,478	538,509	599,856	595,628	590,694	584,390	593,632	600,406	608,218	617,433
支　払　利　子 (22)	〃	…	7,172	7,240	7,476	7,128	6,725	6,719	7,072	6,674	6,532
支　払　地　代 (23)	〃	…	4,523	3,936	4,228	4,476	4,632	4,759	4,856	5,062	4,660
支払利子・地代算入生産費 (24)	〃	…	550,204	611,032	607,332	602,298	595,747	605,110	612,334	619,954	628,625
自　己　資　本　利　子 (25)	〃	29,996	16,940	16,418	16,523	16,653	17,033	17,051	17,156	17,744	20,035
自　作　地　地　代 (26)	〃	21,838	14,747	14,364	14,551	14,985	14,974	14,698	14,277	14,566	14,868
資本利子・地代全額算入生産費（全算入生産費） (27)	〃	498,312	581,891	641,814	638,406	633,936	627,754	636,859	643,767	652,264	663,528
1経営体（戸）当たり											
搾乳牛通年換算頭数 (28)	頭	23.1	30.6	34.8	36.0	37.0	37.5	38.7	39.9	40.9	41.2
搾乳牛1頭当たり											
実　搾　乳　量 (29)	kg	6,669	7,180	7,498	7,498	7,598	7,692	7,678	7,759	7,896	7,989
乳脂肪分3.5％換算乳量 (30)	〃	7,136	7,851	8,317	8,323	8,461	8,624	8,634	8,834	8,999	9,101
生　乳　価　額 (31)	円	605,596	629,410	637,971	638,308	643,893	649,397	653,858	664,931	677,221	676,633
労　　働　　時　　間 (32)	時間	134.20	127.99	121.69	120.57	119.23	118.18	116.83	115.79	114.62	113.61
自給牧草に係る労働時間 (33)	〃	17.30	10.12	9.14	9.07	8.99	8.90	8.70	8.64	8.33	7.98
所　　　　　　　得 (34)	円	312,011	261,626	227,980	227,001	230,863	240,226	231,715	227,934	227,545	216,468
1日当たり											
所　　　　　　　得 (35)	〃	18,739	16,805	15,546	15,646	16,187	17,145	16,823	16,774	16,960	16,337
家　族　労　働　報　酬 (36)	〃	15,626	14,769	13,447	13,504	13,968	14,861	14,518	14,461	14,552	13,703

注：1　平成11年度～平成17年度は、既に公表した『平成12年　牛乳生産費』～『平成18年　牛乳生産費』のデータである。
　　2　「労働費のうち家族」について、平成3年までは調査対象経営体の所在するその地方の農村雇用賃金により評価し、平成4年から毎月勤労統計調査（厚生労働省）結果を用いた評価に改訂した。
　　3　平成7年から飼育管理等の直接的な労働以外の労働（自給牧草生産に係る労働、資材等の購入付帯労働及び建物・農機具の修繕労働）を間接労働として関係費目から分離し、「労働費」及び「労働時間」に計上した。

17	18	19	20	21	22	23	24	25	26	27	28	29	
(11)	(12)	(13)	(14)	(15)	(16)	(17)	(18)	(19)	(20)	(21)	(22)	(23)	
513,802	525,687	565,471	598,188	581,399	584,675	600,123	610,338	636,843	653,430	651,784	676,079	708,017	(1)
11,102	11,266	11,860	11,613	11,361	11,294	11,448	11,853	12,098	12,262	12,941	13,414	14,231	(2)
295,292	301,717	329,027	354,535	333,383	329,594	343,117	354,121	380,092	394,800	389,653	386,897	392,155	(3)
231,679	238,442	262,509	282,296	258,195	257,148	273,199	285,995	310,043	323,307	316,930	313,721	319,092	(4)
63,613	63,275	66,518	72,239	75,188	72,446	69,918	68,126	70,049	71,493	72,723	73,176	73,063	(5)
6,325	6,193	6,915	7,378	7,693	8,245	8,631	8,885	9,413	9,649	9,787	9,646	9,834	(6)
18,729	20,061	21,389	22,489	20,530	21,679	22,706	24,089	25,973	26,953	25,187	24,872	26,260	(7)
1,581	1,520	1,785	1,766	1,607	1,568	1,553	1,626	1,474	1,549	1,591	1,666	1,873	(8)
22,368	22,519	22,598	23,153	23,979	24,842	24,127	24,219	24,453	25,805	27,251	28,560	28,209	(9)
12,963	13,329	13,723	14,111	14,655	14,909	15,163	15,044	15,265	16,214	16,080	17,104	16,516	(10)
10,656	10,572	10,695	10,779	10,372	10,189	10,370	10,089	9,950	10,430	10,052	10,366	10,576	(11)
90,268	93,800	95,721	97,964	104,339	107,764	108,848	110,129	107,746	104,274	105,820	123,417	143,674	(12)
16,186	16,906	18,663	19,325	19,931	20,284	20,232	17,254	18,311	18,844	18,904	20,485	20,022	(13)
3,670	3,664	4,054	4,227	4,014	4,033	3,887	3,689	4,042	3,909	4,040	4,495	4,639	(14)
22,601	22,062	26,715	28,743	27,335	28,103	27,864	27,194	25,803	26,504	28,362	32,847	37,852	(15)
2,061	2,078	2,326	2,105	2,200	2,171	2,177	2,146	2,223	2,237	2,116	2,310	2,176	(16)
178,112	173,055	168,640	167,196	163,635	161,632	159,767	160,389	159,746	161,464	161,703	168,105	169,255	(17)
165,530	159,386	152,137	153,011	149,407	146,896	144,524	144,668	143,126	143,735	142,814	146,307	143,171	(18)
691,914	698,742	734,111	765,384	745,034	746,307	759,890	770,727	796,589	814,894	813,487	844,184	877,272	(19)
68,247	70,354	69,496	61,664	62,131	71,281	69,747	72,128	82,499	88,306	116,654	147,355	165,191	(20)
623,667	628,388	664,615	703,720	682,903	675,026	690,143	698,599	714,090	726,588	696,833	696,829	712,081	(21)
6,718	6,775	6,603	6,527	6,493	5,942	5,223	5,036	5,068	4,712	4,369	4,014	3,285	(22)
4,838	4,880	4,800	4,900	4,984	5,149	4,604	4,818	4,725	4,895	5,063	4,879	5,040	(23)
635,223	640,043	676,018	715,147	694,380	686,117	699,970	708,453	723,883	736,195	706,265	705,722	720,406	(24)
20,186	19,790	19,951	18,968	17,663	17,023	16,184	16,017	16,347	17,089	17,141	19,552	23,343	(25)
14,152	14,281	14,396	13,676	13,730	13,389	12,983	13,492	13,305	12,640	13,074	13,040	13,294	(26)
669,561	674,114	710,365	747,791	725,773	716,529	729,137	737,962	753,535	765,924	736,480	738,314	757,043	(27)
42.3	42.7	43.8	45.3	46.4	46.9	49.2	50.0	50.4	51.4	53.2	54.0	55.5	(28)
8,048	7,994	7,999	8,075	8,155	8,066	8,047	8,167	8,219	8,335	8,470	8,511	8,526	(29)
9,125	9,055	9,045	9,129	9,174	9,002	9,024	9,123	9,137	9,240	9,428	9,478	9,496	(30)
665,484	647,568	649,159	689,078	738,569	715,101	726,050	746,804	759,422	816,802	858,540	868,727	883,512	(31)
112.59	111.83	110.79	109.92	108.18	107.09	105.24	104.95	104.68	104.94	104.40	105.71	104.02	(32)
7.97	7.69	6.74	6.38	6.15	6.28	5.69	5.54	5.41	5.23	5.31	5.05	5.01	(33)
195,791	166,911	125,278	126,942	193,596	175,880	170,604	183,019	178,665	224,342	295,089	309,312	306,277	(34)
15,035	13,072	10,155	10,215	15,873	14,666	14,537	15,747	15,618	19,759	26,380	27,926	29,083	(35)
12,398	10,404	7,371	7,588	13,299	12,130	12,051	13,208	13,026	17,141	23,679	24,983	25,604	(36)

4 平成7年以降の「労働時間」は「自給牧草に係る労働時間」を含む総労働時間である。
5 平成7年から、「光熱水料及び動力費」に含めていた「その他の諸材料費」を分離した。
6 平成10年から、家族労働評価をそれまでの男女別評価から男女同一評価に改正した。
7 平成16年度から、「農機具費」に含めていた「自動車費」を分離した。
8 平成19年度は、平成19年度税制改正における減価償却計算の見直しを行った結果を表章した。

累年統計表（続き）

1　牛乳生産費（全国）（続き）

区　　　　分	単位	平成2年	7	10	11	平成11年度	12	13	14	15	16
		(1)	(2)	(3)	(4)	(5)	(6)	(7)	(8)	(9)	(10)
生乳100kg当たり（乳脂肪分3.5％換算乳量）											
物　　　財　　　費 (37)	円	5,847	5,136	5,287	5,237	5,162	5,122	5,214	5,358	5,425	5,516
種　　　付　　　料 (38)	〃	115	123	122	121	122	121	120	120	120	117
飼　　　料　　　費 (39)	〃	4,179	2,986	3,234	3,094	3,015	2,993	3,090	3,136	3,170	3,234
流　通　飼　料　費 (40)	〃	2,653	2,260	2,583	2,426	2,320	2,295	2,387	2,442	2,484	2,535
牧草・放牧・採草費 (41)	〃	1,526	726	651	668	695	698	703	694	686	699
敷　　　料　　　費 (42)	〃	75	63	61	63	63	67	66	65	66	68
光熱水料及び動力費 (43)	〃	166	157	159	162	159	168	166	168	172	185
その他の諸材料費 (44)	〃	…	20	17	18	16	16	15	15	15	18
獣医師料及び医薬品費 (45)	〃	207	200	198	219	222	226	225	220	227	237
賃　借　料　及　び　料　金 (46)	〃	68	103	108	107	109	114	114	123	132	143
物件税及び公課諸負担 (47)	〃	…	110	112	115	115	114	112	112	112	114
乳　牛　償　却　費 (48)	〃	556	977	874	924	922	862	863	955	965	924
建　　　物　　　費 (49)	〃	168	145	140	144	150	155	158	157	167	178
自　　動　　車　　費 (50)	〃	…	…	…	…	…	…	…	…	…	39
農　　機　　具　　費 (51)	〃	313	235	241	250	249	265	263	265	257	239
生　産　管　理　費 (52)	〃	…	17	21	20	20	21	22	22	22	20
労　　　　　働　　　　　費 (53)	〃	2,161	2,387	2,507	2,443	2,330	2,278	2,236	2,111	2,018	1,975
う　　ち　　家　　族 (54)	〃	2,143	2,324	2,417	2,355	2,237	2,163	2,120	1,985	1,893	1,851
費　　用　　合　　計 (55)	〃	8,008	7,523	7,794	7,680	7,492	7,400	7,450	7,469	7,443	7,491
副　産　物　価　額 (56)	〃	1,749	663	583	523	511	624	572	674	683	707
生産費（副産物価額差引） (57)	〃	6,259	6,860	7,211	7,157	6,981	6,776	6,878	6,795	6,760	6,784
支　　払　　利　　子 (58)	〃	…	91	87	90	84	78	78	80	74	72
支　　払　　地　　代 (59)	〃	…	58	47	51	53	54	55	55	56	51
支払利子・地代算入生産費 (60)	〃	…	7,009	7,345	7,298	7,118	6,908	7,011	6,930	6,890	6,907
自　己　資　本　利　子 (61)	〃	420	216	197	199	197	198	197	194	197	220
自　作　地　地　代 (62)	〃	306	188	173	175	177	174	170	162	162	163
資本利子・地代全額算入生産費（全算生産費） (63)	〃	6,985	7,413	7,715	7,672	7,492	7,280	7,378	7,286	7,249	7,290

注：1　平成11年度〜平成17年度は、既に公表した『平成12年　牛乳生産費』〜『平成18年　牛乳生産費』のデータである。
　　2　「労働費のうち家族」について、平成3年までは調査対象経営体の所在するその地方の農村雇用賃金により評価し、平成4年から毎月勤
　　　労統計調査（厚生労働省）結果を用いた評価に改訂した。
　　3　平成7年から飼育管理等の直接的な労働以外の労働（自給牧草生産に係る労働、資材等の購入付帯労働及び建物・農機具の修繕労働）を
　　　間接労働として関係費目から分離し、「労働費」及び「労働時間」に計上した。

17	18	19	20	21	22	23	24	25	26	27	28	29	
(11)	(12)	(13)	(14)	(15)	(16)	(17)	(18)	(19)	(20)	(21)	(22)	(23)	
5,629	5,809	6,250	6,552	6,337	6,495	6,651	6,690	6,970	7,071	6,912	7,131	7,455	(37)
121	125	131	127	124	126	127	130	132	132	137	141	150	(38)
3,236	3,332	3,637	3,883	3,635	3,661	3,803	3,882	4,161	4,273	4,133	4,082	4,129	(39)
2,539	2,633	2,902	3,092	2,815	2,856	3,028	3,135	3,394	3,499	3,362	3,310	3,360	(40)
697	699	735	791	820	805	775	747	767	774	771	772	769	(41)
69	69	76	81	84	91	96	97	103	104	103	102	104	(42)
205	222	236	246	224	241	252	264	284	292	267	262	277	(43)
17	17	20	19	17	17	17	18	16	17	17	18	20	(44)
245	249	250	254	261	276	267	265	268	279	289	301	297	(45)
142	147	152	155	160	166	168	165	167	175	171	180	174	(46)
117	117	118	118	113	113	115	111	109	113	107	109	111	(47)
989	1,036	1,058	1,073	1,137	1,197	1,206	1,207	1,179	1,129	1,122	1,302	1,513	(48)
177	187	207	212	217	225	224	189	201	204	201	216	211	(49)
41	41	44	46	43	45	43	40	44	42	43	47	49	(50)
247	244	295	315	298	312	309	298	282	287	300	347	398	(51)
23	23	26	23	24	25	24	24	24	24	22	24	22	(52)
1,951	1,911	1,865	1,831	1,784	1,795	1,770	1,757	1,748	1,748	1,716	1,774	1,783	(53)
1,814	1,760	1,682	1,676	1,629	1,632	1,601	1,585	1,566	1,556	1,515	1,544	1,508	(54)
7,580	7,720	8,115	8,383	8,121	8,290	8,421	8,447	8,718	8,819	8,628	8,905	9,238	(55)
748	776	768	675	677	792	773	791	903	955	1,237	1,555	1,740	(56)
6,832	6,944	7,347	7,708	7,444	7,498	7,648	7,656	7,815	7,864	7,391	7,350	7,498	(57)
74	75	73	71	71	66	58	55	55	51	46	42	35	(58)
53	54	53	54	54	57	51	53	52	53	54	51	53	(59)
6,959	7,073	7,473	7,833	7,569	7,621	7,757	7,764	7,922	7,968	7,491	7,443	7,586	(60)
221	219	221	208	193	189	179	176	179	185	182	206	246	(61)
155	158	159	150	150	149	144	148	146	137	139	138	140	(62)
7,335	7,450	7,853	8,191	7,912	7,959	8,080	8,088	8,247	8,290	7,812	7,787	7,972	(63)

4 平成7年から、「光熱水料及び動力費」に含めていた「その他の諸材料費」を分離した。
5 平成10年から、家族労働評価をそれまでの男女別評価から男女同一評価に改正した。
6 平成16年度から、「農機具費」に含めていた「自動車費」を分離した。
7 平成19年度は、平成19年度税制改正における減価償却計算の見直しを行った結果を表章した。

累年統計表（続き）

2　牛乳生産費（北海道）

区　　　分	単位	平成2年	7	10	11	平成11年度	12	13	14	15	16
		(1)	(2)	(3)	(4)	(5)	(6)	(7)	(8)	(9)	(10)
搾乳牛1頭当たり											
物　　　財　　　費 (1)	円	388,377	353,234	383,235	381,240	389,540	397,098	404,504	427,444	440,841	456,309
種　　　付　　　料 (2)	〃	9,049	9,358	10,084	9,299	9,499	9,384	9,217	9,588	9,906	9,793
飼　　　　料　　　　費 (3)	〃	273,917	196,186	224,348	214,303	219,263	223,178	230,830	240,444	245,192	254,848
流　通　飼　料　費 (4)	〃	125,772	112,243	138,653	127,327	125,759	126,647	133,973	141,369	143,753	150,547
牧草・放牧・採草費 (5)	〃	148,145	83,943	85,695	86,976	93,504	96,531	96,857	99,075	101,439	104,301
敷　　　　料　　　　費 (6)	〃	6,333	5,039	5,625	5,002	5,048	5,706	5,608	6,236	6,760	6,871
光熱水料及び動力費 (7)	〃	10,665	10,655	10,730	11,311	11,419	12,570	12,488	12,850	13,692	14,846
その他の諸材料費 (8)	〃	…	1,233	1,010	1,006	916	793	810	926	1,033	1,225
獣医師料及び医薬品費 (9)	〃	12,176	13,162	13,848	14,810	15,085	16,507	16,788	17,269	18,727	19,711
賃　借　料　及　び　料　金 (10)	〃	5,650	7,150	7,919	8,025	8,123	9,006	9,009	9,946	10,987	11,867
物件税及び公課諸負担 (11)	〃	…	10,244	10,601	10,809	11,021	11,055	10,945	11,100	11,136	11,665
乳　　牛　　償　　却　　費 (12)	〃	37,809	73,737	69,135	75,724	77,156	73,434	73,177	82,265	85,363	84,627
建　　　　物　　　　費 (13)	〃	11,610	10,670	12,142	12,711	13,165	14,135	14,147	14,618	15,855	16,909
自　　　動　　　車　　　費 (14)	〃	…	…	…	…	…	…	…	…	…	1,994
農　　機　　具　　費 (15)	〃	21,168	14,925	16,725	17,200	17,780	20,115	20,267	20,936	20,841	20,546
生　　産　　管　　理　　費 (16)	〃	…	875	1,068	1,040	1,065	1,215	1,218	1,266	1,349	1,407
労　　　　　働　　　　　費 (17)	〃	121,873	149,564	177,212	170,242	164,579	166,056	166,583	156,747	153,613	153,479
う　　　ち　　　家　　　族 (18)	〃	121,634	145,747	173,146	166,148	160,075	161,467	161,711	151,014	147,542	146,783
費　　　用　　　合　　　計 (19)	〃	510,250	502,798	560,447	551,482	554,119	563,154	571,087	584,191	594,454	609,788
副　　産　　物　　価　　額 (20)	〃	140,974	53,978	48,067	43,137	48,822	64,436	64,503	75,535	76,345	79,472
生産費（副産物価額差引） (21)	〃	369,276	448,820	513,380	508,345	505,297	498,718	506,584	508,656	518,109	530,316
支　　　払　　　利　　　子 (22)	〃	…	12,312	11,532	11,054	11,131	10,593	10,691	10,761	9,990	9,743
支　　　払　　　地　　　代 (23)	〃	…	4,655	4,311	4,617	4,927	5,303	5,423	5,512	5,667	5,027
支払利子・地代算入生産費 (24)	〃	…	465,787	528,223	524,016	521,355	514,614	522,698	524,929	533,766	545,086
自　　己　　資　　本　　利　　子 (25)	〃	33,282	15,046	15,639	15,632	15,567	15,879	15,518	15,748	16,577	18,095
自　　作　　地　　地　　代 (26)	〃	33,808	27,514	26,941	26,755	27,139	26,296	25,798	24,713	24,885	25,410
資本利子・地代全額算入生産費（全算入生産費） (27)	〃	436,366	508,347	570,803	566,403	564,061	556,789	564,014	565,390	575,228	588,591
1経営体（戸）当たり											
搾　乳　牛　通　年　換　算　頭　数 (28)	頭	36.0	47.4	51.1	52.9	54.6	55.1	56.8	58.5	60.1	60.3
搾乳牛1頭当たり											
実　　　搾　　　乳　　　量 (29)	kg	6,837	7,194	7,453	7,365	7,427	7,460	7,568	7,641	7,766	7,788
乳脂肪分3.5％換算乳量 (30)	〃	7,339	7,949	8,345	8,255	8,382	8,491	8,618	8,836	8,997	8,987
生　　　乳　　　価　　　額 (31)	円	534,781	563,136	571,255	566,517	569,182	569,407	578,776	591,414	599,920	588,308
労　　　働　　　時　　　間 (32)	時間	115.40	108.28	102.98	101.95	100.53	100.50	99.34	98.65	97.85	96.36
自給牧草に係る労働時間 (33)	〃	13.40	10.22	9.70	9.72	9.87	10.12	9.76	9.83	9.49	8.69
所　　　　　　　　　　得 (34)	円	287,139	243,096	216,178	208,649	207,902	216,260	217,789	217,499	213,696	190,005
1日当たり											
所　　　　　　　　　　得 (35)	〃	19,940	18,515	17,351	16,943	17,198	17,902	18,383	18,623	18,498	16,707
家　族　労　働　報　酬 (36)	〃	15,281	15,273	13,934	13,501	13,665	14,411	14,895	15,159	14,909	12,882

注：1　平成11年度～平成17年度は、既に公表した『平成12年　牛乳生産費』～『平成18年　牛乳生産費』のデータである。
　　2　「労働費のうち家族」について、平成3年までは調査対象経営体の所在するその地方の農村雇用賃金により評価し、平成4年から毎月勤労統計調査（厚生労働省）結果を用いた評価に改訂した。
　　3　平成7年から飼育管理等の直接的な労働以外の労働（自給牧草生産に係る労働、資材等の購入付帯労働及び建物・農機具の修繕労働）を間接労働として関係費目から分離し、「労働費」及び「労働時間」に計上した。

	17	18	19	20	21	22	23	24	25	26	27	28	29	
	(11)	(12)	(13)	(14)	(15)	(16)	(17)	(18)	(19)	(20)	(21)	(22)	(23)	
	469,488	472,409	505,215	542,836	541,209	548,713	559,917	571,826	591,419	600,691	600,319	638,032	659,545	(1)
	10,198	10,580	11,346	11,167	10,714	10,882	10,823	11,142	11,383	11,817	12,401	12,444	12,904	(2)
	256,252	255,954	281,783	306,994	299,048	295,997	304,903	313,063	332,675	341,274	335,074	340,003	341,323	(3)
	154,038	154,342	180,196	200,450	185,056	188,831	200,821	210,026	229,314	237,487	229,894	234,012	241,568	(4)
	102,214	101,612	101,587	106,544	113,992	107,166	104,082	103,037	103,361	103,787	105,180	105,991	99,755	(5)
	7,097	6,858	7,173	7,624	8,126	8,873	9,113	9,194	9,250	9,478	9,473	9,050	9,137	(6)
	17,011	18,012	19,093	19,627	18,125	19,599	20,948	21,869	23,648	24,679	23,077	22,679	24,424	(7)
	1,157	1,173	1,178	1,368	950	894	875	977	1,008	1,098	1,162	1,249	1,361	(8)
	19,963	19,443	19,791	20,706	20,830	21,460	21,557	21,635	22,166	23,881	25,150	25,653	23,660	(9)
	11,468	11,511	11,513	12,596	13,626	14,068	13,966	14,541	14,789	15,364	16,110	16,647	16,315	(10)
	12,220	12,232	13,050	13,046	12,064	11,793	11,824	11,550	11,473	11,484	11,254	11,576	11,706	(11)
	92,960	95,752	93,717	99,196	107,135	113,485	114,648	118,430	114,830	110,173	112,465	136,050	153,696	(12)
	16,276	16,238	17,331	17,905	18,426	18,475	18,077	16,375	17,822	18,836	19,728	22,303	21,165	(13)
	2,012	1,998	2,000	2,326	2,522	2,557	2,474	2,339	2,430	2,574	2,577	2,829	3,579	(14)
	21,292	21,164	25,646	28,575	28,012	29,003	29,205	29,064	28,264	28,359	30,320	35,880	38,721	(15)
	1,582	1,494	1,594	1,706	1,631	1,627	1,504	1,647	1,681	1,674	1,528	1,669	1,554	(16)
	152,567	145,585	136,990	139,127	138,057	138,609	138,188	140,835	140,029	142,595	142,251	149,525	150,801	(17)
	144,307	137,109	124,047	127,809	126,643	126,505	125,768	127,988	127,431	128,818	126,883	132,340	129,020	(18)
	622,055	617,994	642,205	681,963	679,266	687,322	698,105	712,661	731,448	743,286	742,570	787,557	810,346	(19)
	83,979	84,314	88,495	80,088	79,451	91,260	91,080	95,860	107,242	111,696	152,336	179,214	185,119	(20)
	538,076	533,680	553,710	601,875	599,815	596,062	607,025	616,801	624,206	631,590	590,234	608,343	625,227	(21)
	9,920	9,793	10,380	9,784	9,336	8,602	7,221	7,209	7,393	7,109	6,444	6,032	4,684	(22)
	5,364	5,558	5,052	5,125	5,296	5,105	4,544	4,955	4,653	5,037	4,942	4,502	4,435	(23)
	553,360	549,031	569,142	616,784	614,447	609,769	618,790	628,965	636,252	643,736	601,620	618,877	634,346	(24)
	18,341	17,459	18,583	16,777	15,990	15,685	14,805	14,507	14,464	15,529	15,352	18,787	22,732	(25)
	23,531	23,882	23,889	22,162	21,795	21,024	20,012	20,534	20,462	19,183	19,733	19,698	19,571	(26)
	595,232	590,372	611,614	655,723	652,232	646,478	653,607	664,006	671,178	678,448	636,705	657,362	676,649	(27)
	61.8	61.7	64.4	66.7	67.8	68.2	71.5	71.5	71.6	72.3	75.6	76.5	78.6	(28)
	7,851	7,736	7,731	7,830	7,901	7,856	7,822	7,924	7,974	8,121	8,262	8,300	8,357	(29)
	9,022	8,860	8,842	9,002	9,083	8,896	8,885	9,002	9,023	9,137	9,365	9,425	9,469	(30)
	576,720	552,446	555,047	601,303	642,302	611,292	626,627	657,680	664,366	718,663	766,038	776,710	804,885	(31)
	95.32	94.40	91.19	90.70	90.40	90.24	89.80	91.31	91.19	92.21	91.29	91.89	90.12	(32)
	8.48	8.57	6.14	5.59	5.70	5.77	5.61	5.37	5.10	4.80	4.74	4.49	4.14	(33)
	167,667	140,524	109,952	112,328	154,498	128,028	133,605	156,703	155,545	203,745	291,301	290,173	299,559	(34)
	15,068	12,795	10,807	10,947	15,132	12,572	13,250	15,410	15,325	19,968	29,291	29,314	32,185	(35)
	11,305	9,031	6,633	7,152	11,431	8,967	9,797	11,964	11,884	16,566	25,763	25,426	27,640	(36)

4 平成7年以降の「労働時間」は「自給牧草に係る労働時間」を含む総労働時間である。
5 平成7年から、「光熱水料及び動力費」に含めていた「その他の諸材料費」を分離した。
6 平成10年から、家族労働評価をそれまでの男女別評価から男女同一評価に改正した。
7 平成16年度から、「農機具費」に含めていた「自動車費」を分離した。
8 平成19年度は、平成19年度税制改正における減価償却計算の見直しを行った結果を表章した。

累年統計表（続き）

3 牛乳生産費（北海道）（続き）

区　　　分	単位	平成2年	7	10	11	平成11年度	12	13	14	15	16
		(1)	(2)	(3)	(4)	(5)	(6)	(7)	(8)	(9)	(10)
生乳100kg当たり（乳脂肪分3.5%換算乳量）											
物　　　財　　　費 (37)	円	5,292	4,443	4,592	4,619	4,649	4,674	4,694	4,836	4,900	5,077
種　　　付　　　料 (38)	〃	123	118	121	112	113	110	107	108	110	109
飼　　　料　　　費 (39)	〃	3,733	2,467	2,688	2,597	2,616	2,628	2,679	2,721	2,726	2,836
流　通　飼　料　費 (40)	〃	1,714	1,411	1,661	1,543	1,500	1,491	1,555	1,600	1,598	1,675
牧草・放牧・採草費 (41)	〃	2,019	1,056	1,027	1,054	1,116	1,137	1,124	1,121	1,128	1,161
敷　　　料　　　費 (42)	〃	86	63	67	61	61	67	65	70	76	76
光熱水料及び動力費 (43)	〃	145	134	129	137	136	148	145	145	152	165
その他の諸材料費 (44)	〃	…	15	12	12	11	9	9	10	11	14
獣医師料及び医薬品費 (45)	〃	166	166	166	179	180	194	195	195	208	219
賃借料及び料金 (46)	〃	77	90	95	97	97	106	105	113	122	132
物件税及び公課諸負担 (47)	〃	…	129	127	131	131	130	127	126	124	130
乳　牛　償　却　費 (48)	〃	515	928	828	917	921	865	849	931	949	942
建　　　物　　　費 (49)	〃	158	134	146	154	157	166	164	166	176	188
自　　動　　車　　費 (50)	〃	…	…	…	…	…	…	…	…	…	22
農　　機　　具　　費 (51)	〃	289	188	200	209	213	237	235	237	231	228
生　産　管　理　費 (52)	〃	…	11	13	13	13	14	14	14	15	16
労　　　働　　　費 (53)	〃	1,660	1,881	2,124	2,063	1,964	1,957	1,934	1,773	1,708	1,707
う　　ち　　家　　族 (54)	〃	1,657	1,833	2,075	2,013	1,910	1,902	1,877	1,709	1,640	1,633
費　　用　　合　　計 (55)	〃	6,952	6,324	6,716	6,682	6,613	6,631	6,628	6,609	6,608	6,784
副　産　物　価　額 (56)	〃	1,921	679	576	522	583	759	748	855	849	884
生産費（副産物価額差引） (57)	〃	5,031	5,645	6,140	6,160	6,030	5,872	5,880	5,754	5,759	5,900
支　　払　　利　　子 (58)	円	…	155	138	134	133	125	124	122	111	108
支　　払　　地　　代 (59)	〃	…	59	52	56	59	62	63	62	63	56
支払利子・地代算入生産費 (60)	〃	…	5,859	6,330	6,350	6,222	6,059	6,067	5,938	5,933	6,064
自　己　資　本　利　子 (61)	〃	453	189	187	189	186	187	180	178	184	201
自　作　地　地　代 (62)	〃	460	346	323	324	324	310	299	280	277	283
資本利子・地代全額算入生産費（全算入生産費） (63)	〃	5,944	6,394	6,840	6,863	6,732	6,556	6,546	6,396	6,394	6,548

注：1　平成11年度〜平成17年度は、既に公表した『平成12年　牛乳生産費』〜『平成18年　牛乳生産費』のデータである。
　　2　「労働費のうち家族」について、平成3年までは調査対象経営体の所在するその地方の農村雇用賃金により評価し、平成4年から毎月勤労統計調査（厚生労働省）結果を用いた評価に改訂した。
　　3　平成7年から飼育管理等の直接的な労働以外の労働（自給牧草生産に係る労働、資材等の購入付帯労働及び建物・農機具の修繕労働）を間接労働として関係費目から分離し、「労働費」及び「労働時間」に計上した。

17	18	19	20	21	22	23	24	25	26	27	28	29	
(11)	(12)	(13)	(14)	(15)	(16)	(17)	(18)	(19)	(20)	(21)	(22)	(23)	
5,203	5,332	5,715	6,030	5,959	6,165	6,303	6,353	6,556	6,575	6,408	6,770	6,965	(37)
113	119	128	124	118	122	122	124	126	129	132	132	136	(38)
2,840	2,889	3,187	3,411	3,292	3,327	3,432	3,478	3,688	3,735	3,578	3,608	3,604	(39)
1,707	1,742	2,038	2,227	2,037	2,122	2,261	2,333	2,542	2,599	2,455	2,483	2,551	(40)
1,133	1,147	1,149	1,184	1,255	1,205	1,171	1,145	1,146	1,136	1,123	1,125	1,053	(41)
79	78	82	85	89	99	103	102	103	104	101	96	97	(42)
188	203	216	218	200	220	236	243	262	270	246	241	258	(43)
13	13	13	15	10	10	10	11	11	12	12	13	14	(44)
221	219	224	230	229	241	243	240	246	261	269	272	250	(45)
127	130	130	140	150	158	157	162	164	168	172	177	172	(46)
135	138	148	145	133	133	133	128	127	126	120	123	124	(47)
1,030	1,081	1,060	1,102	1,180	1,276	1,290	1,316	1,273	1,206	1,201	1,443	1,623	(48)
181	183	196	199	203	207	203	182	198	207	211	237	224	(49)
22	23	22	26	28	28	28	26	27	28	27	30	38	(50)
236	239	290	317	309	326	329	323	313	311	323	381	409	(51)
18	17	19	18	18	18	17	18	18	18	16	17	16	(52)
1,691	1,643	1,549	1,545	1,520	1,558	1,555	1,565	1,551	1,560	1,519	1,587	1,592	(53)
1,600	1,547	1,403	1,419	1,394	1,422	1,415	1,422	1,412	1,410	1,355	1,404	1,362	(54)
6,894	6,975	7,264	7,575	7,479	7,723	7,858	7,918	8,107	8,135	7,927	8,357	8,557	(55)
931	951	1,001	890	875	1,026	1,025	1,065	1,188	1,222	1,627	1,901	1,955	(56)
5,963	6,024	6,263	6,685	6,604	6,697	6,833	6,853	6,919	6,913	6,300	6,456	6,602	(57)
110	111	117	109	103	97	81	80	82	78	69	64	49	(58)
59	63	57	57	58	57	51	55	52	55	53	48	47	(59)
6,132	6,198	6,437	6,851	6,765	6,851	6,965	6,988	7,053	7,046	6,422	6,568	6,698	(60)
203	197	210	186	176	176	167	161	160	170	164	199	240	(61)
261	270	270	246	240	236	225	228	227	210	211	209	207	(62)
6,596	6,665	6,917	7,283	7,181	7,263	7,357	7,377	7,440	7,426	6,797	6,976	7,145	(63)

4 平成7年から、「光熱水料及び動力費」に含めていた「その他の諸材料費」を分離した。
5 平成10年から、家族労働評価をそれまでの男女別評価から男女同一評価に改正した。
6 平成16年度から、「農機具費」に含めていた「自動車費」を分離した。
7 平成19年度は、平成19年度税制改正における減価償却計算の見直しを行った結果を表章した。

累年統計表（続き）

3　牛乳生産費（都府県）

区　分	単位	平成2年	7	10	11	平成11年度	12	13	14	15	16
		(1)	(2)	(3)	(4)	(5)	(6)	(7)	(8)	(9)	(10)
搾乳牛1頭当たり											
物　　　　財　　　　費 (1)	円	435,785	436,732	480,103	475,812	472,832	476,534	486,345	511,575	528,245	541,843
種　　　付　　　料 (2)	〃	7,648	9,906	10,166	10,572	10,953	11,202	11,249	11,397	11,578	11,535
飼　　　　料　　　　費 (3)	〃	313,871	260,112	300,902	289,256	282,441	285,586	295,390	307,481	319,099	328,506
流　通　飼　料　費 (4)	〃	229,866	221,199	269,260	256,672	250,147	253,884	263,535	277,348	291,198	300,205
牧草・放牧・採草費 (5)	〃	84,005	38,913	31,642	32,584	32,294	31,702	31,855	30,133	27,901	28,301
敷　　　料　　　費 (6)	〃	4,719	4,882	4,690	5,466	5,501	5,865	5,763	5,355	5,314	5,616
光熱水料及び動力費 (7)	〃	12,494	13,503	15,009	15,076	15,070	16,020	15,739	16,533	17,085	18,553
その他の諸材料費 (8)	〃	…	1,803	1,761	1,816	1,752	1,788	1,737	1,672	1,569	1,944
獣医師料及び医薬品費 (9)	〃	16,377	17,401	18,303	20,672	21,662	21,848	21,552	21,215	21,864	23,221
賃　借　料　及　び　料　金 (10)	〃	4,313	8,661	9,708	9,607	10,110	10,400	10,563	11,671	12,602	14,010
物件税及び公課諸負担 (11)	〃	…	7,600	8,384	8,599	8,688	8,812	8,594	8,927	9,139	9,253
乳　牛　償　却　費 (12)	〃	40,941	78,646	75,229	77,719	78,592	75,066	75,526	86,105	88,135	83,699
建　　　　物　　　　費 (13)	〃	12,298	11,827	11,316	11,487	12,331	12,714	13,266	13,271	14,305	15,545
自　　動　　車　　費 (14)	〃	…	…	…	…	…	…	…	…	…	4,922
農　　機　　具　　費 (15)	〃	23,124	20,847	22,420	23,489	23,515	24,999	24,624	25,428	25,023	22,767
生　産　管　理　費 (16)	〃	…	1,544	2,215	2,053	2,217	2,234	2,342	2,520	2,532	2,272
労　　　　働　　　　費 (17)	〃	174,838	212,626	230,870	227,748	222,096	220,480	214,075	211,122	205,246	202,433
う　　ち　　家　　族 (18)	〃	172,908	207,024	220,932	218,001	211,587	206,256	199,910	195,460	189,608	187,283
費　　用　　合　　計 (19)	〃	610,623	649,358	710,973	703,560	694,928	697,014	700,420	722,697	733,491	744,276
副　産　物　価　額 (20)	〃	114,651	50,705	48,724	43,740	38,937	45,470	38,599	46,381	48,685	51,200
生産費（副産物価額差引） (21)	〃	495,972	598,653	662,249	659,820	655,991	651,544	661,821	676,316	684,806	693,076
支　　払　　利　　子 (22)	〃	…	3,723	4,180	4,845	4,067	3,693	3,554	4,020	3,854	3,745
支　　払　　地　　代 (23)	〃	…	4,435	3,667	3,942	4,131	4,106	4,229	4,315	4,549	4,339
支払利子・地代算入生産費 (24)	〃	…	606,811	670,096	668,607	664,189	659,343	669,604	684,651	693,209	701,160
自　己　資　本　利　子 (25)	〃	27,935	18,211	16,974	17,178	17,483	17,938	18,273	18,322	18,735	21,719
自　作　地　地　代 (26)	〃	14,250	6,180	5,395	5,574	5,689	6,103	5,850	5,642	5,795	5,715
資本利子・地代全額算入 生産費（全算入生産費） (27)	〃	538,157	631,202	692,465	691,359	687,361	683,384	693,727	708,615	717,739	728,594
1経営体（戸）当たり											
搾乳牛通年換算頭数 (28)	頭	18.8	24.7	28.4	29.1	29.7	30.1	30.9	31.6	32.1	32.4
搾乳牛1頭当たり											
実　　搾　　乳　　量 (29)	kg	6,569	7,171	7,530	7,596	7,730	7,876	7,765	7,857	8,005	8,163
乳脂肪分3.5％換算乳量 (30)	〃	7,014	7,785	8,297	8,373	8,522	8,729	8,647	8,832	9,001	9,200
生　　乳　　価　　額 (31)	円	651,186	673,871	685,548	691,106	701,025	712,084	713,701	725,761	742,934	753,329
労　　働　　時　　間 (32)	時間	146.10	141.22	135.04	134.25	133.54	132.01	130.79	129.96	128.88	128.60
自給牧草に係る労働時間 (33)	〃	…	10.07	8.74	8.61	8.31	7.96	7.86	7.65	7.37	7.38
所　　　　　　　　得 (34)	円	328,122	274,084	236,384	240,500	248,423	258,997	244,007	236,570	239,333	239,452
1日当たり											
所　　　　　　　　得 (35)	〃	18,166	15,934	14,558	14,922	15,600	16,684	15,939	15,596	15,950	16,094
家　族　労　働　報　酬 (36)	〃	15,830	14,516	13,180	13,510	14,144	15,135	14,363	14,016	14,315	14,250

注：1　平成11年度～平成17年度は、既に公表した『平成12年　牛乳生産費』～『平成18年　牛乳生産費』のデータである。
　　2　「労働費のうち家族」について、平成3年までは調査対象経営体の所在するその地方の農村雇用賃金により評価し、平成4年から毎月勤労統計調査（厚生労働省）結果を用いた評価に改訂した。
　　3　平成7年から飼育管理等の直接的な労働以外の労働（自給牧草生産に係る労働、資材等の購入付帯労働及び建物・農機具の修繕労働）を間接労働として関係費目から分離し、「労働費」及び「労働時間」に計上した。

	17	18	19	20	21	22	23	24	25	26	27	28	29	
	(11)	(12)	(13)	(14)	(15)	(16)	(17)	(18)	(19)	(20)	(21)	(22)	(23)	
	553,340	573,399	621,793	652,900	622,837	622,425	643,900	653,012	687,783	712,490	711,958	721,032	767,334	(1)
	11,909	11,880	12,341	12,053	12,029	11,728	12,128	12,641	12,899	12,762	13,571	14,560	15,856	(2)
	330,130	342,702	373,179	401,522	368,784	364,855	384,719	399,630	433,268	454,738	453,465	442,304	454,360	(3)
	300,946	313,745	339,427	363,185	333,613	328,849	352,000	370,197	400,577	419,411	418,684	407,905	413,962	(4)
	29,184	28,957	33,752	38,337	35,171	36,006	32,719	29,433	32,691	35,327	34,781	34,399	40,398	(5)
	5,632	5,596	6,674	7,133	7,250	7,586	8,107	8,538	9,595	9,841	10,157	10,348	10,691	(6)
	20,261	21,895	23,534	25,317	23,010	23,863	24,620	26,547	28,584	29,502	27,652	27,464	28,509	(7)
	1,960	1,831	2,352	2,161	2,284	2,276	2,292	2,344	1,995	2,055	2,091	2,159	2,501	(8)
	24,514	25,272	25,224	25,570	27,225	28,392	26,924	27,082	27,019	27,959	29,709	31,997	33,776	(9)
	14,296	14,955	15,787	15,612	15,715	15,788	16,466	15,602	15,797	17,164	16,044	17,646	16,761	(10)
	9,260	9,085	8,496	8,542	8,623	8,506	8,788	8,466	8,242	9,247	8,640	8,935	9,193	(11)
	87,867	92,053	97,593	96,747	101,455	101,760	102,532	100,928	99,802	97,668	98,051	108,489	131,411	(12)
	16,105	17,507	19,911	20,729	21,487	22,185	22,581	18,227	18,857	18,854	17,940	18,334	18,623	(13)
	5,149	5,155	5,975	6,105	5,552	5,581	5,428	5,184	5,849	5,404	5,753	6,462	5,934	(14)
	23,769	22,867	27,719	28,909	26,635	27,162	26,405	25,123	23,044	24,428	26,082	29,266	36,782	(15)
	2,488	2,601	3,008	2,500	2,788	2,743	2,910	2,700	2,832	2,868	2,803	3,068	2,937	(16)
	200,899	197,649	198,213	194,934	190,005	185,800	183,260	182,062	181,858	182,598	184,446	190,063	191,835	(17)
	184,461	179,330	178,385	177,916	172,879	168,299	164,944	163,157	160,730	160,442	161,440	162,813	160,486	(18)
	754,239	771,048	820,006	847,834	812,842	808,225	827,160	835,074	869,641	895,088	896,404	911,095	959,169	(19)
	54,215	57,856	51,745	43,456	44,271	50,310	46,521	45,824	54,750	62,112	74,940	109,707	140,803	(20)
	700,024	713,192	768,261	804,378	768,571	757,915	780,639	789,250	814,891	832,976	821,464	801,388	818,366	(21)
	3,862	4,073	3,073	3,309	3,562	3,150	3,047	2,627	2,461	2,029	1,942	1,630	1,572	(22)
	4,368	4,275	4,564	4,677	4,663	5,197	4,669	4,667	4,803	4,736	5,203	5,324	5,778	(23)
	708,254	721,540	775,898	812,364	776,796	766,262	788,355	796,544	822,155	839,741	828,609	808,342	825,716	(24)
	21,833	21,876	21,229	21,133	19,389	18,426	17,687	17,690	18,459	18,836	19,232	20,455	24,091	(25)
	5,788	5,687	5,522	5,287	5,414	5,376	5,331	5,685	5,276	5,312	5,287	5,175	5,610	(26)
	735,875	749,103	802,649	838,784	801,599	790,064	811,373	819,919	845,890	863,889	853,128	833,972	855,417	(27)
	33.0	33.5	33.7	34.3	35.0	35.3	36.7	37.5	37.8	38.8	39.6	40.1	40.8	(28)
	8,227	8,226	8,248	8,317	8,415	8,287	8,292	8,436	8,492	8,576	8,716	8,760	8,733	(29)
	9,218	9,229	9,236	9,255	9,268	9,114	9,175	9,257	9,265	9,355	9,503	9,540	9,528	(30)
	744,668	732,739	737,100	775,826	837,830	824,061	834,297	845,592	866,021	926,702	966,682	977,464	979,729	(31)
	127.98	127.39	129.08	128.90	126.51	124.81	122.13	120.11	119.81	119.19	119.75	121.96	121.03	(32)
	7.52	6.89	7.28	7.16	6.62	6.80	5.79	5.72	5.73	5.73	5.99	5.73	6.07	(33)
	220,875	190,529	139,587	141,378	233,913	226,098	210,886	212,205	204,596	247,403	299,513	331,935	314,499	(34)
	15,013	13,262	9,723	9,707	16,425	16,273	15,575	16,029	15,876	19,573	23,696	26,637	26,151	(35)
	13,135	11,344	7,860	7,893	14,683	14,560	13,875	14,263	14,034	17,663	21,756	24,581	23,681	(36)

4　平成7年以降の「労働時間」は「自給牧草に係る労働時間」を含む総労働時間である。
5　平成7年から、「光熱水料及び動力費」に含めていた「その他の諸材料費」を分離した。
6　平成10年から、家族労働評価をそれまでの男女別評価から男女同一評価に改正した。
7　平成16年度から、「農機具費」に含めていた「自動車費」を分離した。
8　平成19年度は、平成19年度税制改正における減価償却計算の見直しを行った結果を表章した。

累年統計表（続き）

3　牛乳生産費（都府県）（続き）

区　　　分	単位	平成2年	7	10	11	平成11年度	12	13	14	15	16
		(1)	(2)	(3)	(4)	(5)	(6)	(7)	(8)	(9)	(10)
生乳100kg当たり（乳脂肪分3.5%換算乳量）											
物　　財　　費 (37)	円	6,213	5,610	5,786	5,685	5,548	5,458	5,623	5,792	5,869	5,889
種　　付　　料 (38)	〃	109	127	122	127	128	128	130	129	128	126
飼　　料　　費 (39)	〃	4,475	3,342	3,626	3,454	3,315	3,272	3,416	3,481	3,546	3,571
流　通　飼　料　費 (40)	〃	3,277	2,842	3,245	3,065	2,936	2,909	3,048	3,140	3,236	3,263
牧草・放牧・採草費 (41)	〃	1,198	500	381	389	379	363	368	341	310	308
敷　　料　　費 (42)	〃	68	62	56	65	64	67	67	61	59	61
光熱水料及び動力費 (43)	〃	178	173	181	180	177	184	182	187	190	202
その他の諸材料費 (44)	〃	…	23	21	22	21	20	20	19	17	21
獣医師料及び医薬品費 (45)	〃	233	224	221	247	254	250	249	240	243	252
賃借料及び料金 (46)	〃	61	111	117	115	119	119	122	132	140	152
物件税及び公課諸負担 (47)	〃	…	98	101	103	102	101	99	101	102	101
乳　牛　償　却　費 (48)	〃	584	1,010	907	928	922	860	873	975	979	910
建　　物　　費 (49)	〃	175	152	136	138	144	145	153	150	159	169
自　動　車　費 (50)	〃	…	…	…	…	…	…	…	…	…	53
農　機　具　費 (51)	〃	330	268	271	281	276	286	285	288	278	247
生　産　管　理　費 (52)	〃	…	20	27	25	26	26	27	29	28	24
労　　働　　費 (53)	〃	2,493	2,731	2,782	2,721	2,606	2,526	2,476	2,390	2,280	2,200
う　　ち　　家　　族 (54)	〃	2,465	2,659	2,663	2,604	2,483	2,363	2,312	2,213	2,106	2,035
費　　用　　合　　計 (55)	〃	8,706	8,341	8,568	8,406	8,154	7,984	8,099	8,182	8,149	8,089
副　産　物　価　額 (56)	〃	1,634	651	587	522	457	521	446	525	541	557
生産費（副産物価額差引）(57)	〃	7,072	7,690	7,981	7,884	7,697	7,463	7,653	7,657	7,608	7,532
支　　払　　利　　子 (58)	〃	…	48	50	58	48	42	41	46	43	41
支　　払　　地　　代 (59)	〃	…	57	44	47	48	47	49	49	51	47
支払利子・地代算入生産費 (60)	〃	…	7,795	8,075	7,989	7,793	7,552	7,743	7,752	7,702	7,620
自　己　資　本　利　子 (61)	〃	398	234	205	205	205	206	211	207	208	236
自　作　地　地　代 (62)	〃	203	79	65	67	67	70	68	64	64	62
資本利子・地代全額算入生産費（全算入生産費）(63)	〃	7,673	8,108	8,345	8,261	8,065	7,828	8,022	8,023	7,974	7,918

注：1　平成11年度～平成17年度は、既に公表した『平成12年　牛乳生産費』～『平成18年　牛乳生産費』のデータである。
　　2　「労働費のうち家族」について、平成3年までは調査対象経営体の所在するその地方の農村雇用賃金により評価し、平成4年から毎月勤労統計調査（厚生労働省）結果を用いた評価に改訂した。
　　3　平成7年から飼育管理等の直接的な労働以外の労働（自給牧草生産に係る労働、資材等の購入付帯労働及び建物・農機具の修繕労働）を間接労働として関係費目から分離し、「労働費」及び「労働時間」に計上した。

	17	18	19	20	21	22	23	24	25	26	27	28	29	
	(11)	(12)	(13)	(14)	(15)	(16)	(17)	(18)	(19)	(20)	(21)	(22)	(23)	
	6,001	6,212	6,733	7,054	6,719	6,829	7,019	7,056	7,424	7,616	7,490	7,558	8,052	(37)
	129	128	134	130	129	128	133	137	139	137	143	152	166	(38)
	3,582	3,713	4,040	4,338	3,979	4,004	4,193	4,317	4,676	4,861	4,771	4,636	4,768	(39)
	3,265	3,399	3,675	3,924	3,600	3,609	3,836	3,999	4,323	4,483	4,405	4,275	4,344	(40)
	317	314	365	414	379	395	357	318	353	378	366	361	424	(41)
	61	61	73	77	78	83	89	93	104	105	107	109	112	(42)
	220	237	255	274	248	262	268	287	308	315	291	288	299	(43)
	21	20	25	23	25	25	25	25	22	22	22	23	26	(44)
	266	274	273	276	294	312	293	293	292	299	313	335	354	(45)
	155	162	171	169	170	173	179	169	171	183	169	185	176	(46)
	100	98	92	92	93	93	96	91	89	99	91	94	96	(47)
	953	997	1,057	1,045	1,095	1,117	1,118	1,090	1,077	1,044	1,032	1,137	1,379	(48)
	175	190	216	224	231	243	246	197	203	201	188	192	196	(49)
	55	56	65	66	60	61	59	56	63	58	60	68	63	(50)
	257	248	300	313	287	298	288	272	249	261	274	306	386	(51)
	27	28	32	27	30	30	32	29	31	31	29	33	31	(52)
	2,180	2,142	2,146	2,106	2,049	2,039	1,997	1,967	1,963	1,952	1,941	1,991	2,014	(53)
	2,001	1,943	1,931	1,922	1,865	1,847	1,798	1,763	1,735	1,715	1,699	1,706	1,685	(54)
	8,181	8,354	8,879	9,160	8,768	8,868	9,016	9,023	9,387	9,568	9,431	9,549	10,066	(55)
	588	627	561	470	478	552	507	495	591	664	788	1,150	1,477	(56)
	7,593	7,727	8,318	8,690	8,290	8,316	8,509	8,528	8,796	8,904	8,643	8,399	8,589	(57)
	42	44	33	36	38	35	33	28	27	22	20	17	17	(58)
	47	46	49	51	50	57	51	50	52	51	55	56	61	(59)
	7,682	7,817	8,400	8,777	8,378	8,408	8,593	8,606	8,875	8,977	8,718	8,472	8,667	(60)
	237	237	230	228	209	202	193	191	199	201	202	214	253	(61)
	63	62	60	57	58	59	58	61	57	57	56	54	59	(62)
	7,982	8,116	8,690	9,062	8,645	8,669	8,844	8,858	9,131	9,235	8,976	8,740	8,979	(63)

4 平成7年から、「光熱水料及び動力費」に含めていた「その他の諸材料費」を分離した。
5 平成10年から、家族労働評価をそれまでの男女別評価から男女同一評価に改正した。
6 平成16年度から、「農機具費」に含めていた「自動車費」を分離した。
7 平成19年度は、平成19年度税制改正における減価償却計算の見直しを行った結果を表章した。

累年統計表（続き）

4　子牛生産費

区　　　　　分	単位	平成2年	7	10	11	平成11年度	12	13	14	15	16
		(1)	(2)	(3)	(4)	(5)	(6)	(7)	(8)	(9)	(10)
子牛1頭当たり											
物　　　財　　　費 (1)	円	287,921	214,972	231,672	227,737	223,430	221,961	224,996	236,816	247,675	249,507
種　　　付　　　料 (2)	〃	10,308	11,667	13,338	14,639	14,403	13,610	13,438	14,890	15,260	16,062
飼　　　料　　　費 (3)	〃	178,694	103,197	114,754	108,827	106,705	105,610	108,698	111,944	118,710	122,474
流　通　飼　料　費 (4)	〃	78,138	72,487	82,983	74,703	71,250	70,341	73,453	74,659	78,765	81,087
敷　　　料　　　費 (5)	〃	15,883	12,108	9,526	9,727	9,279	9,068	9,121	8,467	8,557	8,172
光 熱 水 料 及 び 動 力 費 (6)	〃	3,312	3,116	4,256	4,055	4,135	4,261	4,352	4,562	4,848	5,255
そ の 他 の 諸 材 料 費 (7)	〃	…	641	555	581	506	509	501	611	647	613
獣 医 師 料 及 び 医 薬 品 費 (8)	〃	8,074	8,585	10,590	11,130	10,981	10,914	11,155	12,068	12,331	12,918
賃 借 料 及 び 料 金 (9)	〃	7,588	7,491	8,421	8,224	8,316	8,567	8,806	9,343	9,471	10,291
物 件 税 及 び 公 課 諸 負 担 (10)	〃	…	4,131	4,927	5,269	5,347	5,246	5,594	6,255	6,307	6,191
繁 殖 雌 牛 償 却 費 (11)	〃	45,582	46,719	45,663	45,324	43,850	44,470	42,259	46,241	47,746	44,015
建　　　物　　　費 (12)	〃	12,533	11,224	11,648	11,508	11,424	11,411	11,912	11,845	12,395	12,275
自　　　動　　　車　　　費 (13)	〃	…	…	…	…	…	…	…	…	…	3,605
農　　　機　　　具　　　費 (14)	〃	5,947	5,279	7,056	7,470	7,579	7,447	8,353	9,695	10,567	6,727
生　産　管　理　費 (15)	〃	…	814	938	983	905	848	807	895	836	909
労　　　　　働　　　　　費 (16)	〃	117,784	197,286	217,101	214,893	212,665	205,873	200,199	195,034	193,038	192,739
う　　　ち　　　家　　　族 (17)	〃	117,784	196,828	216,201	213,627	211,395	204,560	198,460	193,465	191,587	189,009
費　　　用　　　合　　　計 (18)	〃	405,705	412,258	448,773	442,630	436,095	427,834	425,195	431,850	440,713	442,246
副　産　物　価　額 (19)	〃	45,840	47,195	46,750	46,939	45,209	43,135	42,342	42,689	43,752	42,194
生 産 費 (副 産 物 価 額 差 引) (20)	〃	359,865	365,063	402,023	395,691	390,886	384,699	382,853	389,161	396,961	400,052
支　　　払　　　利　　　子 (21)	〃	…	2,049	3,116	2,813	2,611	2,416	2,449	2,364	2,462	2,536
支　　　払　　　地　　　代 (22)	〃	…	2,856	3,840	3,955	3,980	3,897	4,216	4,100	3,808	3,502
支 払 利 子 ・ 地 代 算 入 生 産 費 (23)	〃	…	369,968	408,979	402,459	397,477	391,012	389,518	395,625	403,231	406,090
自　己　資　本　利　子 (24)	〃	39,551	37,702	40,775	42,377	42,190	41,783	42,328	42,918	42,583	46,163
自　作　地　地　代 (25)	〃	22,449	15,881	14,898	14,511	13,740	13,372	13,092	11,939	11,440	11,078
資 本 利 子 ・ 地 代 全 額 算 入 生 産 費 (全 算 入 生 産 費) (26)	〃	421,865	423,551	464,652	459,347	453,407	446,167	444,938	450,482	457,254	463,331
1経営体（戸）当たり											
繁 殖 雌 牛 飼 養 月 平 均 頭 数 (27)	頭	4.6	6.3	6.7	6.8	7.1	7.5	7.8	8.4	9.0	9.3
子牛1頭当たり											
販　売　時　生　体　重 (28)	kg	287.2	276.3	280.9	283.0	285.7	288.4	284.6	282.5	280.4	278.6
販　　　売　　　価　　　格 (29)	円	467,025	318,300	347,581	352,525	355,528	360,880	308,892	356,539	392,320	437,408
労　　　働　　　時　　　間 (30)	時間	130.70	159.04	154.66	153.41	152.14	144.64	143.32	142.63	141.28	140.40
計　　　算　　　期　　　間 (31)	年	1.2	1.1	1.2	1.2	1.2	1.2	1.2	1.2	1.2	1.2
繁殖雌牛1頭当たり											
所　　　　　　　　　得 (32)	円	224,944	145,288	154,955	163,575	169,432	175,141	118,186	154,420	180,921	220,515
1日当たり											
所　　　　　　　　　得 (33)	〃	13,768	7,318	8,050	8,589	8,971	9,724	6,654	8,733	10,319	12,777
家　族　労　働　報　酬 (34)	〃	9,974	4,617	5,155	5,604	6,010	6,649	3,524	5,630	7,234	9,458

注：1　平成11年度〜平成17年度は、既に公表した『平成12年　子牛生産費』〜『平成18年　子牛生産費』のデータである。
　　2　平成3年から調査対象に外国種を含む。
　　3　「労働費のうち家族」について、平成3年までは調査対象経営体の所在するその地方の農村雇用賃金により評価し、平成4年から毎月勤労統計調査（厚生労働省）結果を用いた評価に改訂した。
　　4　平成7年から飼育管理等の直接的な労働以外の労働（自給牧草生産に係る労働、資材等の購入付帯労働及び建物・農機具の修繕労働）を間接労働として関係費目から分離し、「労働費」及び「労働時間」に計上した。

	17	18	19	20	21	22	23	24	25	26	27	28	29	
	(11)	(12)	(13)	(14)	(15)	(16)	(17)	(18)	(19)	(20)	(21)	(22)	(23)	
	251,797	259,302	289,061	337,195	335,321	344,498	356,136	358,838	376,129	381,831	377,010	377,890	390,050	(1)
	16,976	17,086	17,834	18,911	17,240	17,694	18,272	18,076	19,000	20,229	21,879	22,538	21,115	(2)
	123,236	128,829	149,593	178,616	171,771	176,385	186,126	189,527	208,274	213,612	215,489	219,716	228,586	(3)
	80,920	83,900	99,844	120,007	113,896	119,076	127,903	131,750	147,522	150,125	146,804	142,711	152,081	(4)
	7,761	7,624	7,533	7,490	7,737	7,907	7,712	8,367	7,811	8,192	8,472	8,688	9,196	(5)
	5,844	6,183	7,022	7,458	6,442	6,731	7,292	7,785	8,686	9,256	8,980	9,030	9,440	(6)
	677	529	618	531	636	658	624	604	645	765	448	599	581	(7)
	13,770	13,879	14,855	18,758	18,201	19,250	19,362	19,505	19,250	20,481	22,447	24,160	22,511	(8)
	10,914	10,761	10,845	10,873	11,085	11,772	11,913	11,387	12,406	12,598	13,473	12,255	13,525	(9)
	6,645	7,038	7,996	7,137	7,762	7,694	7,713	8,199	8,781	8,373	8,608	9,025	9,134	(10)
	41,335	43,307	41,090	53,850	61,481	64,351	64,181	65,365	60,740	57,560	43,059	35,659	38,266	(11)
	13,110	10,758	12,850	14,846	15,414	15,168	15,861	14,369	14,039	14,333	14,907	15,320	15,819	(12)
	3,720	3,963	6,123	5,504	6,004	5,597	6,010	5,466	5,751	5,518	6,360	6,829	6,905	(13)
	6,831	8,237	11,186	11,705	10,114	9,957	9,729	8,771	9,205	9,517	11,373	12,394	13,300	(14)
	978	1,108	1,516	1,516	1,434	1,334	1,341	1,417	1,541	1,397	1,515	1,677	1,672	(15)
	188,159	183,741	177,395	169,392	172,684	178,634	173,732	171,291	171,023	170,272	172,642	183,290	185,902	(16)
	183,486	180,049	173,582	165,794	169,851	175,696	170,928	168,380	167,854	166,373	169,233	178,485	180,281	(17)
	439,956	443,043	466,456	506,587	508,005	523,132	529,868	530,129	547,152	552,103	549,652	561,180	575,952	(18)
	39,903	39,129	33,208	31,118	30,530	30,940	29,932	28,165	26,858	25,951	26,578	28,062	24,844	(19)
	400,053	403,914	433,248	475,469	477,475	492,192	499,936	501,964	520,294	526,152	523,074	533,118	551,108	(20)
	2,647	2,956	3,063	2,024	1,835	1,854	1,764	1,841	1,659	1,748	1,788	1,796	1,685	(21)
	3,744	3,773	4,311	5,551	5,794	5,866	5,982	6,528	7,105	7,184	8,387	9,323	8,981	(22)
	406,444	410,643	440,622	483,044	485,104	499,912	507,682	510,333	529,058	535,084	533,249	544,237	561,774	(23)
	48,259	48,933	54,887	56,675	54,478	51,582	47,944	48,714	50,462	46,644	43,378	45,224	53,830	(24)
	11,203	13,490	14,098	12,802	12,588	12,779	13,504	13,229	13,476	13,951	13,713	15,273	13,169	(25)
	465,906	473,066	509,607	552,521	552,170	564,273	569,130	572,276	592,996	595,679	590,340	604,734	628,773	(26)
	9.5	9.9	10.5	11.9	11.3	11.9	12.1	12.3	12.6	12.9	13.6	13.9	14.5	(27)
	280.1	279.9	283.0	279.9	283.1	291.8	283.2	283.9	284.0	283.3	284.0	288.0	291.7	(28)
	466,151	481,065	467,958	375,320	350,796	373,635	385,497	402,523	483,432	552,157	668,630	784,652	754,495	(29)
	138.25	135.39	131.11	124.55	127.83	134.58	130.45	127.63	125.12	124.32	123.08	128.98	127.83	(30)
	1.2	1.2	1.2	1.2	1.2	1.2	1.1	1.2	1.2	1.2	1.2	1.2	1.2	(31)
	241,187	250,542	199,676	54,784	35,779	49,711	48,663	60,614	122,244	183,446	304,598	419,609	370,773	(32)
	14,432	15,101	12,595	3,729	2,273	3,006	3,041	3,875	8,016	12,178	20,281	26,825	24,094	(33)
	10,899	11,338	8,266	nc	nc	nc	nc	nc	3,823	8,155	16,480	22,951	19,764	(34)

5 平成7年から、「光熱水料及び動力費」に含めていた「その他の諸材料費」を分離した。
6 平成10年から、家族労働評価をそれまでの男女別評価から男女同一評価に改正した。
7 平成16年度から、「農機具費」に含めていた「自動車費」を分離した。
8 平成19年度は、平成19年度税制改正における減価償却計算の見直しを行った結果を表章した。

累年統計表（続き）

5 乳用雄育成牛生産費

区　　　　　分	単位	平成2年	7	10	11	平成11年度	12	13	14	15	16
		(1)	(2)	(3)	(4)	(5)	(6)	(7)	(8)	(9)	(10)
乳用雄育成牛1頭当たり											
物　　　財　　　費 (1)	円	223,241	112,577	114,186	88,348	82,634	90,767	109,247	99,795	111,049	114,520
も　　と　　畜　　費 (2)	〃	148,422	56,892	49,026	25,307	20,837	30,583	47,712	38,514	47,655	49,593
飼　　　料　　　費 (3)	〃	57,486	39,904	49,788	47,627	46,058	44,454	45,840	46,187	47,925	48,715
流　通　飼　料　費 (4)	〃	54,993	38,741	48,428	46,316	44,828	43,221	44,690	44,877	46,606	46,871
敷　　　料　　　費 (5)	〃	4,536	3,224	2,806	2,874	2,930	2,978	3,047	2,857	2,809	2,747
光熱水料及び動力費 (6)	〃	1,212	1,200	1,435	1,514	1,653	1,714	1,625	1,740	1,676	1,733
その他の諸材料費 (7)	〃	…	135	152	110	95	97	84	71	86	89
獣医師料及び医薬品費 (8)	〃	4,354	5,070	5,077	5,220	5,279	5,155	5,279	4,857	5,313	5,694
賃借料及び料金 (9)	〃	280	315	566	521	535	527	477	500	536	734
物件税及び公課諸負担 (10)	〃	…	628	587	599	594	617	597	629	591	698
建　　　物　　　費 (11)	〃	3,229	2,802	2,690	2,550	2,427	2,362	2,325	2,198	2,188	2,302
自　　動　　車　　費 (12)	〃	…	…	…	…	…	…	…	…	…	423
農　　機　　具　　費 (13)	〃	3,722	2,326	1,937	1,896	2,062	2,096	2,062	1,940	1,972	1,538
生　産　管　理　費 (14)	〃	…	81	122	130	164	184	199	302	298	254
労　　　働　　　費 (15)	〃	15,466	16,324	19,411	18,646	17,359	16,733	15,291	15,057	14,324	14,514
う　　ち　　家　　族 (16)	〃	15,063	16,261	19,259	18,513	17,252	16,606	15,105	14,556	13,759	13,641
費　　用　　合　　計 (17)	〃	238,707	128,901	133,597	106,994	99,993	107,500	124,538	114,852	125,373	129,034
副　産　物　価　額 (18)	〃	5,750	3,233	3,270	3,062	2,884	2,898	2,451	2,566	2,454	3,067
生産費（副産物価額差引）(19)	円	232,957	125,668	130,327	103,932	97,109	104,602	122,087	112,286	122,919	125,967
支　　払　　利　　子 (20)	〃	…	786	1,098	1,136	1,104	1,004	916	999	929	1,183
支　　払　　地　　代 (21)	〃	…	109	127	137	146	143	144	137	172	162
支払利子・地代算入生産費 (22)	〃	…	126,563	131,552	105,205	98,359	105,749	123,147	113,422	124,020	127,312
自　己　資　本　利　子 (23)	〃	3,484	1,906	1,539	1,405	1,328	1,447	1,608	1,411	1,491	1,779
自　作　地　地　代 (24)	〃	947	599	710	638	625	631	621	628	669	669
資本利子・地代全額算入 生産費（全算入生産費）(25)	〃	237,388	129,068	133,801	107,248	100,312	107,827	125,376	115,461	126,180	129,760
1経営体（戸）当たり											
飼　養　月　平　均　頭　数 (26)	頭	51.5	78.2	83.2	86.1	94.5	100.7	115.6	140.6	176.5	162.8
乳用雄育成牛1頭当たり											
販　売　時　生　体　重 (27)	kg	268.7	247.4	281.0	281.5	282.9	279.4	291.8	288.7	287.2	273.9
販　　　売　　　価　　　格 (28)	円	254,568	65,506	109,506	66,303	60,860	89,775	63,352	70,227	55,662	72,649
労　　　働　　　時　　　間 (29)	時間	14.50	11.57	11.75	11.42	10.66	10.18	9.49	9.39	9.09	9.12
育　　　成　　　期　　　間 (30)	月	6.6	5.7	6.6	6.6	6.7	6.4	6.6	6.5	6.4	6.1
所　　　　　　　　　　得 (31)	円	36,674	△44,796	△2,787	△20,389	△20,247	632	△44,690	△28,639	△54,599	△41,022
1日当たり											
所　　　　　　　　　　得 (32)	〃	20,957	nc	nc	nc	nc	501	nc	nc	nc	nc
家　族　労　働　報　酬 (33)	〃	18,425	nc	nc	nc	nc	nc	nc	nc	nc	nc

注：1　平成11年度〜平成17年度は、既に公表した『平成12年　乳用雄育成牛生産費』〜『平成18年　乳用雄育成牛生産費』のデータである。
　　2　「労働費のうち家族」について、平成3年までは調査対象経営体の所在するその地方の農村雇用賃金により評価し、平成4年から毎月勤労統計調査（厚生労働省）結果を用いた評価に改訂した。
　　3　平成7年から飼育管理等の直接的な労働以外の労働（自給牧草生産に係る労働、資材等の購入付帯労働及び建物・農機具の修繕労働）を間接労働として関係費目から分離し、「労働費」及び「労働時間」に計上した。

17	18	19	20	21	22	23	24	25	26	27	28	29	
(11)	(12)	(13)	(14)	(15)	(16)	(17)	(18)	(19)	(20)	(21)	(22)	(23)	
118,032	116,304	127,227	119,072	107,390	110,869	128,474	121,673	136,925	146,178	155,561	203,139	204,775	(1)
52,520	48,320	49,088	30,533	30,034	29,735	44,012	37,061	46,525	50,622	58,911	112,465	116,405	(2)
48,215	50,558	61,099	71,066	61,405	61,267	64,150	64,804	71,162	74,606	72,593	63,406	64,396	(3)
46,290	48,675	58,742	66,607	58,994	57,933	61,021	62,950	69,186	72,573	69,615	62,189	60,900	(4)
2,651	2,980	3,191	3,645	4,599	6,150	6,439	6,334	6,124	5,974	6,337	7,432	8,744	(5)
1,841	2,032	2,273	1,560	1,667	2,098	2,338	2,407	2,569	2,678	2,545	2,308	2,514	(6)
99	44	50	26	56	51	100	66	44	67	87	76	23	(7)
6,215	5,566	5,553	6,432	4,076	5,207	5,030	5,180	5,008	5,804	6,571	8,797	5,507	(8)
802	901	884	634	703	1,125	1,261	1,287	872	1,058	1,087	1,369	828	(9)
770	846	789	638	727	879	958	771	784	792	859	774	939	(10)
2,593	2,469	1,878	2,016	2,084	2,295	2,072	1,720	1,971	2,400	3,139	2,928	2,511	(11)
496	587	430	515	454	576	552	467	437	505	970	860	708	(12)
1,614	1,784	1,853	1,858	1,424	1,250	1,363	1,419	1,255	1,519	2,239	2,552	2,020	(13)
216	217	139	149	161	236	199	157	174	153	223	172	180	(14)
13,447	13,106	11,878	11,773	9,893	11,053	10,243	9,666	9,802	9,881	10,499	9,341	11,257	(15)
12,294	11,629	11,265	11,643	9,432	10,198	9,390	8,633	8,809	8,572	9,209	7,052	10,111	(16)
131,479	129,410	139,105	130,845	117,283	121,922	138,717	131,339	146,727	156,059	166,060	212,480	216,032	(17)
2,785	2,831	2,298	1,761	2,971	3,740	3,338	2,219	2,499	1,738	2,285	1,125	3,911	(18)
128,694	126,579	136,807	129,084	114,312	118,182	135,379	129,120	144,228	154,321	163,775	211,355	212,121	(19)
1,223	1,283	1,311	261	1,397	906	821	1,023	1,011	917	797	521	632	(20)
156	138	158	113	58	52	137	110	121	131	151	173	181	(21)
130,073	128,000	138,276	129,458	115,767	119,140	136,337	130,253	145,360	155,369	164,723	212,049	212,934	(22)
1,809	1,850	1,662	2,384	942	1,110	1,297	1,063	1,042	1,576	1,719	2,007	1,327	(23)
714	721	498	645	453	621	565	407	383	417	478	384	477	(24)
132,596	130,571	140,436	132,487	117,162	120,871	138,199	131,723	146,785	157,362	166,920	214,440	214,738	(25)
178.2	176.1	180.5	165.3	225.5	177.2	212.8	225.4	217.7	200.2	170.9	258.6	226.8	(26)
273.3	272.3	270.6	276.4	299.2	300.9	300.0	298.4	299.0	301.5	304.0	303.4	300.4	(27)
107,251	124,625	110,500	95,583	99,601	97,178	107,037	109,577	145,390	152,673	228,788	241,333	234,811	(28)
8.63	8.80	8.08	7.72	6.60	7.52	6.75	6.39	6.48	6.50	6.73	5.67	6.64	(29)
6.0	6.0	6.0	6.0	6.4	6.6	6.5	6.3	6.3	6.4	6.6	6.3	6.2	(30)
△ 10,528	8,254	△ 16,511	△ 22,232	△ 6,734	△ 11,764	△ 19,910	△ 12,043	8,839	5,876	73,274	36,336	31,988	(31)
nc	8,734	nc	nc	nc	nc	nc	nc	12,787	8,836	102,841	69,377	44,274	(32)
nc	6,014	nc	nc	nc	nc	nc	nc	10,725	5,839	99,757	64,811	41,777	(33)

4 平成7年から、「光熱水料及び動力費」に含めていた「その他の諸材料費」を分離した。
5 平成10年から、家族労働評価をそれまでの男女別評価から男女同一評価に改正した。
6 平成16年度から、「農機具費」に含めていた「自動車費」を分離した。
7 平成19年度は、平成19年度税制改正における減価償却計算の見直しを行った結果を表章した。

累年統計表（続き）

6　交雑種育成牛生産費

区　　　　分	単位	平成11年度	12	13	14	15	16	17	18
		(1)	(2)	(3)	(4)	(5)	(6)	(7)	(8)
交雑種育成牛1頭当たり									
物　　　　財　　　　費 (1)	円	133,672	140,966	177,367	158,889	194,005	198,071	209,387	227,516
も　　　と　　　畜　　　費 (2)	〃	67,207	76,932	110,827	92,339	126,636	128,454	139,783	156,533
飼　　　　料　　　　費 (3)	〃	49,538	47,257	49,561	49,939	50,428	52,034	51,260	53,499
流　通　飼　料　費 (4)	〃	48,838	46,561	48,904	49,171	49,598	50,691	49,873	51,991
敷　　　　料　　　　費 (5)	〃	3,287	3,140	3,407	3,242	3,380	3,147	3,072	2,977
光熱水料及び動力費 (6)	〃	1,734	1,849	1,751	1,669	1,651	1,918	2,115	2,229
そ　の　他　の　諸　材　料　費 (7)	〃	161	160	149	145	131	141	97	72
獣医師料及び医薬品費 (8)	〃	5,127	4,995	4,999	4,901	5,104	5,107	5,191	4,760
賃　借　料　及　び　料　金 (9)	〃	405	408	439	465	478	715	814	898
物件税及び公課諸負担 (10)	〃	684	699	754	690	660	960	1,058	887
建　　　　物　　　　費 (11)	〃	2,804	2,766	2,630	2,868	2,811	2,930	3,085	2,593
自　　　動　　　車　　　費 (12)	〃	…	…	…	…	…	1,440	1,534	1,444
農　　　機　　　具　　　費 (13)	〃	2,567	2,598	2,683	2,494	2,581	1,016	1,138	1,333
生　　産　　管　　理　　費 (14)	〃	158	162	167	137	145	209	240	291
労　　　　　　　　　　費 (15)	〃	19,444	18,716	16,670	15,992	15,552	16,431	16,381	14,849
う　　　ち　　　家　　　族 (16)	〃	18,079	17,383	14,125	13,522	12,416	13,721	12,729	11,854
費　　　用　　　合　　　計 (17)	〃	153,116	159,682	193,937	174,881	209,557	214,502	225,768	242,365
副　　産　　物　　価　　額 (18)	〃	2,921	2,865	2,509	2,352	2,523	2,913	2,560	2,631
生産費（副産物価額差引）(19)	〃	150,195	156,817	191,428	172,529	207,034	211,589	223,208	239,734
支　　払　　利　　子 (20)	〃	1,373	1,267	1,190	1,278	1,164	1,240	1,279	1,096
支　　払　　地　　代 (21)	〃	109	107	92	160	171	234	237	197
支払利子・地代算入生産費 (22)	〃	151,677	158,191	192,710	173,967	208,369	213,063	224,724	241,027
自　　己　　資　　本　　利　　子 (23)	〃	1,960	1,862	2,048	1,734	1,863	2,070	2,273	2,368
自　　作　　地　　地　　代 (24)	〃	555	537	516	498	528	528	493	595
資本利子・地代全額算入 生産費（全算入生産費）(25)	〃	154,192	160,590	195,274	176,199	210,760	215,661	227,490	243,990
1経営体（戸）当たり									
飼　養　月　平　均　頭　数 (26)	頭	87.6	91.0	106.5	121.3	138.1	130.5	132.8	115.4
交雑種育成牛1頭当たり									
販　売　時　生　体　重 (27)	kg	261.4	254.6	262.0	259.3	262.9	261.8	265.4	265.8
販　　　売　　　価　　　格 (28)	円	136,402	170,936	151,810	187,667	210,900	232,393	250,303	261,000
労　　　働　　　時　　　間 (29)	時間	11.96	11.61	10.44	10.36	9.94	10.52	10.22	9.57
育　　　成　　　期　　　間 (30)	月	7.3	6.7	6.9	6.7	6.8	6.7	6.6	6.3
所　　　　　　　　　　得 (31)	円	2,804	30,128	△ 26,775	27,222	14,947	33,051	38,308	31,827
1日当たり									
所　　　　　　　　　　得 (32)	〃	2,023	22,674	nc	25,531	15,060	30,184	37,603	33,067
家　　族　　労　　働　　報　　酬 (33)	〃	208	20,868	nc	23,437	12,651	27,811	34,888	29,989

注：1　平成11年度～平成17年度は、既に公表した『平成12年　交雑種育成牛生産費』～『平成18年　交雑種育成牛生産費』のデータである。
　　2　平成16年度から、「農機具費」に含めていた「自動車費」を分離した。
　　3　平成19年度は、平成19年度税制改正における減価償却計算の見直しを行った結果を表章した。

19	20	21	22	23	24	25	26	27	28	29	
(9)	(10)	(11)	(12)	(13)	(14)	(15)	(16)	(17)	(18)	(19)	
224,133	190,083	184,180	204,859	239,872	207,905	240,109	266,340	274,350	318,871	354,754	(1)
141,074	99,008	101,007	120,230	149,616	118,218	142,902	165,626	175,626	225,898	258,486	(2)
65,402	71,812	63,429	64,966	70,380	71,983	76,473	79,279	78,135	72,344	74,167	(3)
63,356	69,656	62,646	63,635	69,377	70,725	75,365	78,014	77,310	70,970	72,554	(4)
2,410	2,794	3,664	3,683	4,088	4,863	4,964	5,553	6,336	5,412	5,327	(5)
2,384	2,243	1,803	1,966	2,222	3,135	3,424	3,474	3,188	3,038	3,692	(6)
79	82	64	32	53	68	57	33	17	25	42	(7)
4,534	5,725	6,076	6,387	6,442	3,759	5,778	5,785	4,756	5,149	5,417	(8)
1,005	1,099	623	571	642	494	507	586	532	578	603	(9)
1,008	997	962	880	1,065	919	906	955	863	954	813	(10)
2,690	3,189	3,728	3,274	2,705	2,278	2,038	2,297	1,992	2,349	2,661	(11)
1,599	980	731	1,086	991	831	1,051	849	1,119	1,342	1,326	(12)
1,595	1,823	1,848	1,516	1,537	1,150	1,509	1,376	1,246	1,479	1,955	(13)
353	331	245	268	131	207	500	527	540	303	265	(14)
14,756	14,466	14,123	14,955	14,898	15,492	15,880	15,722	14,609	14,445	15,293	(15)
11,879	13,583	13,307	14,446	14,097	12,540	12,156	11,643	9,121	9,640	11,935	(16)
238,889	204,549	198,303	219,814	254,770	223,397	255,989	282,062	288,959	333,316	370,047	(17)
2,380	2,334	2,456	2,535	3,017	4,100	1,947	2,088	1,743	2,485	3,694	(18)
236,509	202,215	195,847	217,279	251,753	219,297	254,042	279,974	287,216	330,831	366,353	(19)
1,135	2,002	932	906	2,227	883	1,035	1,275	774	921	800	(20)
170	199	161	363	94	41	45	58	64	83	233	(21)
237,814	204,416	196,940	218,548	254,074	220,221	255,122	281,307	288,054	331,835	367,386	(22)
2,452	1,216	2,226	2,264	1,846	1,468	2,704	3,258	3,710	2,892	3,272	(23)
502	606	714	730	622	581	454	415	230	517	799	(24)
240,768	206,238	199,880	221,542	256,542	222,270	258,280	284,980	291,994	335,244	371,457	(25)
136.0	109.1	91.4	90.7	97.8	99.6	91.8	99.7	104.2	108.7	106.7	(26)
276.7	284.9	283.1	287.7	278.0	288.9	283.9	284.9	297.6	293.2	300.3	(27)
225,204	170,761	204,737	245,755	227,598	220,752	281,517	302,219	353,723	379,461	371,982	(28)
9.55	10.22	10.42	10.79	10.46	10.63	10.86	10.72	10.31	9.88	9.90	(29)
6.4	6.4	6.3	6.4	6.4	6.4	6.4	6.4	6.8	6.6	6.8	(30)
△ 731	△ 20,072	21,104	41,653	△ 12,379	13,071	38,551	32,555	74,790	57,266	16,531	(31)
nc	nc	17,923	32,541	nc	12,375	38,169	34,134	100,558	74,371	18,166	(32)
nc	nc	15,426	30,202	nc	10,435	35,043	30,283	95,261	69,944	13,692	(33)

累年統計表（続き）

7　去勢若齢肥育牛生産費

区　　　　　分	単位	平成2年	7	10	11	平成11年度	12	13	14	15	16
		(1)	(2)	(3)	(4)	(5)	(6)	(7)	(8)	(9)	(10)
去勢若齢肥育牛1頭当たり											
物　　財　　費 (1)	円	733,657	623,171	665,693	665,236	657,909	658,627	679,295	687,872	632,668	719,836
も　と　畜　費 (2)	〃	473,675	385,928	403,001	412,988	413,431	415,671	429,837	434,010	364,453	437,530
飼　　料　　費 (3)	〃	212,143	184,537	207,657	197,166	188,725	187,526	193,222	198,060	208,707	221,686
流　通　飼　料　費 (4)	〃	196,598	178,773	203,134	193,029	185,614	184,483	190,455	195,693	206,647	219,764
敷　　料　　費 (5)	〃	14,357	12,584	12,414	12,410	12,472	11,960	12,226	11,367	11,871	10,890
光熱水料及び動力費 (6)	〃	4,622	4,657	5,310	5,342	5,849	6,044	6,193	6,318	7,536	8,087
その他の諸材料費 (7)	〃	…	383	319	406	452	432	373	392	423	575
獣医師料及び医薬品費 (8)	〃	5,097	5,331	5,744	6,011	6,155	6,153	6,135	5,859	6,823	6,811
賃借料及び料金 (9)	〃	1,280	1,709	2,040	2,217	2,298	2,385	2,512	2,321	3,044	3,458
物件税及び公課諸負担 (10)	〃	…	4,271	4,982	5,242	5,249	5,313	5,388	5,213	5,207	5,456
建　　物　　費 (11)	〃	11,116	12,009	11,017	10,911	10,723	10,623	11,058	11,370	11,323	11,913
自　動　車　費 (12)	〃	…	…	…	…	…	…	…	…	…	4,886
農　機　具　費 (13)	〃	11,367	10,644	12,158	11,334	11,237	11,326	11,214	11,741	12,044	7,256
生　産　管　理　費 (14)	〃	…	1,118	1,051	1,209	1,318	1,194	1,137	1,221	1,237	1,288
労　　働　　費 (15)	〃	80,746	103,918	98,778	92,249	87,472	85,074	83,232	81,829	80,127	80,851
う　ち　家　族 (16)	〃	80,632	102,358	96,555	90,269	85,555	83,103	81,278	78,610	74,791	76,787
費　　用　　合　　計 (17)	〃	814,403	727,089	764,471	757,485	745,381	743,701	762,527	769,701	712,795	800,687
副　産　物　価　額 (18)	〃	36,310	27,179	21,056	19,196	18,666	17,923	16,133	15,951	17,533	18,059
生産費（副産物価額差引）(19)	〃	778,093	699,910	743,415	738,289	726,715	725,778	746,394	753,750	695,262	782,628
支　払　利　子 (20)	〃	…	8,492	10,024	10,836	11,746	12,102	12,995	13,409	12,393	12,907
支　払　地　代 (21)	〃	…	547	401	332	360	334	315	376	527	442
支払利子・地代算入生産費 (22)	〃	…	708,949	753,840	749,457	738,821	738,214	759,704	767,535	708,182	795,977
自　己　資　本　利　子 (23)	〃	22,950	17,283	16,421	15,239	14,297	13,583	13,839	10,868	11,186	10,802
自　作　地　地　代 (24)	〃	3,985	3,095	2,934	2,860	2,788	2,626	2,530	2,487	2,551	2,732
資本利子・地代全額算入生産費（全算入生産費）(25)	〃	805,028	729,327	773,195	767,556	755,906	754,423	776,073	780,890	721,919	809,511
1経営体（戸）当たり											
飼養月平均頭数 (26)	頭	14.7	25.1	31.2	33.9	36.0	38.6	40.3	44.7	46.1	44.7
去勢若齢肥育牛1頭当たり											
販　売　時　生　体　重 (27)	kg	671.8	688.5	682.9	680.5	685.1	685.8	696.4	696.9	707.6	713.0
販　　売　　価　　格 (28)	円	875,792	721,243	770,745	738,234	719,032	714,577	611,607	705,686	787,591	867,486
労　　働　　時　　間 (29)	時間	78.30	75.90	65.69	62.25	59.12	57.27	56.29	55.98	55.63	55.89
肥　　育　　期　　間 (30)	月	19.8	20.2	20.2	20.1	20.2	20.2	20.5	20.5	20.0	19.5
所　　　　　得 (31)	円	178,331	114,652	113,460	79,046	65,766	59,466	△ 66,819	16,761	154,200	148,296
1日当たり											
所　　　　　得 (32)	〃	18,244	12,322	14,319	10,582	9,266	8,669	nc	2,548	24,207	22,671
家　族　労　働　報　酬 (33)	〃	15,488	10,132	11,876	8,159	6,859	6,306	nc	518	22,051	20,602

注：1　平成11年度〜平成17年度は、既に公表した『平成12年　去勢若齢肥育牛生産費』〜『平成18年　去勢若齢肥育牛生産費』のデータである。
　　2　「労働費のうち家族」について、平成3年までは調査対象経営体の所在するその地方の農村雇用賃金により評価し、平成4年から毎月勤労統計調査（厚生労働省）結果を用いた評価に改訂した。
　　3　平成7年から飼育管理等の直接的な労働以外の労働（自給牧草生産に係る労働、資材等の購入付帯労働及び建物・農機具の修繕労働）を間接労働として関係費目から分離し、「労働費」及び「労働時間」に計上した。

17	18	19	20	21	22	23	24	25	26	27	28	29	
(11)	(12)	(13)	(14)	(15)	(16)	(17)	(18)	(19)	(20)	(21)	(22)	(23)	
745,104	803,969	889,932	966,785	878,746	782,412	802,352	825,976	853,714	907,454	982,100	1,054,763	1,165,338	(1)
463,273	507,593	542,550	561,339	523,902	433,948	437,761	455,240	457,457	507,188	585,251	669,604	780,702	(2)
221,191	232,738	280,161	335,141	285,016	275,273	290,201	298,818	324,806	328,177	324,077	304,977	306,403	(3)
218,968	230,363	278,003	332,649	282,229	272,459	287,945	296,540	323,716	327,025	322,496	303,224	304,695	(4)
10,857	11,283	11,806	11,815	12,848	13,658	13,800	13,192	12,101	12,336	12,462	12,697	11,991	(5)
8,597	8,952	9,710	9,777	9,203	10,008	10,834	11,493	12,295	12,632	11,886	11,644	12,272	(6)
403	443	467	411	414	366	370	350	327	247	197	174	200	(7)
6,722	8,146	8,068	8,224	8,004	8,148	7,729	8,200	7,981	8,033	8,813	11,180	10,754	(8)
4,488	4,238	4,218	3,656	3,919	4,294	4,165	4,421	4,147	4,316	4,630	5,508	5,491	(9)
5,256	5,678	5,140	5,004	5,002	5,331	5,571	5,701	5,738	5,384	5,141	5,348	5,628	(10)
11,329	11,732	12,815	14,439	13,861	14,088	15,421	12,056	12,919	12,661	12,819	13,306	12,702	(11)
4,894	5,028	5,595	6,203	6,130	6,520	6,184	6,216	5,655	5,562	5,944	7,576	6,730	(12)
6,853	6,855	7,962	8,810	8,664	9,004	8,673	8,662	8,746	9,295	9,131	10,632	10,484	(13)
1,241	1,283	1,440	1,966	1,783	1,774	1,643	1,627	1,542	1,623	1,749	2,117	1,981	(14)
76,440	75,109	74,713	72,751	72,568	74,130	72,151	71,732	71,241	70,891	76,862	79,134	76,059	(15)
71,689	69,342	69,413	68,065	67,694	69,275	67,643	67,198	65,923	65,149	70,105	72,876	69,453	(16)
821,544	879,078	964,645	1,039,536	951,314	856,542	874,503	897,708	924,955	978,345	1,058,962	1,133,897	1,241,397	(17)
16,522	15,332	14,738	11,564	11,137	10,949	11,098	10,266	9,437	10,081	10,861	10,929	9,586	(18)
805,022	863,746	949,907	1,027,972	940,177	845,593	863,405	887,442	915,518	968,264	1,048,101	1,122,968	1,231,811	(19)
11,980	11,845	13,498	14,236	13,469	10,970	11,690	11,692	12,741	13,330	12,266	13,768	12,120	(20)
480	430	345	379	351	413	441	465	439	460	413	542	461	(21)
817,482	876,021	963,750	1,042,587	953,997	856,976	875,536	899,599	928,698	982,054	1,060,780	1,137,278	1,244,392	(22)
10,817	12,930	10,834	10,456	9,519	9,686	8,909	7,952	7,514	7,362	7,592	6,669	6,886	(23)
2,617	2,957	2,375	2,267	2,480	2,430	2,660	2,508	2,192	2,123	2,379	2,954	2,652	(24)
830,916	891,908	976,959	1,055,310	965,996	869,092	887,105	910,059	938,404	991,539	1,070,751	1,146,901	1,253,930	(25)
45.9	48.3	52.6	55.3	57.7	58.2	61.6	63.0	67.7	69.4	65.3	69.2	72.7	(26)
713.8	716.0	725.7	738.5	750.2	751.6	756.5	755.7	757.6	761.0	768.8	778.5	782.2	(27)
915,794	934,191	934,149	867,041	817,943	829,297	787,812	836,272	907,897	1,016,759	1,207,278	1,313,694	1,298,384	(28)
53.52	53.23	53.14	51.85	51.55	53.46	52.31	50.92	49.29	48.72	51.69	52.07	49.82	(29)
19.5	19.8	20.0	19.8	20.2	20.0	19.9	20.0	20.1	20.0	20.0	20.3	20.3	(30)
170,001	127,512	39,812	△ 107,481	△ 68,360	41,596	△ 20,081	3,871	45,122	99,854	216,603	249,292	123,445	(31)
27,592	21,195	6,587	nc	nc	6,816	nc	665	8,103	18,259	37,540	42,469	22,148	(32)
25,412	18,554	4,402	nc	nc	4,831	nc	nc	6,360	16,525	35,811	40,829	20,436	(33)

4　平成７年から、「光熱水料及び動力費」に含めていた「その他の諸材料費」を分離した。
5　平成10年から、家族労働評価をそれまでの男女別評価から男女同一評価に改正した。
6　平成16年度から、「農機具費」に含めていた「自動車費」を分離した。
7　平成19年度は、平成19年度税制改正における減価償却計算の見直しを行った結果を表章した。

累年統計表（続き）

7　去勢若齢肥育牛生産費（続き）

区　　　　　分	単位	平成2年	7	10	11	平成11年度	12	13	14	15	16
		(1)	(2)	(3)	(4)	(5)	(6)	(7)	(8)	(9)	(10)
去勢若齢肥育牛生体100kg当たり											
物　　　　財　　　　費 (34)	円	109,210	90,509	97,475	97,764	96,024	96,031	97,543	98,712	89,408	100,955
も　　と　　畜　　費 (35)	〃	70,508	56,052	59,011	60,692	60,343	60,607	61,722	62,282	51,504	61,363
飼　　　　料　　　　費 (36)	〃	31,579	26,803	30,407	28,976	27,545	27,341	27,746	28,422	29,494	31,091
流　通　飼　料　費 (37)	〃	29,265	25,966	29,745	28,368	27,091	26,898	27,349	28,082	29,203	30,821
敷　　　　料　　　　費 (38)	〃	2,137	1,828	1,817	1,824	1,820	1,744	1,756	1,631	1,678	1,528
光 熱 水 料 及 び 動 力 費 (39)	〃	688	676	778	785	854	881	889	907	1,065	1,134
そ の 他 の 諸 材 料 費 (40)	〃	…	56	46	60	66	63	53	56	60	81
獣 医 師 料 及 び 医 薬 品 費 (41)	〃	759	774	841	883	898	897	881	841	964	955
賃 借 料 及 び 料 金 (42)	〃	191	248	299	326	335	348	361	333	430	485
物 件 税 及 び 公 課 諸 負 担 (43)	〃	…	620	730	770	766	775	774	748	736	765
建　　　　物　　　　費 (44)	〃	1,655	1,744	1,613	1,604	1,565	1,549	1,587	1,632	1,600	1,670
自　　動　　車　　費 (45)	〃	…	…	…	…	…	…	…	…	…	685
農　　機　　具　　費 (46)	〃	1,693	1,546	1,780	1,666	1,640	1,651	1,610	1,685	1,702	1,018
生　産　管　理　費 (47)	〃	…	162	153	178	192	175	164	175	175	180
労　　　　働　　　　費 (48)	〃	12,019	15,093	14,465	13,556	12,767	12,406	11,951	11,742	11,323	11,339
う　　ち　　家　　族 (49)	〃	12,002	14,866	14,139	13,265	12,487	12,118	11,671	11,280	10,569	10,769
費　　用　　合　　計 (50)	〃	121,229	105,602	111,940	111,320	108,791	108,437	109,494	110,454	100,731	112,294
副　産　物　価　額 (51)	〃	5,405	3,948	3,083	2,821	2,724	2,613	2,317	2,289	2,478	2,533
生 産 費 （ 副 産 物 価 額 差 引 ） (52)	〃	115,824	101,654	108,857	108,499	106,067	105,824	107,177	108,165	98,253	109,761
支　　払　　利　　子 (53)	〃	…	1,233	1,468	1,592	1,714	1,765	1,866	1,924	1,751	1,810
支　　払　　地　　代 (54)	〃	…	79	59	49	53	49	45	54	74	62
支 払 利 子 ・ 地 代 算 入 生 産 費 (55)	〃	…	102,966	110,384	110,140	107,834	107,638	109,088	110,143	100,078	111,633
自　己　資　本　利　子 (56)	〃	3,416	2,510	2,404	2,239	2,087	1,980	1,987	1,560	1,581	1,515
自　作　地　地　代 (57)	〃	593	449	430	420	407	383	363	357	361	383
資 本 利 子 ・ 地 代 全 額 算 入 生 産 費 （ 全 算 入 生 産 費 ） (58)	〃	119,833	105,925	113,218	112,799	110,328	110,001	111,438	112,060	102,020	113,531

注： 1　平成11年度～平成17年度は、既に公表した『平成12年　去勢若齢肥育牛生産費』～『平成18年　去勢若齢肥育牛生産費』のデータである。
　　 2　「労働費のうち家族」について、平成3年までは調査対象経営体の所在するその地方の農村雇用賃金により評価し、平成4年から毎月勤労統計調査（厚生労働省）結果を用いた評価に改訂した。
　　 3　平成7年から飼育管理等の直接的な労働以外の労働（自給牧草生産に係る労働、資材等の購入付帯労働及び建物・農機具の修繕労働）を間接労働として関係費目から分離し、「労働費」及び「労働時間」に計上した。

17	18	19	20	21	22	23	24	25	26	27	28	29	
(11)	(12)	(13)	(14)	(15)	(16)	(17)	(18)	(19)	(20)	(21)	(22)	(23)	
104,377	112,282	122,637	130,909	117,140	104,108	106,056	109,303	112,681	119,242	127,752	135,490	148,977	(34)
64,898	70,890	74,767	76,008	69,838	57,740	57,864	60,243	60,380	66,646	76,130	86,014	99,805	(35)
30,986	32,504	38,608	45,380	37,993	36,628	38,359	39,543	42,871	43,123	42,157	39,176	39,170	(36)
30,675	32,172	38,311	45,043	37,622	36,253	38,061	39,242	42,727	42,972	41,951	38,951	38,952	(37)
1,521	1,576	1,627	1,600	1,713	1,817	1,824	1,746	1,597	1,621	1,621	1,631	1,533	(38)
1,204	1,250	1,338	1,324	1,227	1,332	1,432	1,521	1,623	1,660	1,546	1,496	1,569	(39)
56	62	64	56	55	48	49	46	43	32	26	22	26	(40)
942	1,138	1,112	1,114	1,067	1,084	1,022	1,085	1,053	1,056	1,146	1,436	1,375	(41)
629	592	581	495	522	571	550	585	547	567	602	708	702	(42)
736	793	708	677	667	709	736	754	757	707	669	687	720	(43)
1,587	1,638	1,766	1,956	1,847	1,875	2,039	1,595	1,705	1,664	1,667	1,709	1,624	(44)
685	703	771	840	817	869	818	823	747	731	773	973	860	(45)
960	957	1,097	1,193	1,156	1,199	1,146	1,147	1,155	1,222	1,187	1,366	1,340	(46)
173	179	198	266	238	236	217	215	203	213	228	272	253	(47)
10,708	10,490	10,295	9,850	9,674	9,864	9,536	9,492	9,403	9,315	9,998	10,166	9,723	(48)
10,043	9,684	9,565	9,216	9,024	9,218	8,941	8,892	8,702	8,561	9,119	9,362	8,879	(49)
115,085	122,772	132,932	140,759	126,814	113,972	115,592	118,795	122,084	128,557	137,750	145,656	158,700	(50)
2,314	2,141	2,031	1,566	1,485	1,457	1,467	1,358	1,246	1,325	1,413	1,404	1,225	(51)
112,771	120,631	130,901	139,193	125,329	112,515	114,125	117,437	120,838	127,232	136,337	144,252	157,475	(52)
1,678	1,654	1,860	1,928	1,795	1,460	1,545	1,547	1,682	1,752	1,596	1,769	1,549	(53)
67	60	48	51	47	55	58	62	58	60	54	70	59	(54)
114,516	122,345	132,809	141,172	127,171	114,030	115,728	119,046	122,578	129,044	137,987	146,091	159,083	(55)
1,515	1,806	1,493	1,416	1,269	1,289	1,178	1,052	992	967	988	857	880	(56)
367	413	327	307	330	323	352	332	289	279	310	379	339	(57)
116,398	124,564	134,629	142,895	128,770	115,642	117,258	120,430	123,859	130,290	139,285	147,327	160,302	(58)

4　平成7年から、「光熱水料及び動力費」に含めていた「その他の諸材料費」を分離した。
5　平成10年から、家族労働評価をそれまでの男女別評価から男女同一評価に改正した。
6　平成16年度から、「農機具費」に含めていた「自動車費」を分離した。
7　平成19年度は、平成19年度税制改正における減価償却計算の見直しを行った結果を表章した。

累年統計表（続き）

8　乳用雄肥育牛生産費

区　　　　　分	単位	平成2年	7	10	11	平成11年度	12	13	14	15	16
		(1)	(2)	(3)	(4)	(5)	(6)	(7)	(8)	(9)	(10)
乳用雄肥育牛1頭当たり											
物　　財　　費 (1)	円	472,981	315,463	365,019	352,365	318,332	290,072	312,790	332,674	299,089	298,361
も　と　畜　費 (2)	〃	251,648	113,258	137,165	134,233	110,710	84,522	100,621	110,504	71,674	68,648
飼　　料　　費 (3)	〃	184,844	168,250	192,598	183,169	172,569	170,010	176,829	188,102	192,400	194,208
流　通　飼　料　費 (4)	〃	178,907	165,101	191,395	181,995	171,402	168,885	175,617	186,837	191,224	192,454
敷　　料　　費 (5)	〃	9,921	9,290	7,628	8,016	8,463	8,747	8,976	8,412	8,820	8,750
光熱水料及び動力費 (6)	〃	3,441	3,554	4,655	4,529	4,803	4,983	5,056	4,826	5,201	5,954
その他の諸材料費 (7)	〃	…	258	230	237	285	306	316	337	320	245
獣医師料及び医薬品費 (8)	〃	3,122	2,936	3,550	3,348	3,394	3,262	3,229	3,221	3,476	3,376
賃借料及び料金 (9)	〃	617	576	1,004	967	1,005	1,071	1,102	1,123	1,326	2,136
物件税及び公課諸負担 (10)	〃	…	2,322	2,725	2,655	2,521	2,546	2,531	2,542	2,250	2,433
建　　物　　費 (11)	〃	8,754	8,020	7,606	6,987	6,939	6,964	6,696	6,803	7,163	6,262
自　動　車　費 (12)	〃	…	…	…	…	…	…	…	…	…	1,893
農　機　具　費 (13)	〃	10,634	6,733	7,584	7,931	7,342	7,350	7,105	6,277	5,937	3,965
生　産　管　理　費 (14)	〃	…	266	274	293	301	311	329	527	522	491
労　　働　　費 (15)	〃	36,486	42,800	37,878	36,573	34,326	34,035	34,230	32,620	33,661	31,159
う　ち　家　族 (16)	〃	36,155	40,314	36,999	35,812	33,329	32,930	33,152	31,253	31,315	29,531
費　用　合　計 (17)	〃	509,467	358,263	402,897	388,938	352,658	324,107	347,020	365,294	332,750	329,520
副　産　物　価　額 (18)	〃	16,324	12,680	8,342	7,552	7,694	7,294	7,146	6,982	7,052	9,071
生産費（副産物価額差引） (19)	〃	493,143	345,583	394,555	381,386	344,964	316,813	339,874	358,312	325,698	320,449
支　払　利　子 (20)	〃	…	5,495	4,427	4,455	4,247	3,969	4,433	3,873	4,135	4,690
支　払　地　代 (21)	〃	…	282	253	243	240	235	228	208	480	291
支払利子・地代算入生産費 (22)	〃	…	351,360	399,235	386,084	349,451	321,017	344,535	362,393	330,313	325,430
自　己　資　本　利　子 (23)	〃	12,380	7,498	7,927	7,277	6,844	6,900	6,108	6,277	6,227	5,298
自　作　地　地　代 (24)	〃	2,790	1,522	1,388	1,319	1,362	1,404	1,340	1,437	1,552	1,549
資本利子・地代全額算入生産費（全算入生産費） (25)	〃	508,313	360,380	408,550	394,680	357,657	329,321	351,983	370,107	338,092	332,277
1経営体（戸）当たり											
飼養月平均頭数 (26)	頭	38.8	67.0	79.9	83.3	90.5	92.8	91.6	96.8	91.5	102.5
乳用雄肥育牛1頭当たり											
販　売　時　生　体　重 (27)	kg	730.1	741.0	753.1	760.0	755.4	752.1	758.4	760.1	746.1	761.6
販　　売　　価　　格 (28)	円	556,319	338,645	371,246	309,608	299,989	339,679	248,222	231,984	273,694	353,077
労　　働　　時　　間 (29)	時間	30.40	27.60	23.17	22.40	21.14	20.89	21.39	20.50	21.51	20.05
肥　　育　　期　　間 (30)	月	14.2	14.9	15.2	15.4	15.4	15.3	15.6	16.0	15.4	14.9
所　　　　　　　得 (31)	円	99,331	27,599	9,010	△ 40,664	△ 16,133	51,592	△ 63,161	△ 99,156	△ 25,304	57,178
1日当たり											
所　　　　　　　得 (32)	〃	26,400	8,531	3,234	nc	nc	20,730	nc	nc	nc	24,344
家　族　労　働　報　酬 (33)	〃	22,368	5,743	nc	nc	nc	17,393	nc	nc	nc	21,429

注：1　平成11年度〜平成17年度は、既に公表した『平成12年　乳用雄肥育牛生産費』〜『平成18年　乳用雄肥育牛生産費』のデータである。

　　2　「労働費のうち家族」について、平成3年までは調査対象経営体の所在するその地方の農村雇用賃金により評価し、平成4年から毎月勤労統計調査（厚生労働省）結果を用いた評価に改訂した。

　　3　平成7年から飼育管理等の直接的な労働以外の労働（自給牧草生産に係る労働、資材等の購入付帯労働及び建物・農機具の修繕労働）を間接労働として関係費目から分離し、「労働費」及び「労働時間」に計上した。

17	18	19	20	21	22	23	24	25	26	27	28	29	
(11)	(12)	(13)	(14)	(15)	(16)	(17)	(18)	(19)	(20)	(21)	(22)	(23)	
304,840	338,800	383,365	412,078	358,095	358,601	377,874	386,973	406,609	432,419	439,522	475,757	503,803	(1)
81,334	108,012	127,313	117,310	104,769	106,123	100,779	111,656	110,523	134,039	150,371	204,183	246,398	(2)
189,386	196,135	221,407	259,881	217,595	212,802	232,769	236,890	259,664	262,270	252,108	232,001	221,695	(3)
187,756	194,025	220,179	258,953	216,735	211,400	231,390	235,587	258,102	260,652	250,444	229,786	218,373	(4)
8,569	8,594	8,377	7,923	8,017	8,417	8,835	8,992	9,001	8,305	9,093	10,246	7,592	(5)
5,886	6,196	6,624	6,327	5,961	6,037	6,617	6,726	7,276	7,713	7,622	7,471	7,871	(6)
175	197	229	450	274	547	519	147	185	297	294	275	433	(7)
3,491	2,271	2,046	2,446	2,498	3,162	3,605	3,295	2,650	2,840	2,952	2,988	2,999	(8)
2,561	3,361	3,227	2,355	2,409	2,756	2,864	3,044	3,095	3,215	3,467	4,122	2,537	(9)
2,292	2,515	2,042	2,116	2,138	2,107	2,244	2,341	2,229	2,158	2,094	2,353	2,014	(10)
5,391	5,795	6,203	6,433	7,617	8,849	11,649	7,378	5,939	6,010	5,794	6,719	6,506	(11)
1,872	1,640	2,041	2,219	2,294	1,958	2,030	2,074	2,116	1,702	1,608	1,861	1,838	(12)
3,361	3,579	3,435	4,101	4,060	5,370	5,398	3,736	3,319	3,208	3,469	2,970	3,422	(13)
522	505	421	517	463	473	565	694	612	662	650	568	498	(14)
28,169	27,418	26,720	26,986	26,034	25,034	25,611	24,755	23,148	24,380	25,030	25,437	23,926	(15)
24,519	25,235	24,652	25,674	24,586	22,565	21,542	20,903	19,974	21,142	21,577	23,760	20,928	(16)
333,009	366,218	410,085	439,064	384,129	383,635	403,485	411,728	429,757	456,799	464,552	501,194	527,729	(17)
6,189	5,771	6,095	6,377	5,268	5,454	5,407	5,382	4,770	5,198	4,736	4,356	4,270	(18)
326,820	360,447	403,990	432,687	378,861	378,181	398,078	406,346	424,987	451,601	459,816	496,838	523,459	(19)
3,333	2,808	3,002	2,635	2,400	1,749	1,777	2,655	2,478	2,702	2,372	2,297	960	(20)
233	375	570	126	244	88	171	129	130	176	202	158	125	(21)
330,386	363,630	407,562	435,448	381,505	380,018	400,026	409,130	427,595	454,479	462,390	499,293	524,544	(22)
5,407	6,390	7,366	5,615	5,860	6,245	5,701	3,890	4,089	4,288	4,080	4,888	5,817	(23)
2,172	2,702	1,125	1,042	1,072	1,243	877	873	872	819	795	1,063	1,152	(24)
337,965	372,722	416,053	442,105	388,437	387,506	406,604	413,893	432,556	459,586	467,265	505,244	531,513	(25)
120.5	115.7	122.6	118.1	132.3	147.9	154.1	147.1	160.5	156.6	143.6	125.7	136.0	(26)
751.7	751.2	750.7	756.1	757.5	773.3	782.8	769.5	767.9	759.7	755.1	769.7	775.9	(27)
370,923	381,826	338,127	350,843	336,306	326,701	303,316	307,534	353,521	392,291	482,717	497,881	492,924	(28)
17.73	18.23	17.90	18.29	17.64	17.49	17.23	16.90	15.71	16.26	16.49	16.65	15.37	(29)
14.3	14.2	14.2	14.2	14.6	14.6	14.8	14.2	14.0	13.9	13.6	13.6	13.3	(30)
65,056	43,431	△ 44,783	△ 58,931	△ 20,613	△ 30,752	△ 75,168	△ 80,693	△ 54,100	△ 41,046	41,904	22,348	△ 10,692	(31)
32,877	21,070	nc	nc	nc	nc	nc	nc	nc	nc	24,487	11,793	nc	(32)
29,047	16,659	nc	nc	nc	nc	nc	nc	nc	nc	21,639	8,653	nc	(33)

4　平成7年から、「光熱水料及び動力費」に含めていた「その他の諸材料費」を分離した。
5　平成10年から、家族労働評価をそれまでの男女別評価から男女同一評価に改正した。
6　平成16年度から、「農機具費」に含めていた「自動車費」を分離した。
7　平成19年度は、平成19年度税制改正における減価償却計算の見直しを行った結果を表章した。

累年統計表（続き）

8　乳用雄肥育牛生産費（続き）

区　分	単位	平成2年	7	10	11	平成11年度	12	13	14	15	16
		(1)	(2)	(3)	(4)	(5)	(6)	(7)	(8)	(9)	(10)
乳用雄肥育牛生体100kg当たり											
物　　財　　費 (34)	円	64,784	42,572	48,467	46,360	42,140	38,568	41,245	43,766	40,087	39,174
も　と　畜　費 (35)	〃	34,467	15,284	18,213	17,661	14,655	11,238	13,267	14,537	9,606	9,014
飼　　料　　費 (36)	〃	25,317	22,705	25,573	24,099	22,845	22,604	23,317	24,746	25,788	25,500
流　通　飼　料　費 (37)	〃	24,504	22,280	25,413	23,945	22,690	22,454	23,157	24,580	25,630	25,270
敷　　料　　費 (38)	〃	1,359	1,253	1,012	1,055	1,120	1,163	1,183	1,107	1,182	1,149
光熱水料及び動力費 (39)	〃	471	479	618	596	636	662	667	635	697	782
その他の諸材料費 (40)	〃	…	35	31	31	38	41	42	44	43	32
獣医師料及び医薬品費 (41)	〃	428	396	471	440	449	434	426	424	466	443
賃借料及び料金 (42)	〃	85	78	133	127	133	142	145	148	178	280
物件税及び公課諸負担 (43)	〃	…	314	362	349	334	339	334	335	301	319
建　　物　　費 (44)	〃	1,200	1,083	1,011	919	918	926	883	895	960	822
自　動　車　費 (45)	〃	…	…	…	…	…	…	…	…	…	248
農　機　具　費 (46)	〃	1,457	909	1,007	1,044	972	977	937	826	796	521
生　産　管　理　費 (47)	〃		36	36	39	40	42	44	69	70	64
労　　働　　費 (48)	〃	4,997	5,776	5,028	4,811	4,545	4,524	4,513	4,292	4,512	4,092
う　ち　家　族 (49)	〃	4,952	5,440	4,912	4,711	4,413	4,378	4,371	4,112	4,197	3,878
費　　用　　合　　計 (50)	〃	69,781	48,348	53,495	51,171	46,685	43,092	45,758	48,058	44,599	43,266
副　産　物　価　額 (51)	〃	2,236	1,711	1,108	994	1,019	970	942	918	945	1,191
生産費（副産物価額差引）(52)	〃	67,545	46,637	52,387	50,177	45,666	42,122	44,816	47,140	43,654	42,075
支　払　利　子 (53)	〃	…	742	588	586	562	528	585	510	554	616
支　払　地　代 (54)	〃	…	38	34	32	32	31	30	27	64	38
支払利子・地代算入生産費 (55)	〃	…	47,417	53,009	50,795	46,260	42,681	45,431	47,677	44,272	42,729
自　己　資　本　利　子 (56)	〃	1,696	1,012	1,053	957	906	917	805	826	835	696
自　作　地　地　代 (57)	〃	382	205	184	174	180	187	177	189	208	203
資本利子・地代全額算入生産費（全算入生産費）(58)	〃	69,623	48,634	54,246	51,926	47,346	43,785	46,413	48,692	45,315	43,628

注：1　平成11年度～平成17年度は、既に公表した『平成12年　乳用雄肥育牛生産費』～『平成18年　乳用雄肥育牛生産費』のデータである。
　　2　「労働費のうち家族」について、平成3年までは調査対象経営体の所在するその地方の農村雇用賃金により評価し、平成4年から毎月勤労統計調査（厚生労働省）結果を用いた評価に改訂した。
　　3　平成7年から飼育管理等の直接的な労働以外の労働（自給牧草生産に係る労働、資材等の購入付帯労働及び建物・農機具の修繕労働）を間接労働として関係費目から分離し、「労働費」及び「労働時間」に計上した。

4 平成7年から、「光熱水料及び動力費」に含めていた「その他の諸材料費」を分離した。

	17	18	19	20	21	22	23	24	25	26	27	28	29	
	(11)	(12)	(13)	(14)	(15)	(16)	(17)	(18)	(19)	(20)	(21)	(22)	(23)	
	40,553	45,106	51,070	54,504	47,272	46,371	48,269	50,287	52,952	56,919	58,202	61,810	64,929	(34)
	10,820	14,379	16,960	15,516	13,831	13,723	12,874	14,510	14,393	17,643	19,913	26,527	31,755	(35)
	25,194	26,112	29,495	34,374	28,724	27,517	29,734	30,784	33,816	34,522	33,385	30,142	28,572	(36)
	24,977	25,831	29,331	34,251	28,611	27,336	29,558	30,615	33,612	34,309	33,165	29,854	28,144	(37)
	1,140	1,145	1,116	1,048	1,058	1,088	1,128	1,168	1,173	1,094	1,204	1,331	979	(38)
	783	825	882	837	787	781	845	874	948	1,015	1,009	971	1,015	(39)
	23	26	30	59	36	71	66	19	24	39	39	36	56	(40)
	464	302	273	324	330	409	461	428	345	374	391	388	387	(41)
	341	447	430	312	318	356	366	396	403	423	459	535	327	(42)
	305	335	272	280	282	273	287	304	290	284	277	306	259	(43)
	717	772	826	851	1,006	1,144	1,488	959	773	791	767	873	838	(44)
	249	218	272	293	303	253	259	269	275	224	213	241	236	(45)
	447	477	458	542	536	694	689	486	432	423	459	386	441	(46)
	70	68	56	68	61	62	72	90	80	87	86	74	64	(47)
	3,748	3,651	3,560	3,626	3,437	3,238	3,272	3,216	3,014	3,210	3,314	3,305	3,083	(48)
	3,262	3,360	3,284	3,452	3,245	2,918	2,752	2,716	2,601	2,783	2,857	3,087	2,697	(49)
	44,301	48,757	54,630	58,130	50,709	49,609	51,541	53,503	55,966	60,129	61,516	65,115	68,012	(50)
	823	768	812	844	695	705	691	699	621	684	627	566	550	(51)
	43,478	47,989	53,818	57,286	50,014	48,904	50,850	52,804	55,345	59,445	60,889	64,549	67,462	(52)
	443	374	400	348	317	226	227	345	323	356	314	298	124	(53)
	31	50	76	17	32	11	22	17	17	23	27	21	16	(54)
	43,952	48,413	54,294	57,651	50,363	49,141	51,099	53,166	55,685	59,824	61,230	64,868	67,602	(55)
	719	851	981	743	774	808	728	506	532	564	540	635	750	(56)
	289	360	150	138	141	161	112	113	113	108	105	138	148	(57)
	44,960	49,624	55,425	58,532	51,278	50,110	51,939	53,785	56,330	60,496	61,875	65,641	68,500	(58)

4 平成7年から、「光熱水料及び動力費」に含めていた「その他の諸材料費」を分離した。
5 平成10年から、家族労働評価をそれまでの男女別評価から男女同一評価に改正した。
6 平成16年度から、「農機具費」に含めていた「自動車費」を分離した。
7 平成19年度は、平成19年度税制改正における減価償却計算の見直しを行った結果を表章した。

累年統計表（続き）

9　交雑種肥育牛生産費

区　　　分	単位	平成11年度	12	13	14	15	16	17	18
		(1)	(2)	(3)	(4)	(5)	(6)	(7)	(8)
交雑種肥育牛1頭当たり									
物　　　　財　　　　費 (1)	円	421,203	386,164	396,266	456,165	415,869	489,544	504,593	542,871
も　　と　　畜　　費 (2)	〃	193,507	158,782	156,909	203,612	151,280	220,635	237,357	257,565
飼　　　　料　　　　費 (3)	〃	186,261	185,460	196,431	209,270	218,374	223,221	222,745	240,535
流　通　飼　料　費 (4)	〃	185,381	184,596	195,524	208,414	217,453	222,017	221,698	239,135
敷　　　料　　　費 (5)	〃	9,695	10,072	10,582	9,596	10,248	10,425	9,764	9,919
光熱水料及び動力費 (6)	〃	5,801	5,956	6,009	6,088	5,761	6,042	6,393	6,774
その他の諸材料費 (7)	〃	159	168	172	295	378	380	366	292
獣医師料及び医薬品費 (8)	〃	4,643	4,690	4,498	4,317	4,365	4,605	4,656	4,597
賃　借　料　及　び　料　金 (9)	〃	948	1,003	1,016	1,061	1,645	1,755	1,751	1,283
物件税及び公課諸負担 (10)	〃	3,046	3,076	3,096	3,172	3,561	3,233	3,217	2,817
建　　　　物　　　　費 (11)	〃	9,250	9,057	9,182	10,369	10,771	11,223	9,436	9,875
自　　動　　車　　費 (12)	〃	…	…	…	…	…	2,687	2,765	3,122
農　　機　　具　　費 (13)	〃	7,518	7,544	8,008	7,901	8,751	4,785	5,452	5,157
生　産　管　理　費 (14)	〃	375	356	363	484	735	553	691	935
労　　　　働　　　　費 (15)	〃	43,471	43,082	42,275	41,552	43,077	44,385	44,048	43,264
う　　ち　　家　　族 (16)	〃	41,368	40,743	40,046	38,965	40,682	41,897	41,352	37,521
費　　用　　合　　計 (17)	〃	464,674	429,246	438,541	497,717	458,946	533,929	548,641	586,135
副　産　物　価　額 (18)	〃	7,256	7,247	8,008	7,808	9,423	8,273	9,254	8,881
生産費（副産物価額差引） (19)	〃	457,418	421,999	430,533	489,909	449,523	525,656	539,387	577,254
支　　払　　利　　子 (20)	〃	6,390	5,847	6,138	8,489	9,430	6,639	6,967	6,206
支　　払　　地　　代 (21)	〃	197	201	217	219	269	290	239	161
支払利子・地代算入生産費 (22)	〃	464,005	428,047	436,888	498,617	459,222	532,585	546,593	583,621
自　己　資　本　利　子 (23)	〃	9,024	8,910	9,278	9,653	8,665	9,759	10,211	10,775
自　作　地　地　代 (24)	〃	1,774	1,813	1,850	1,930	2,187	2,102	2,037	2,079
資本利子・地代全額算入生産費（全算入生産費） (25)	〃	474,803	438,770	448,016	510,200	470,074	544,446	558,841	596,475
1経営体（戸）当たり									
飼　養　月　平　均　頭　数 (26)	頭	80.6	83.3	85.5	85.9	87.3	90.4	91.5	100.3
交雑種肥育牛1頭当たり									
販　売　時　生　体　重 (27)	kg	710.3	710.1	714.2	726.0	714.9	729.6	738.0	750.2
販　　売　　価　　格 (28)	円	453,059	488,338	378,501	446,589	486,554	582,878	622,952	604,195
労　　働　　時　　間 (29)	時間	27.07	26.68	26.84	26.61	27.47	28.39	28.82	28.76
肥　　育　　期　　間 (30)	月	18.4	18.5	18.8	19.4	19.0	19.3	19.1	19.2
所　　　　　　　　得 (31)	円	30,422	101,034	△ 18,341	△ 13,063	68,014	92,190	117,711	58,095
1日当たり									
所　　　　　　　　得 (32)	〃	9,806	33,208	nc	nc	21,205	27,926	35,151	18,643
家　族　労　働　報　酬 (33)	〃	6,325	29,683	nc	nc	17,821	24,333	31,493	14,518

注：1　平成11年度～平成17年度は、既に公表した『平成12年　交雑種肥育牛生産費』～『平成18年　交雑種肥育牛生産費』のデータである。
　　2　平成16年度から、「農機具費」に含めていた「自動車費」を分離した。
　　3　平成19年度は、平成19年度税制改正における減価償却計算の見直しを行った結果を表章した。

19	20	21	22	23	24	25	26	27	28	29	
(9)	(10)	(11)	(12)	(13)	(14)	(15)	(16)	(17)	(18)	(19)	
613,561	642,460	529,950	507,627	598,541	630,287	636,593	659,100	703,108	715,192	767,256	(1)
277,908	246,948	195,223	187,440	252,733	280,960	258,012	271,169	326,594	371,349	416,488	(2)
289,483	346,633	285,828	269,139	294,300	299,790	327,921	339,623	326,384	294,278	298,304	(3)
288,502	345,538	284,854	268,214	292,797	299,138	327,060	338,732	325,498	293,216	297,136	(4)
8,726	9,118	8,868	8,991	9,270	9,177	9,438	8,721	9,394	8,052	7,629	(5)
7,479	7,918	7,073	7,549	8,114	8,338	9,724	10,140	9,476	9,378	9,788	(6)
265	366	426	462	259	214	240	218	334	203	263	(7)
5,067	5,130	4,974	5,107	3,859	4,211	4,734	4,267	3,943	4,525	4,515	(8)
1,228	1,463	1,464	1,742	2,769	3,532	2,841	2,682	2,904	2,969	2,831	(9)
2,888	2,511	2,806	2,631	2,988	2,953	2,692	2,754	2,774	2,588	2,606	(10)
11,185	11,623	12,417	13,638	13,477	11,049	10,699	9,261	9,783	11,042	13,980	(11)
2,553	2,782	2,687	3,202	3,188	3,402	3,142	3,209	3,421	3,520	3,648	(12)
5,863	6,636	6,713	6,814	6,602	5,892	6,014	5,959	7,293	6,495	6,194	(13)
916	1,332	1,471	912	982	769	1,136	1,097	808	793	1,010	(14)
43,013	44,580	43,424	41,759	41,359	41,285	41,953	41,570	39,329	39,627	39,235	(15)
37,039	43,096	40,948	38,270	37,676	37,691	38,261	37,207	33,817	34,240	31,220	(16)
656,574	687,040	573,374	549,386	639,900	671,572	678,546	700,670	742,437	754,819	806,491	(17)
7,528	6,766	7,238	7,145	5,827	5,800	5,884	6,189	6,290	5,098	5,761	(18)
649,046	680,274	566,136	542,241	634,073	665,772	672,662	694,481	736,147	749,721	800,730	(19)
6,277	5,821	3,499	3,427	4,994	7,438	5,535	5,583	5,520	4,843	4,006	(20)
148	217	223	211	113	89	90	146	151	286	146	(21)
655,471	686,312	569,858	545,879	639,180	673,299	678,287	700,210	741,818	754,850	804,882	(22)
11,175	13,527	11,801	12,365	8,174	11,535	8,602	8,270	8,638	13,011	11,992	(23)
1,860	1,435	1,489	1,416	1,763	1,728	1,610	1,547	1,633	1,523	1,582	(24)
668,506	701,274	583,148	559,660	649,117	686,562	688,499	710,027	752,089	769,384	818,456	(25)
96.5	94.8	97.4	103.8	112.3	117.2	115.4	118.3	125.6	130.0	141.3	(26)
758.7	751.6	753.4	766.6	795.7	796.5	806.5	797.9	816.2	813.2	826.6	(27)
575,160	519,531	484,302	538,153	505,177	538,858	608,814	655,596	823,570	828,635	768,503	(28)
28.77	29.60	29.50	28.72	28.67	27.33	27.59	27.32	25.79	25.36	25.16	(29)
19.2	19.3	19.2	19.2	19.0	18.9	19.0	18.8	18.5	18.1	18.6	(30)
△ 43,272	△ 123,685	△ 44,608	30,544	△ 96,327	△ 96,750	△ 31,212	△ 7,407	115,569	108,025	△ 5,159	(31)
nc	nc	nc	9,445	nc	nc	nc	nc	41,892	39,807	nc	(32)
nc	nc	nc	5,184	nc	nc	nc	nc	38,169	34,451	nc	(33)

累年統計表（続き）

9　交雑種肥育牛生産費（続き）

区　　　　分	単位	平成11年度	12	13	14	15	16	17	18
		(1)	(2)	(3)	(4)	(5)	(6)	(7)	(8)
交雑種肥育牛生体100kg当たり									
物　　　財　　　費 (34)	円	59,300	54,381	55,485	62,832	58,176	67,091	68,337	72,368
も　　と　　畜　　費 (35)	〃	27,243	22,360	21,971	28,045	21,162	30,238	32,164	34,335
飼　　　料　　　費 (36)	〃	26,222	26,118	27,505	28,825	30,548	30,593	30,184	32,065
流　通　飼　料　費 (37)	〃	26,098	25,996	27,378	28,707	30,419	30,428	30,042	31,878
敷　　　料　　　費 (38)	〃	1,365	1,418	1,482	1,322	1,434	1,428	1,323	1,323
光熱水料及び動力費 (39)	〃	817	839	841	839	806	828	866	903
その他の諸材料費 (40)	〃	22	24	24	41	53	52	50	39
獣医師料及び医薬品費 (41)	〃	654	660	630	595	611	631	631	613
賃借料及び料金 (42)	〃	134	141	142	146	230	241	237	171
物件税及び公課諸負担 (43)	〃	429	433	434	437	498	443	436	375
建　　　物　　　費 (44)	〃	1,303	1,275	1,285	1,428	1,507	1,538	1,278	1,316
自　　動　　車　　費 (45)	〃	…	…	…	…	…	368	375	416
農　　機　　具　　費 (46)	〃	1,058	1,063	1,121	1,088	1,224	656	739	688
生　産　管　理　費 (47)	〃	53	50	50	66	103	75	94	124
労　　　働　　　費 (48)	〃	6,120	6,067	5,919	5,723	6,026	6,083	5,969	5,768
う　　ち　　家　　族 (49)	〃	5,824	5,737	5,607	5,367	5,691	5,742	5,603	5,002
費　　用　　合　　計 (50)	〃	65,420	60,448	61,404	68,555	64,202	73,174	74,346	78,136
副　産　物　価　額 (51)	〃	1,021	1,021	1,121	1,076	1,318	1,134	1,254	1,184
生産費（副産物価額差引）(52)	〃	64,399	59,427	60,283	67,479	62,884	72,040	73,092	76,952
支　　払　　利　　子 (53)	〃	900	823	859	1,169	1,319	910	944	827
支　　払　　地　　代 (54)	〃	28	28	30	30	38	40	32	21
支払利子・地代算入生産費 (55)	〃	65,327	60,278	61,172	68,678	64,241	72,990	74,068	77,800
自　己　資　本　利　子 (56)	〃	1,270	1,255	1,299	1,330	1,212	1,337	1,384	1,436
自　作　地　地　代 (57)	〃	250	255	259	266	306	288	276	277
資本利子・地代全額算入生産費（全算入生産費）(58)	〃	66,847	61,788	62,730	70,274	65,759	74,615	75,728	79,513

注：1　平成11年度〜平成17年度は、既に公表した『平成12年　交雑種肥育牛生産費』〜『平成18年　交雑種肥育牛生産費』のデータである。
　　2　平成16年度から、「農機具費」に含めていた「自動車費」を分離した。
　　3　平成19年度は、平成19年度税制改正における減価償却計算の見直しを行った結果を表章した。

19	20	21	22	23	24	25	26	27	28	29	
(9)	(10)	(11)	(12)	(13)	(14)	(15)	(16)	(17)	(18)	(19)	
80,875	85,476	70,341	66,221	75,224	79,137	78,929	82,606	86,145	87,944	92,820	(34)
36,632	32,855	25,912	24,452	31,763	35,276	31,990	33,986	40,014	45,663	50,386	(35)
38,156	46,118	37,938	35,110	36,986	37,640	40,659	42,566	39,988	36,187	36,088	(36)
38,027	45,972	37,809	34,989	36,797	37,559	40,552	42,454	39,880	36,057	35,947	(37)
1,150	1,213	1,177	1,173	1,165	1,152	1,170	1,093	1,151	990	923	(38)
986	1,053	939	985	1,020	1,047	1,206	1,271	1,161	1,153	1,184	(39)
35	49	57	60	33	27	30	27	41	25	32	(40)
668	682	660	666	485	529	587	535	483	556	546	(41)
162	195	194	227	348	443	352	336	356	365	342	(42)
381	334	373	343	375	371	334	345	340	318	315	(43)
1,475	1,547	1,648	1,779	1,694	1,388	1,326	1,161	1,199	1,358	1,691	(44)
336	370	357	418	401	427	389	402	419	433	442	(45)
773	883	891	889	830	740	746	747	894	799	749	(46)
121	177	195	119	124	97	140	137	99	97	122	(47)
5,670	5,932	5,764	5,447	5,198	5,184	5,202	5,210	4,818	4,873	4,746	(48)
4,882	5,734	5,435	4,992	4,735	4,732	4,744	4,663	4,143	4,211	3,777	(49)
86,545	91,408	76,105	71,668	80,422	84,321	84,131	87,816	90,963	92,817	97,566	(50)
992	900	961	932	732	728	729	776	771	627	697	(51)
85,553	90,508	75,144	70,736	79,690	83,593	83,402	87,040	90,192	92,190	96,869	(52)
827	774	464	447	628	934	686	700	676	595	485	(53)
19	29	30	28	14	11	11	18	19	35	18	(54)
86,399	91,311	75,638	71,211	80,332	84,538	84,099	87,758	90,887	92,820	97,372	(55)
1,473	1,800	1,566	1,613	1,027	1,448	1,067	1,037	1,058	1,600	1,451	(56)
245	191	198	185	222	217	200	194	200	187	191	(57)
88,117	93,302	77,402	73,009	81,581	86,203	85,366	88,989	92,145	94,607	99,014	(58)

累年統計表（続き）

10　肥育豚生産費

区　分	単位	平成2年	7	10	11	平成11年度	12	13	14	15	16
		(1)	(2)	(3)	(4)	(5)	(6)	(7)	(8)	(9)	(10)
肥育豚1頭当たり											
物　　財　　費 (1)	円	26,678	22,869	25,309	23,957	22,770	22,442	23,337	24,009	24,445	25,256
種　　付　　料 (2)	〃	…	21	22	34	43	50	54	54	51	51
も　と　畜　費 (3)	〃	13,547	57	91	91	35	41	29	27	25	23
飼　　料　　費 (4)	〃	10,816	17,281	19,469	18,072	16,811	16,476	17,235	17,651	18,239	19,139
流　通　飼　料　費 (5)	〃	10,810	17,275	19,468	18,066	16,810	16,474	17,234	17,648	18,234	19,138
敷　　料　　費 (6)	〃	122	184	144	141	150	139	140	142	131	138
光熱水料及び動力費 (7)	〃	407	948	918	912	942	981	1,004	995	1,020	1,042
その他の諸材料費 (8)	〃	…	41	61	56	62	61	58	60	45	38
獣医師料及び医薬品費 (9)	〃	545	1,390	1,337	1,361	1,369	1,303	1,296	1,352	1,355	1,409
賃借料及び料金 (10)	〃	124	157	203	219	250	251	283	288	288	322
物件税及び公課諸負担 (11)	〃	…	174	171	179	172	170	175	170	186	161
繁　殖　雌　豚　費 (12)	〃	…	601	791	808	824	815	837	823	722	730
種　雄　豚　費 (13)	〃	…	155	185	172	167	176	182	175	146	130
建　　物　　費 (14)	〃	594	1,106	1,149	1,131	1,147	1,184	1,238	1,352	1,366	1,189
自　動　車　費 (15)	〃	…	…	…	…	…	…			…	256
農　機　具　費 (16)	〃	523	694	700	712	710	699	700	808	769	539
生　産　管　理　費 (17)	〃	…	60	68	69	88	96	106	112	102	89
労　　働　　費 (18)	〃	3,365	5,135	5,215	5,036	4,912	4,920	4,799	4,676	4,638	4,581
う　ち　家　族 (19)	〃	3,180	4,621	4,771	4,690	4,545	4,568	4,386	4,136	4,069	3,916
費　　用　　合　　計 (20)	〃	30,043	28,004	30,524	28,993	27,682	27,362	28,136	28,685	29,083	29,837
副　産　物　価　額 (21)	〃	360	1,102	974	940	873	837	919	900	788	766
生産費（副産物価額差引） (22)	〃	29,683	26,902	29,550	28,053	26,809	26,525	27,217	27,785	28,295	29,071
支　払　利　子 (23)	〃	…	349	280	288	260	262	271	193	195	182
支　払　地　代 (24)	〃	…	18	19	9	12	11	10	10	10	10
支払利子・地代算入生産費 (25)	〃	…	27,269	29,849	28,350	27,081	26,798	27,498	27,988	28,500	29,263
自　己　資　本　利　子 (26)	〃	334	651	657	606	604	598	632	641	677	600
自　作　地　代 (27)	〃	61	89	93	93	94	87	85	83	82	80
資本利子・地代全額算入生産費（全算入生産費） (28)	〃	30,078	28,009	30,599	29,049	27,779	27,483	28,215	28,712	29,259	29,943
1経営体（戸）当たり											
飼養月平均頭数 (29)	頭	211.2	494.7	545.3	573.0	594.2	599.9	621.4	622.3	648.0	668.1
肥育豚1頭当たり											
販売時生体重（kg） (30)	kg	108.0	107.9	109.2	109.7	109.6	109.8	110.7	110.7	111.7	111.1
販　　売　　価　　格 (31)	円	29,326	28,318	29,974	28,532	28,124	27,491	31,604	30,104	28,281	30,432
労　働　時　間（時間） (32)	時間	28.40	3.63	3.34	3.24	3.19	3.15	3.14	3.15	3.19	3.11
所　　　　　　得 (33)	円	2,823	5,752	4,896	4,872	5,588	5,261	8,492	6,252	3,850	5,085
1日当たり											
所　　　　　　得 (34)	〃	8,555	14,029	13,100	13,079	15,415	14,716	24,437	18,733	11,450	15,829
家　族　労　働　報　酬 (35)	〃	7,358	12,224	11,093	11,203	13,490	12,800	22,374	16,563	9,193	13,712

注：1　平成11年度～平成17年度は、既に公表した『平成12年　肥育豚生産費』～『平成18年　肥育豚生産費』のデータである。
　　2　平成2年の労働時間の表章単位は、肥育豚10頭当たりで表章した。
　　3　「労働費のうち家族」について、平成3年までは調査対象経営体の所在するその地方の農村雇用賃金により評価し、平成4年から毎月
　　　　勤労統計調査（厚生労働省）結果を用いた評価に改訂した。
　　4　平成5年より対象を肥育経営農家から一貫経営農家とした。
　　5　平成7年から、繁殖雌豚及び繁殖雄豚を償却資産として扱うことを取り止め、購入費用を「繁殖雌豚費」及び「種雄豚費」に計上した。
　　　　また、繁殖豚の育成費用は該当する費目に計上するとともに、繁殖豚の販売価額は「副産物価額」に計上した。

17	18	19	20	21	22	23	24	25	26	27	28	29	
(11)	(12)	(13)	(14)	(15)	(16)	(17)	(18)	(19)	(20)	(21)	(22)	(23)	
25,008	26,702	29,339	30,741	26,697	25,948	27,649	28,064	29,959	30,659	29,833	27,951	28,619	(1)
65	65	75	74	75	50	87	90	110	125	132	135	143	(2)
19	14	15	13	22	55	66	58	25	21	12	20	31	(3)
18,582	19,502	22,274	23,685	19,958	18,846	20,185	21,246	22,854	23,100	22,177	20,255	20,541	(4)
18,581	19,501	22,273	23,685	19,958	18,845	20,182	21,245	22,853	23,098	22,176	20,253	20,539	(5)
139	155	139	124	130	132	133	126	133	129	127	121	113	(6)
1,206	1,346	1,431	1,331	1,269	1,364	1,406	1,440	1,547	1,600	1,526	1,509	1,592	(7)
54	59	41	49	53	59	52	73	70	60	56	50	54	(8)
1,357	1,376	1,337	1,391	1,526	1,588	1,683	1,754	1,907	2,042	2,125	2,090	2,116	(9)
403	287	262	301	240	280	281	308	317	298	297	270	288	(10)
183	207	181	192	177	199	191	188	188	179	179	185	173	(11)
745	824	631	587	661	563	731	597	645	552	691	792	811	(12)
130	132	154	210	114	140	118	98	106	95	114	130	126	(13)
1,191	1,802	1,765	1,730	1,466	1,547	1,550	1,138	1,179	1,391	1,339	1,255	1,392	(14)
263	263	292	288	260	288	285	243	231	235	216	250	257	(15)
578	571	615	646	620	710	738	592	527	704	709	752	842	(16)
93	99	127	120	126	127	143	113	120	128	133	137	140	(17)
4,490	4,438	4,384	4,393	4,191	4,165	4,143	4,115	4,024	4,115	4,062	4,280	4,265	(18)
3,753	3,585	3,841	3,755	3,643	3,258	3,242	3,177	3,111	3,220	3,336	3,428	3,423	(19)
29,498	31,140	33,723	35,134	30,888	30,113	31,792	32,179	33,983	34,774	33,895	32,231	32,884	(20)
759	767	691	833	638	652	764	755	813	866	831	878	883	(21)
28,739	30,373	33,032	34,301	30,250	29,461	31,028	31,424	33,170	33,908	33,064	31,353	32,001	(22)
206	126	178	152	119	192	164	113	114	112	120	104	69	(23)
11	15	13	15	20	19	23	10	11	16	13	9	11	(24)
28,956	30,514	33,223	34,468	30,389	29,672	31,215	31,547	33,295	34,036	33,197	31,466	32,081	(25)
636	911	708	761	650	576	577	563	550	573	532	539	588	(26)
84	73	90	108	113	123	111	132	126	119	99	84	91	(27)
29,676	31,498	34,021	35,337	31,152	30,371	31,903	32,242	33,971	34,728	33,828	32,089	32,760	(28)
678.4	683.5	684.0	720.6	749.4	754.1	772.9	813.0	839.3	853.0	855.8	868.3	882.0	(29)
111.0	112.4	112.2	112.8	112.6	112.9	112.9	114.0	113.9	114.0	113.2	113.8	114.2	(30)
31,507	31,792	34,195	33,857	29,293	31,327	30,303	29,373	33,343	39,840	37,963	37,207	39,387	(31)
3.08	3.13	3.12	3.00	2.85	2.83	2.82	2.74	2.69	2.71	2.64	2.72	2.71	(32)
6,304	4,863	4,813	3,144	2,547	4,913	2,330	1,003	3,159	9,024	8,102	9,169	10,729	(33)
20,092	15,687	14,924	10,224	8,490	18,453	8,792	3,876	12,328	34,377	30,430	34,438	41,465	(34)
17,798	12,513	12,450	7,398	5,947	15,827	6,196	1,190	9,690	31,741	28,060	32,098	38,841	(35)

6　平成7年から飼育管理等の直接的な労働以外の労働（自給牧草生産に係る労働、資材等の購入付帯労働及び建物・農機具の修繕労働）を
　間接労働として関係費目から分離し、「労働費」及び「労働時間」に計上した。
7　平成7年から、「光熱水料及び動力費」に含めていた「その他の諸材料費」を分離した。
8　平成7年から、子豚の販売価額を「副産物価額」に計上するとともに、その育成費用は該当する費目に計上した。
9　平成10年から、家族労働評価をそれまでの男女別評価から男女同一評価に改正した。
10　平成16年度から、「農機具費」に含めていた「自動車費」を分離した。
11　平成19年度は、平成19年度税制改正における減価償却計算の見直しを行った結果を表章した。

累年統計表（続き）

10　肥育豚生産費（続き）

区　　　　分	単位	平成2年	7	10	11	平成11年度	12	13	14	15	16
		(1)	(2)	(3)	(4)	(5)	(6)	(7)	(8)	(9)	(10)
肥育豚生体100kg当たり											
物　　　財　　　費 (36)	円	24,703	21,182	23,169	21,841	20,781	20,439	21,074	21,692	21,890	22,725
種　　付　　料 (37)	〃	…	19	20	31	39	46	49	49	46	46
も　と　畜　費 (38)	〃	12,544	53	84	83	32	38	26	25	22	21
飼　　　料　　　費 (39)	〃	10,015	16,006	17,824	16,476	15,343	15,006	15,564	15,947	16,333	17,219
流　通　飼　料　費 (40)	〃	10,009	16,001	17,823	16,471	15,342	15,004	15,563	15,944	16,329	17,218
敷　　　料　　　費 (41)	〃	113	171	132	129	137	127	125	128	116	124
光熱水料及び動力費 (42)	〃	377	877	840	832	860	894	907	899	913	938
その他の諸材料費 (43)	〃	…	37	56	51	56	55	52	54	40	34
獣医師料及び医薬品費 (44)	〃	505	1,288	1,224	1,241	1,249	1,187	1,170	1,221	1,214	1,267
賃借料及び料金 (45)	〃	115	146	185	199	228	228	255	260	259	290
物件税及び公課諸負担 (46)	〃	…	161	155	163	156	154	159	153	166	146
繁　殖　雌　豚　費 (47)	〃	…	557	724	737	752	742	756	744	646	657
種　雄　豚　費 (48)	〃	…	144	169	157	152	161	165	158	131	117
建　　　物　　　費 (49)	〃	550	1,025	1,053	1,031	1,047	1,079	1,117	1,222	1,223	1,070
自　動　車　費 (50)	〃	…	…	…	…	…	…	…	…	…	230
農　機　具　費 (51)	〃	484	643	641	648	649	635	633	731	689	485
生　産　管　理　費 (52)	〃	…	55	62	63	81	87	96	101	92	81
労　　　働　　　費 (53)	〃	3,115	4,758	4,776	4,590	4,484	4,482	4,334	4,224	4,154	4,121
う　ち　家　族 (54)	〃	2,944	4,358	4,369	4,275	4,148	4,161	3,961	3,736	3,644	3,523
費　　用　　合　　計 (55)	〃	27,818	25,940	27,945	26,431	25,265	24,921	25,408	25,916	26,044	26,846
副　産　物　価　額 (56)	〃	333	1,021	890	857	797	763	830	812	706	690
生産費（副産物価額差引）(57)	〃	27,485	24,919	27,055	25,574	24,468	24,158	24,578	25,104	25,338	26,156
支　　払　　利　　子 (58)	〃	…	323	257	263	237	238	245	174	174	164
支　　払　　地　　代 (59)	〃	…	16	17	8	12	10	9	10	9	10
支払利子・地代算入生産費 (60)	〃	…	25,258	27,329	25,845	24,717	24,406	24,832	25,288	25,521	26,330
自　己　資　本　利　子 (61)	〃	309	603	602	553	551	545	571	579	607	540
自　作　地　地　代 (62)	〃	57	84	85	86	86	79	76	75	73	72
資本利子・地代全額算入生産費 （全　算　入　生　産　費）(63)	〃	27,851	25,945	28,016	26,484	25,354	25,030	25,479	25,942	26,201	26,942

注：1　平成11年度〜平成17年度は、既に公表した『平成12年　肥育豚生産費』〜『平成18年　肥育豚生産費』のデータである。
　　2　平成2年の労働時間の表章単位は、肥育豚10頭当たりで表章した。
　　3　「労働費のうち家族」について、平成3年までは調査対象経営体の所在するその地方の農村雇用賃金により評価し、平成4年から毎月
　　　　勤労統計調査（厚生労働省）結果を用いた評価に改訂した。
　　4　平成5年より対象を肥育経営農家から一貫経営農家とした。
　　5　平成7年から、繁殖雌豚及び繁殖雄豚を償却資産として扱うことを取り止め、購入費用を「繁殖雌豚費」及び「種雄豚費」に計上した。
　　　　また、繁殖豚の育成費用は該当する費目に計上するとともに、繁殖豚の販売価額は「副産物価額」に計上した。

17	18	19	20	21	22	23	24	25	26	27	28	29	
(11)	(12)	(13)	(14)	(15)	(16)	(17)	(18)	(19)	(20)	(21)	(22)	(23)	
22,518	23,747	26,139	27,245	23,706	22,987	24,496	24,610	26,300	26,887	26,354	24,552	25,069	(36)
59	58	67	65	67	44	77	79	97	110	116	119	125	(37)
17	13	14	12	20	48	59	51	22	19	11	18	27	(38)
16,733	17,343	19,844	20,990	17,722	16,696	17,885	18,634	20,065	20,255	19,591	17,792	17,992	(39)
16,732	17,342	19,843	20,990	17,722	16,695	17,882	18,633	20,064	20,254	19,590	17,791	17,990	(40)
125	138	123	109	116	117	118	110	117	114	112	107	99	(41)
1,086	1,197	1,275	1,181	1,127	1,208	1,245	1,262	1,358	1,403	1,348	1,325	1,394	(42)
49	52	37	43	47	53	45	64	61	53	50	44	48	(43)
1,222	1,224	1,191	1,233	1,354	1,406	1,491	1,538	1,674	1,791	1,877	1,835	1,853	(44)
363	255	233	267	213	248	250	270	277	261	263	238	252	(45)
164	185	161	171	156	176	169	165	164	156	158	164	151	(46)
671	733	563	520	587	498	647	524	566	484	610	696	711	(47)
117	117	137	186	101	124	105	86	93	83	101	114	111	(48)
1,072	1,602	1,573	1,533	1,302	1,371	1,373	998	1,034	1,220	1,183	1,101	1,221	(49)
236	234	260	255	231	255	252	212	203	207	190	219	226	(50)
520	507	549	573	551	630	654	518	463	619	627	660	736	(51)
84	89	112	107	112	113	126	99	106	112	117	120	123	(52)
4,042	3,947	3,905	3,894	3,719	3,690	3,672	3,607	3,532	3,610	3,588	3,760	3,736	(53)
3,379	3,189	3,422	3,328	3,231	2,886	2,872	2,785	2,730	2,825	2,948	3,011	2,998	(54)
26,560	27,694	30,044	31,139	27,425	26,677	28,168	28,217	29,832	30,497	29,942	28,312	28,805	(55)
684	683	616	738	566	579	677	662	714	760	734	771	773	(56)
25,876	27,011	29,428	30,401	26,859	26,098	27,491	27,555	29,118	29,737	29,208	27,541	28,032	(57)
186	112	158	135	106	170	145	99	100	98	106	92	61	(58)
10	14	12	13	17	17	20	9	10	13	11	8	10	(59)
26,072	27,137	29,598	30,549	26,982	26,285	27,656	27,663	29,228	29,848	29,325	27,641	28,103	(60)
573	810	631	675	577	510	511	494	483	503	470	474	515	(61)
76	65	81	96	100	109	98	116	110	104	87	74	80	(62)
26,721	28,012	30,310	31,320	27,659	26,904	28,265	28,273	29,821	30,455	29,882	28,189	28,698	(63)

6　平成７年から飼育管理等の直接的な労働以外の労働（自給牧草生産に係る労働、資材等の購入付帯労働及び建物・農機具の修繕労働）を
　　間接労働として関係費目から分離し、「労働費」及び「労働時間」に計上した。
7　平成７年から、「光熱水料及び動力費」に含めていた「その他の諸材料費」を分離した。
8　平成７年から、子豚の販売価額を「副産物価額」に計上するとともに、その育成費用は該当する費目に計上した。
9　平成10年から、家族労働評価をそれまでの男女別評価から男女同一評価に改正した。
10　平成16年度から、「農機具費」に含めていた「自動車費」を分離した。
11　平成19年度は、平成19年度税制改正における減価償却計算の見直しを行った結果を表章した。

（付表）
個 別 結 果 表 （ 様 式 ）

調査票様式は、農林水産省ホームページの以下のアドレスで御覧いただけます。

【https://www.maff.go.jp/j/tokei/kouhyou/noukei/seisanhi_tikusan/gaiyou/index.html】

平成　　年度　農業経営統計調査個別結果表（牛乳生産費統計）No.1

	1	2	3	4	5	6	7	8	9	10
A	調査年度	都道府県	管理番号	調査対象経営体	生産費区分	集計倍率	市町村	作成対象区分	頭数階層区分	農業地域類型区分

	11	12	13	14	15	16	17	18	19	20	21	22	23	24	25
	乳量階層区分	酪農経営区分	乳脂率分類	乳飼比分類	搾乳牛負担率			認定農業者区分	主副業別区分	通年換算頭数	通年1頭当たり3.5%換算乳量	前年調査対象経営体	旧北海道番号	前年管理番号	
A					飼育関係作業	飼料等	建物等								

1　生産費総括（円）

		搾乳牛負担分				搾乳牛通年換算1頭当たり				生乳100kg当たり
		購入	自給	償却	計	購入	自給	償却	計	
1											1
2	物財費										2
3	種付料										3
4	飼料費										4
5	流通飼料費										5
6	牧草・放牧・採草費										6
7	敷料費										7
8	光熱動力費										8
9	その他諸材料費										9
10	獣医師料・医薬品費										10
11	賃借料及び料金										11
12	物件税・公課諸負担										12
13	乳牛償却費										13
14	建物費										14
15	自動車費										15
16	農機具費										16
17	生産管理費										17
18	労働費計										18
19	直接労働費										19
20	間接労働費										20
21	費用合計										21
22	副産物価額										22
23	生産費										23
24	支払利子										24
25	支払地代										25
26	利子・地代算入生産費										26
27	自己資本利子										27
28	自作地地代										28
29	全算入生産費										29

8　家族員数及び農業就業者等（人）

		男	女	計	
1	世帯員				1
2	家族				2
3	農業就業者				3
4	農業専従者				4
5	農業年雇				5

9　経営土地（調査開始時）（a）

			所有地	借入地	計	
6	耕地	田				6
7		普通畑				7
8		樹園地				8
9		畑計				9
10	畜産用地	牧草地				10
11		小計				11
12		畜舎等				12
13		放牧地				13
14		採草地				14
15		小計				15
16		山林・その他				16
17		合計				17

10　物件税及び公課諸負担（円）

18	物件税	固定資産税	18
19		建物	19
20		建物以外	20
21		自動車重量税	21
22		自動車税	22
23		不動産取得税	23
24		自動車取得税	24
25	公課諸負担	軽自動車税	25
26		都市計画税	26
27		共同施設税	27
28		集落協議会費	28
29		農業協同組合費	29
30		酪農組合費	30
31		農事実行組合費	31
32		家畜共済組合賦課金	32
33		自賠責保険	33
34		計	34

11　獣医師料及び医薬品費（円）

獣医師料		
疾病共済掛金		
医薬品費		
その他の医療費		
計		

12　処分差損失（円）

建物		
自動車		
農機具		
生産管理機器		

任意項目

2　主産物（kg、円、%）

		総数	1頭当たり	
30				30
31	搾乳量 出荷			31
32	小計			32
33	乳子牛給与			33
34	自家消費			34
35	計			35
36	乳脂肪生産量			36
37	乳脂肪分3.5%換算乳量			37
38	価額			38
39	乳脂肪分			39
40	平均乳価			40
41	無脂乳固形分生産量			41
42	無脂乳固形分			42

3　副産物　(1) きゅう肥（kg、円）

		総数	1頭当たり
利用計	数量		
	価額		
販売	数量		
	価額		
自家農業仕向	数量		
	価額		
その他	数量		
搬出量			

(2) 子牛の概要（頭、円）

		頭数	価額	1頭当たり
10日齢	雄			
評価販売	雌			
10日齢	雄			
死亡廃棄	雌			
計	雄			
	雌			
(死亡・廃棄含む)	雄			
	計			

5　資本額及び資本利子（円）

		資本額	利子額
資本額	計		
	借入資本		
	自己資本		
資産別内訳	流動資本		
	労賃資本		
	固定資本		
	乳牛		
	建物		
	自動車		
	農機具		
	牧草関係		

6　種付料（回、円）

	種付回数	価額
購入		
自給		
計		

4　借入金の資金種類別内訳（円）

		調始未償還残高	調末未償還残高	支払利子	
45					45
46					46
47	借入金 短期				47
48	長期				48
49	買掛未払金				49
50	計				50

7　光熱水料及び動力費（リットル、円）

		数量	価額
購入	重油		
	軽油		
	灯油		
	ガソリン		
	水道料		
入	電力料		
	その他		
自給			
計			

〔参考〕収益性等（円、%）

		1頭当たり	
41	粗収益		41
42	生産費総額		42
43	利潤		43
44	所得		44
45	1日当たり		45
46	家族労働報酬		46
47	1日当たり		47
48	乳飼比		48
49			49
50			50
51			51
52			52
53			53
54			54
55			55

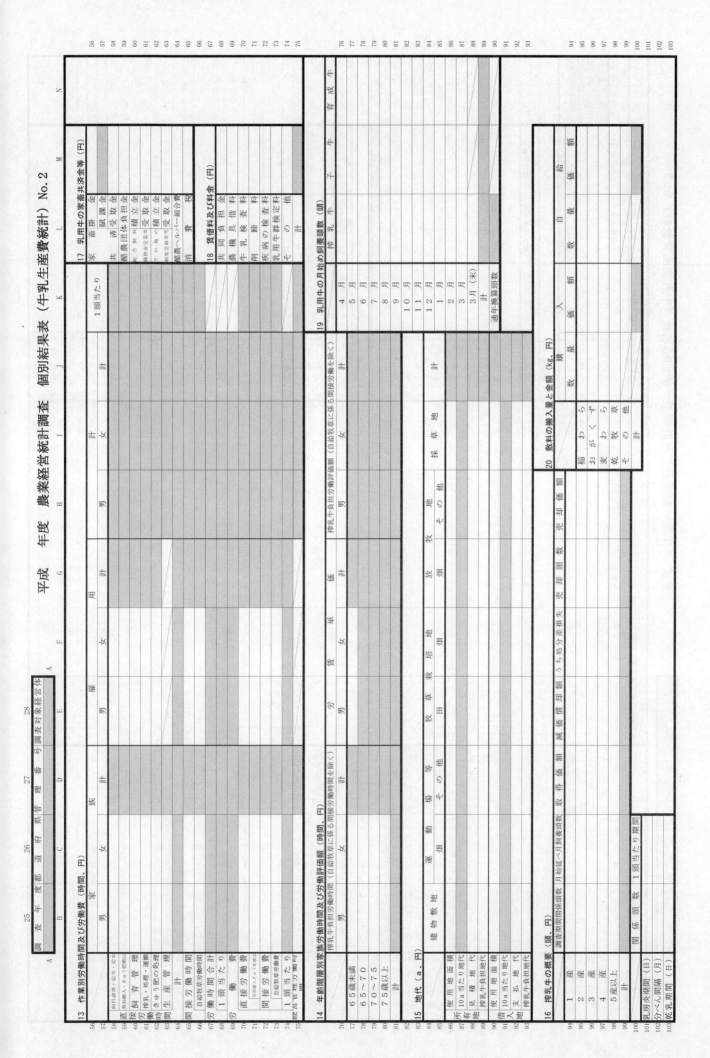

平成　年度　農業経営統計調査　個別結果表（牛乳生産費統計）No. 2

平成　年度　農業経営統計調査　個別結果表（牛乳生産費統計）No. 3

調査番号　29　調査年度　30　都道府県　31　管理番号　32　対象経営体

21 流通飼料の給与量と価額（kg, 円）

類		数量	価額	単価
穀類	大　麦			
	その他の麦			
	とうもろこし			
	大　豆			
	その他			
	小　計			
類	ぬ　か			
	ふ・米・麦払か			
	その他			
	小　計			
植物性	大豆油かす			
	とうふかす			
	ビートパルプ			
	かんぴールかす			
	まめ科			
	その他			
	小　計			
動物性かす類				
	飼料かぶ			
	家畜ビート			
	その他			
	小　計			
配合飼料				
購入	牛乳（除初乳）			
	脱脂乳			
	その他			
	小　計			
乳	牛乳			
脂	脱脂乳			
乳工	その他			
	小　計			
飼料	いも類及び野菜類			
	デントコーン			
	イタリアン			
	オーチャード			
	ソルゴー			
	チモシー			
	らい麦			
	その他			
	小　計			
	まめ科			
	いね科			
	その他			
	小　計			
牧草	イタリアン			
	オーチャード			
	へイキューブ			
	その他			
	小　計			
乾草	まめ科			
	いね科			
	その他			
	小　計			
料	いも類及び野菜類			
サイレージ	デントコーン			
	イタリアン			
	その他			
	小　計			
	まめ科			
	いね科			
	その他			
	小　計			
	自給発酵粗飼料			
飼料	まめ科			
	いね科			
	その他			
	小　計			
	稲わら			
	その他			
	合　計			

22 自給牧草の給与量と価額（kg, 円）

生牧草・乾牧草・サイレージ・稲わら及び野菜類・まめ科・いね科・その他・小計

青刈デントコーン／イタリアン／オーチャード／ソルゴー／チモシー／青刈らい麦／その他／小計

いも類及び野菜類／野　生草／野　乾草／放牧場費（時間）／合　計

23 建物等（円）

所有状況／数量／価額（労働費を除く・労働費を含む）／償却牛負担分／牧草負担分

畜　舎（㎡）／うちフリーストール／納屋・倉庫／乾牧草収納庫（㎡）／サイロ（㎡）／たい肥舎（㎡）／たい肥貯留槽（基）／ふん尿貯留用（㎡）／プラスチック利用／給水管／電気配線／換気施設／浄化処理施設／その他／計

24 自動車（台、円）

所有台数／価額（労働費を除く）／償却牛負担分

貨物自動車／その他／計

25 農機具（台、円）

所有台数／価額（労働費を除く）／償却牛負担分

一式／複式／ベイプライン／牛乳冷却機／バルククリーナー／トラクター／播種機／ロータリー（ロータ）／切り返し機（ローダー）／プラウ／中耕除草機／モア／集草機／その他の牧草収穫機／カッター／サイロ／運搬・吹上機／トレーラー／運搬用機具／その他／計

平成　年度　農業経営統計調査　個別結果表（肉用牛生産費統計）　No. 1

1	2	3	4	5	6
調査年度	都道府県	管理番号	調査対象経営体	生産費区分	集計倍率
A			A		

7	8	9	10	11	12
市町村	作成対象区分	頭数階層区分	農業類型区分	生産費計算係数	品種区分
A					

13	14	15	16	17	18	19	20
飼養区分	主副業別区分	計算期間	前年調査対象経営体	前年調査対象経営体	旧北海道番号	前年管理番号	
A							A

1 生産費総括（円）

			肥育牛・育成牛			肥育生体100kg当たり
購入	計算対象畜		子牛１頭当たり	繁殖雌牛１頭当たり	計	
	計	自給	負担	償却	担分	償却

1 計
2 もと畜費（種付料）
3 飼料費
4 　流通飼料費
5 　牧草・放牧・採草費
6 敷料費
7 光熱動力費
8 その他の諸材料費
9 獣医師料・医薬品費
10 賃借料及び料金
11 物件税・公課諸負担
12 繁殖雌牛償却費
13 建物費
14 自動車費
15 農機具費
16 生産管理費
17 労働費
18 　直接労働費
19 　間接労働費
20 費用合計
21 副産物価額
22 生産費
23 子牛代
24 支払利子
25 支払地代
26 自己資本利子
27 自作地地代
28 全算入生産費

2 主産物（kg、頭、円）

29
30 総量
31 １頭当たり
　　数量・価額・１頭当たり・頭量

3 副産物（kg、頭、円）

32 総量
33 利用・販売・自家農業仕向・その他・肥料仕向・搬出量
　（予定欄サ〜４ヶ月末満の子牛）

4 子牛生産費（円）

34 月齢（月）
35 取得価額（円）
36 償却月数（月）
37 償却月額（円）
　処分差損（円）
　頭数（頭）
　価額a（頭）
　頭数（頭）
　平均a,a（月）

（1）肥育牛、育成牛

購入
　計
　自給
　計
38 頭数（頭）
39 月齢（月）
40 生体重（kg）
41 頭数（頭）
42 月齢（月）
43 生体重（kg）
44 月齢（月）
45 生体重（kg）
46 増体重（kg）
47 評価額（円）
　肥育・育成期間（月）

（2）子牛

48 分〜ん頭数（頭）
49 販売頭数（頭）
50 生体重（kg）
51 評価価額（円）
52 注）育成期間数（月）
53 死亡・とうた別頭数

5 調査対象畜以外の家畜（調査開始時）（頭）

探
繁殖牛
肥育牛
乳用牛
交雑種牛
その他の牛

6 資本額及び資本利子（円）

資本額
　計
　借入資本
　自己資本
　流動資本
　労賃定着資本
　固定資本別内訳
　　建物
　　自動車
　　農機具
　　牛
資本利子
　計

7 家族員数及び農業就業者等（人）

	計	女	男
世帯員			
家族農業就業者			
農業専従者			
農業雇用			

8 経営土地（調査開始時）(a)

	所有地	借入地
耕地 田		
普通畑		
樹園地		
畑 計		
牧草地		
採草地 計		
畜舎・放牧地		
山林・その他		
合計		

9 借入金の資金種類別内訳（円）

	借入金残高	調査未償還残高	期首	期末
借入金				
買掛金				
支払利子				
計				

10 月始め飼養頭数（頭）

4 月	
5 月	
6 月	
7 月	
8 月	
9 月	
10 月	
11 月	
12 月	
1 月	
2 月	
3 月	
計	
飼養月数（月）	
飼養月平均頭数（頭）	

［参考］期間別延べ飼養月頭数

	期間	延べ飼養月頭数
本調査	調査期間	
前々調査	調査期間	
	延べ計算期間	
販売・育成期間（月）		
売却頭数（回）		

平成　　年度　農業経営統計調査　個別結果表（肉用牛生産費統計）　No. 2

調査　20　調査年度　21　都道府県　22　管理番号　23　番号　調査対象経営体

11 作業別労働時間及び労働費（時間、円）

区分（A〜N列）: 家族（男・女・計）／雇用（男・女・計）／計／1頭当たり

- 55 直接労働：飼料調理・給与・給水
- 56 敷料搬入・きゅう肥搬出
- 57 手入・運動・放牧
- 58 きゅう肥の処理
- 59 その他の処理
- 60 生産管理
- 61 その他 管理
- 62 計
- 63 間接労働時間
- 64 直接労働時間
- 65 労働時間 計
- 66 1頭当たり
- 67 労働費
- 68 直接労働費
- 69 間接労働費（自給牧草労働費を除く）
- 70 労働費 計
- 71 1頭当たり
- 72 経営管理労働時間

12 年齢階層別家族労働時間及び労働評価額（時間、円）

計算対象負担労働時間（自給牧草に係る間接労働時間を除く）／男・女・計／労賃単価 男・女・計／評価額

- 75 65歳未満
- 76 65〜70
- 77 70〜75
- 78 75歳以上
- 計

13 地代（a、円）

使用面積／所有地 10a当たり地代／対象畜負担地代／借入地 使用面積 10a当たり地代／対象畜負担地代／支払地代

建物敷地・運動場等・牧草栽培地・放牧地・採草地・計

14 獣医師料及び医薬費（円）

- 95 獣医師料
- 96 家畜共済掛金
- 97 医薬品費
- 98 その他の医療費
- 99 計

15 賃借料及び料金（円）

共同負担金／農機具借料／その他／計

16 出荷に要した費用（円）

材料費／労働費／計

17 敷料の搬入量と金額（kg、円）

購入（数量・価額）／自給（数量・価額）

稲わら・おがくず・麦わら・乾草・その他・計

18 家畜共済金等（円）

家畜共済掛金／賦課金／受取共済金／受取積立金／その他の積立金／財産安定資金受取金／財産安定資金払込金／消費税

19 光熱水料及び動力費（リットル、円）

数量・価額

購入：重油・軽油・灯油・ガソリン・水道料・電力料・その他／計／自給

20 種付料（回、円）

種付回数／購入・自給・計

21 販売肉用牛（計算対象繁殖雌牛）の品種別頭数（頭）

実頭数・延べ頭数

黒毛・褐毛・日本短角・乳用・その他・計

22 物件税及び公課諸負担（円）

固定資産税（建物・建物以外）／自動車重量税／不動産取得税／自動車取得税／軽自動車税／都市計画税／共同施設税／集落協議会費／公課諸負担 肉用牛組合費／諸負担 畜産実行組合費／自賠責保険／計

[参考] 収益性（円）　1頭当たり

粗収益／生産費総額／所得／1日当たり／家族労働報酬／1日当たり

平成　年度　農業経営統計調査　個別結果表（肉用牛生産費統計）

調査年度 24　都道府県 25　管理番号 26　調査対象経営体 27

23 流通飼料の給与量と価額 (kg、円)

			数量	額価	単価
殻類	大麦	103			
	その他の大麦	104			
	とうもろこし	105			
豆類	大豆	106			
	その他	107			
	小計	108			
	ぬか・米・麦ぬか	109			
	ふすま	110			
	その他	111			
	小計	112			
植物性かす類	大豆油かす	113			
	とうふかす	114			
	ビートパルプ	115			
	かんしょかす	116			
	その他	117			
	小計	118			
	動物性かす類	119			
	配合・混合飼料	120			
家畜用配合飼料	子牛育成ビート	121			
	小計	122			
牛乳・脱脂乳	牛乳	123			
	脱脂乳	124			
	その他	125			
	小計	126			
	いも類及び野菜類	127			
わら類	いね・わら	128			
	その他	129			
	小計	130			
牧草	主なもの	131			
	その他	132			
	小計	133			
乾草	いね科	134			
	まめ科	135			
	その他	136			
	小計	137			
サイレージ	デントコーン	138			
	イタリアン	139			
	オーチャード	140			
	ソルゴー	141			
	その他	142			
	稲発酵粗飼料	143			
	その他	144			
	小計	145			
	その他	146			
	計	147			
自給飼料	自給	148			
	わら	149			
	その他	150			
	小計	151			
	給	152			

24 自給牧草の給与量と価額 (kg、円)

			数量	額価 労働費を含む／労働費を除く	単価 労働費を除く
生草	青刈デントコーン	103			
	イタリアン	104			
	オーチャード	105			
	ソルゴー	106			
	青刈らい麦	107			
	その他	108			
	小計	109			
牧草	青刈えん麦	110			
	その他	111			
	小計	112			
草科	まめ科	113			
	いね科	114			
	その他	115			
	小計	116			
乾草類	まめ科	117			
	いね科	118			
	その他	119			
	小計	120			
サイレージ	デントコーン	121			
	イタリアン	122			
	オーチャード	123			
	ソルゴー	124			
	らい麦	125			
	えん麦	126			
	その他	127			
	小計	128			

24 自給牧草の給与量と価額（つづき）(kg、円)

		数量	額価 労働費を含む／労働費を除く	単価 労働費を除く
殻類	103			
いも類及び野菜類	104			
野草（生）	105			
野草（乾）	106			
放牧場費（時間）	107			
計	108			

25 建物等 (円)

		所有状況	額価 対象畜負担分	却費 牧草負担分
畜舎 (㎡)	109			
納屋・倉庫 (㎡)	110			
たい肥舎 (㎡)	111			
たい肥盤 (㎡)	112			
ふん尿貯留槽 (基)	113			
プラスチック利用 (㎡)	114			
飼料タンク (基)	115			
その他	116			
計	117			

26 自動車 (台、円)

		所有台数	額価 対象畜負担分	却費 牧草負担分
貨物自動車	118			
その他自動車	119			
その他	120			
計	121			

27 農機具 (台、円)

		所有台数	額価 対象畜負担分	却費 牧草負担分
バキュームカー	122			
マニュアスプレッダー	123			
ふん尿搬出機	124			
切り返し機（ローダー）	125			
動力噴霧機	126			
トラクター	127			
カッター	128			
飼料粉砕機	129			
飼料配合機	130			
自動給飼機	131			
自動給水機	132			
その他	133			
計	134			

28 処分差損失 (円)

建物	135		
自動車	136		
農機具	137		
生産管理機器	138		

単価　労働費を含む　労働費を除く

N

項目　注意

227

農業経営統計調査　個別結果表（肥育豚生産費統計）　No. 1

平成　年度

1	2	3	4	5	6	7	8
調査年度	都道府県	管理番号	調査対象経営体	生産費区分	集計倍率	市町村	作成対象区分
9	10	11	12	13	14	15	16
頭数階層区分	農業地域類型区分	生産費計算係数	肥育豚平均販売月齢	子豚平均販売月齢	死亡・とう汰	繁殖雌豚1頭当たり分べん頭数	繁殖雌豚
17	18	19	20	21	22	23	
繁殖雌豚1頭当たり分べん間隔 豚平均肥養月数	平成　年度	主副業別区分 認定農業者区分	前年調査対象経営体	旧北海道番号	前年管理番号		

1 生産費総括（円）

- 購入／計算対象／計／自給
- 財物費
- 種付料
- もと畜費
- 飼料費
- 流通飼料費（購入・物交・牧野・預託採草）
- 敷料費
- 光熱動力費
- その他諸材料費
- 獣医師料・医薬品費
- 賃借料及び料金
- 物件税及び公課諸負担
- 繁殖雌豚費
- 種雄豚費
- 建物費
- 農機具費
- 生産管理費
- 計
- 労働費
- 直接労働費
- 間接労働費
- 計
- 費用合計
- 副産物価額
- 生産費
- 支払利子
- 支払地代
- 利子・地代算入生産費
- 自己資本利子
- 自作地地代
- 資本利子・地代全額算入生産費

2 主産物

- 1頭当たり／総数
- 頭数（頭）
- 月齢（月）
- 生体重（kg）
- 販売価額（円）
- 死亡・とう汰頭数（頭）

3 繁殖豚の品種別頭数（頭）

- 種雄豚
- 繁殖雌豚
- ランドレース
- ヨークシャー
- バークシャー
- デュロック
- 雑　種
- Ｌ Ｗ
- その他
- 計

4 副産物（kg、頭、円）

- 数量／価額
- きゅう肥
- 利用計
- 販売
- 自家農業仕向
- その他
- 肥育豚搬出量
- 事故繁殖雌豚
- 種雄豚
- 計

5 敷料の搬入量と金額（kg、円）

- 数量／価額／購入／自給
- 稲わら
- おがくず
- その他
- 計

6 賃借料及び料金（円）

- 共同施設利用料
- 農機具
- その他
- 計

7 獣医師料及び医薬品費（円）

- 医療共済掛金
- 疾病事故
- 薬品費
- その他の医療費
- 計

8 家畜共済金等（円）

- 家畜共済掛金
- 家畜共済受取金
- 価格安定受取金
- その他の積立金
- 計

9 出荷に要した費用（円）

- 消費材料費
- 労働費
- 計

10 家族員数及び農業就業者等（人）

- 男／女
- 世帯員
- 家族員
- 農業就業者
- 農業専従者
- 農業年雇

11 経営土地（調査開始時）（a）

- 所有地／借入地
- 田
- 普通畑
- 樹園地
- 計
- 畑
- 牧草地
- 小計
- 地畜舎等
- 家畜放牧地
- 採草地
- 小計
- 山林・その他
- 計
- 合計

12 借入金の資金種類別内訳（円）

- 調査開始時借入残高
- 短期
- 長期
- 借入金
- 買掛・期末払金

13 光熱水料及び動力費（リットル、円）

- 数量／価額／購入／自給
- 重油
- 軽油
- ガソリン
- 電力料
- 水道料
- その他
- 計

14 資本額及び資本利子（円）

- 資本額／利子額
- 資本借入資本
- 自己資本
- 流動資本
- 固定資本
- 建物
- 自動車
- 農機具
- 計

任意　項

注意

調査年度	都道府県	管理番号	調査対象経営体

平成　年度　農業経営統計調査　個別結果表（肥育豚生産費統計）　No. 2

15 作業別労働時間及び労働費（時間、円）

	家族 男	家族 女	家族 計	雇用 男	雇用 女	雇用 計	計 男	計 女	計 計	1頭当たり
直接労働時間 飼料調理・給与・給水										
直接労働時間 敷料搬入・きゅう肥搬出										
直接労働時間 きゅう肥の処理										
直接労働時間 その他管理										
直接労働時間 生産管理										
直接労働時間 計										
間接労働時間										
労働時間計										
1頭当たり										
労働費										
労働費 直接労働費										
労働費 敷料搬入きゅう肥搬出										
労働費 間接労働費										
労働費 1頭当たり										
経営管理労働時間										

21 建物等（円）

	所有状況	償却費
畜舎（㎡）		
たい肥舎（㎡）		
ふん尿貯留槽（基）		
たい肥盤（㎡）		
脱臭施設（基）		
浄化処理施設（基）		
ふん乾燥施設（基）		
飼料タンク（基）		
その他		
計		

22 自動車（台、円）

	所有台数	償却費
貨物自動車		
その他		
計		

16 年齢階層別家族労働時間及び労働評価額（時間、円）

	計算対象畜負担労働時間 男	計算対象畜負担労働時間 女	計算対象畜負担労働時間 計	労賃単価 男	労賃単価 女	労賃単価 計	計算対象畜負担家族労働評価額 男	計算対象畜負担家族労働評価額 女	計算対象畜負担家族労働評価額 計
65歳未満									
65～70									
70～75									
75歳以上									
計									

23 農機具（台、円）

	所有台数	償却費
バキュームカー		
マニュアスプレッダー		
固液分離機		
切り返し機（ローダー）		
動力噴霧機		
トラクター		
飼料粉砕機		
飼料配合機		
自動給餌機		
自動給水機		
その他		
計		

17 飼養頭数及び処分状況（頭、月、kg）

	月始め飼養頭数 肉豚頭数（肥育＋子豚）	月始め飼養頭数 繁殖雌豚	月始め飼養頭数 種雄豚	肥育豚の販売状況 頭数	肥育豚の販売状況 月齢	肥育豚の販売状況 生体重
4月						
5月						
6月						
7月						
8月						
9月						
10月						
11月						
12月						
1月						
2月						
3月						
計						
飼養月数						
飼養月平均頭数						

年間飼養状況 延べ飼養頭数	
肉豚	
繁殖雌豚	
種雄豚	
後継繁殖雌豚	
後継種雄豚	
計	
処分状況等	
肥育豚販売頭数	
子豚販売頭数	
死亡・とうた頭数	
子豚導入頭数	
分べん状況	
分べんした繁殖雌豚頭数	
子豚の分べん頭数	

24 流通飼料の給与量と価額（kg、円）

		数量	価額	単価
購入 穀類	大麦			
	その他の麦			
	とうもろこし			
	その他			
	小計			
購入 ぬか・ふすま	ふすま			
	米・麦ぬか			
	その他			
	小計			
購入	植物性かす類			
購入	動物性かす類			
購入 配合飼料	成畜用配合			
	子畜用配合			
	小計			
購入 脱脂乳	脱脂乳			
	人工乳			
	その他			
	小計			
購入	いも類及び野菜類			
購入 その他	残飯			
	その他			
	小計			
	計			
自給				

18 地代（a、円）

		建物敷地	運動場等	牧草栽培地	採草地	計
所有地	使用地面積					
	10a当たり地代					
	見積地代					
	対象畜負担地代					
借入地	使用地面積					
	10a当たり地代					
	支払地代					
	対象畜負担地代					

19 物件税及び公課諸負担（円）

物件税	固定資産税	
	建物	
	建物以外	
	自動車重量税	
	自動車税	
	不動産取得税	
	自動車取得税	
	軽自動車税	
	都市計画税	
	共同施設税	
公課諸負担	集落協議会費	
	農業協同組合費	
	養豚組合費	
	農事実行組合費	
	家畜共済組合賦課金	
	自賠責保険	
計		

20 処分差損失（円）

建物	
自動車	
農機具	
生産管理機器	

〔参考〕 収益性（円）

	1頭当たり
粗収益	
生産費総額	
利潤	
所得	
1日当たり	
家族労働報酬	
1日当たり	

平成29年度　畜産物生産費

令和3年2月　発行　　　　　　　　定価は表紙に表示してあります。

編集　　〒100-8950　東京都千代田区霞が関1－2－1
　　　　　　農林水産省大臣官房統計部

発行　　〒141-0031　東京都品川区西五反田7-22-17　TOCビル
　　　　　　一般財団法人　農林統計協会
　　　　　　振替　　00190-5-70255　TEL 03(3492)2987

ISBN978-4-541-04355-9　C3061